普通高等教育电工电子基础课程系列教材

电工技术（电工学Ⅰ）

第 3 版

主　编　杨　风

副主编　严利芳　吴其洲

参　编　郎文杰　宋小鹏

主　审　毕满清

机械工业出版社

本书是以教育部颁发的《高等学校工科本科电工技术（电工学Ⅰ）课程教学基本要求》为依据，结合多年的教学实践经验编写的，以适应不同专业的教学需要。

全书共 13 章，包括电路的基本概念和基本定律、电路的分析方法、正弦交流电路稳态分析、三相电路、非正弦周期电流电路、电路的暂态分析、磁路与变压器、电动机、继电器-接触器控制电路、可编程序控制器及其应用、电工测量与非电量电测、安全用电、电子电路仿真工具 Multisim 简介。

本书可作为高等学校工科非电类本科、高职高专及成人教育的教材或参考书，也可作为相关学科工程技术人员的实用参考书。

本书配有免费电子课件，欢迎选用本书的老师登录 www.cmpedu.com 注册后下载。

图书在版编目（CIP）数据

电工技术. 电工学. Ⅰ/杨风主编. —3 版. —北京：机械工业出版社，2024.2

普通高等教育电工电子基础课程系列教材

ISBN 978-7-111-74824-3

Ⅰ. ①电… Ⅱ. ①杨… Ⅲ. ①电工技术–高等学校–教材 Ⅳ. ①TM

中国国家版本馆 CIP 数据核字（2024）第 032325 号

机械工业出版社（北京市百万庄大街 22 号 邮政编码 100037）

策划编辑：吉 玲 责任编辑：吉 玲
责任校对：王荣庆 张昕妍 封面设计：张 静
责任印制：张 博

北京雁林吉兆印刷有限公司印刷

2024 年 4 月第 3 版第 1 次印刷

184mm×260mm · 18 印张 · 446 千字

标准书号：ISBN 978-7-111-74824-3

定价：53.00 元

电话服务 网络服务
客服电话：010-88361066 机 工 官 网：www.cmpbook.com
010-88379833 机 工 官 博：weibo.com/cmp1952
010-68326294 金 书 网：www.golden-book.com
封底无防伪标均为盗版 机工教育服务网：www.cmpedu.com

前 言

教材建设是课程建设和专业建设的重要方面，教材不仅是教学内容的载体，还应该体现先进的教学理念。对标工程教育专业认证和新工科建设的需求，本教材章节均以"知识单元目标"开始，辅以大量的实际案例，使学生所学知识立体化、实用化，具有与电气工程领域人员进行学术交流的能力，为学习后续课程和从事与本专业有关的工作打下一定的基础。

为满足上述需求，结合教材使用过程中的教学实践经验，为适应不同层次和专业的教学需要，对第2版内容做了如下修改：

1. 在教材每章开始设置了"知识单元目标"，明确学习导向，面向目标达成。每章结尾还有小结。

2. 删去了第2版的第13章"基于MATLAB的电工技术辅助分析"和第14章"基于PSpice的电工技术辅助分析"两章内容，新编写了"电子电路仿真工具Multisim简介"，作为本书第13章。

3. 基于主流PLC型号对第2版的第10章"可编程序控制器及其应用"进行重新编写，用西门子S7-200系列替换了第2版的松下FP1系列。

4. 在教材中增加了基于Multisim14.0的相关仿真分析内容，便于学生对相关知识点的理解和掌握，将仿真和实际操作相结合，可进一步提升学生的创新能力。

全书分为电路的基本概念和基本定律、电路的分析方法、正弦交流电路稳态分析、三相电路、非正弦周期电流电路、电路的暂态分析、磁路与变压器、电动机、继电器-接触器控制电路、可编程序控制器及其应用、电工测量与非电量电测、安全用电、电子电路仿真工具Multisim简介，共13章内容。大部分章节增加了基于Multisim14.0的相关仿真分析的内容。

本着因材施教、循序渐进和能力培养的要求，也为了便于教与学，第3版教材的各章配了思考题、自测题和习题，在题目的选择和数量上，十分强调针对性与实用性。书中还编入了一些带*的内容，如电阻的 $\curlyvee$-$\triangle$ 联结与等效变换、戴维南定理的证明、电路的谐振、频率响应、交流铁心线圈的等效电路、电磁铁等，供教师选讲和学生延伸与拓宽知识时使用。

本书由中北大学杨风、严利芳、吴其洲、郎文杰、宋小鹏编写。杨风编写了第11、12章，严利芳编写了第1、2、7章，吴其洲编写了第8、9、10章，郎文杰编写了第5、6章，宋小鹏编写了第3、4、13章。杨风担任主编，负责全书的组织、修改和定稿；严利芳、吴其洲担任副主编，协助主编工作。

　　本书由全国高等学校电子技术研究会常务理事、华北地区高等学校电子技术教学研究学会副理事长、山西省高等学校电子技术教学研究学会理事长、中北大学毕满清教授担任主审，他对书稿进行了认真的审查，提出了许多宝贵意见，在此表示衷心的感谢。

　　由于编者水平有限，书中不妥和错误之处在所难免，恳请使用本书的广大读者提出宝贵意见。

编　者

目 录

第1章

电路的基本概念和基本定律

📘 知识单元目标

● 能够理解电路模型、电流和电压参考方向的意义和作用，具备分析任意元件功率情况的能力。

● 能够理解基尔霍夫电流定律和电压定律，具备正确应用定律分析电路的能力，能够熟练掌握电阻、电感、电容、电源等基本元件的伏安关系和能量关系的分析方法。

● 能够认识电路的有载工作、开路与短路状态，理解额定值的意义，学会计算电路中各点的电位。

🎤 讨论问题

● 实际电路与电路模型有何联系和区别？

● 为什么要引入电流、电压的参考方向？参考方向在电路分析中有何作用？

● 怎样判断元件上功率的吸收与发出情况？

● 基尔霍夫电流定律和电压定律的适用范围是什么？应用中要注意哪些问题？

● 电阻、电感、电容这些电路基本模型的伏安关系和能量关系是怎样的？各元件又有什么样的特点？

● 实际电源与理想电源有什么区别？怎样理解受控源？

电作为一种能源，同阳光、水、空气一样，是人类不可缺少的伙伴。但是历史也血迹斑斑地证明了电是一匹难以驯服的野马，当你还没有驯服这匹野马的时候，在生活或工作中就会出现触电、电击、烧伤、火灾以及设备损坏、财产损失，从而造成不可估量的损失。电能能否造成实际伤害在于电流大小以及电流如何流过受害者的身体。确定一个电源是否存在危险电流，以及在什么条件下存在潜在的危险电流，是非常困难的，这需要懂得一些电气知识，如电压与电流如何产生、如何度量以及它们之间有何关系，如何确定复杂的实际电路中电压与电流值，可以利用什么样的规律分析和理解电路中的电现象等。

这些知识都涉及电路理论。在工程技术实际和生活实际中，电路理论有非常广阔的应用。从简单的照明电路，到复杂的电力系统；从单个的手机、收音机、电视机，到卫星通信网络、计算机互联网，都与电路理论有一定的关系。可以说，只要在涉及电能的产生、传输和使用的地方，就有电路理论的应用。而在信息产生、信息传递、信息处理的绝大多数场合，都可见到电路理论应用的例子。电路理论已经与我们的生活密不可分。

1.1　电路组成与电路模型的概念

1.1.1　电路与电路组成

简单来说，电路就是电流流通的路径，是由若干的电气设备按照一定的方式用导线连接起来，构成电流的通路，也可以称为电网络。电路是能够传输能量、转换能量或者是能够采集电信号、传递和处理电信号的有机整体。

电路的繁简、大小不等，有的电路相当庞大，如供应千家万户电能的电力系统，长达数百公里；有的电路体积很小，如密集在几平方毫米内的集成电路。然而不论是什么样的电路，其组成部分必须具有电源、负载和中间环节。

电源是供应能量的装置，如电池、发电机、整流器，还有各种信号源，它们可以将非电能转换为电能，也可以把一种形式的电能转换为另一种形式的电能。负载是取用电能的装置，如电灯、电动机、电感、电容等，它们将电能转换为其他形式的能量。中间环节是传送、分配、控制电能的部分，中间环节可以就是几根导线、开关和熔断器等，也可以是比较复杂的网络或系统。

1.1.2　电路模型

在电路理论中，实际的电气设备或器件称为实际电路器件，一个实际电路器件通电后所表现出的电磁性能和能量转换过程往往比较复杂。如一个电感线圈通电后，电流周围有磁场，线匝间有电场，导线内也有电场和磁场，导线又有电阻。因此，直接分析由实际器件组成的电路比较困难，通常采用模型化的方法，把实际电路器件抽象为所谓的理想电路器件。它只显示一种主要的电磁现象或物理现象，这就引出了电路模型，就是将实际电路中的各种元件按其主要物理性质分别用一些理想电路元件来表示时所构成的电路图。所谓理想电路元件，是只反映某一种能量转换过程的元件，其他转换过程都可以忽略掉。照此逻辑，凡是能把电能转换为热能的元件就抽象成一个电阻元件，用 R 表示；凡是能把电能转换为磁场能的元件就抽象成一个电感元件，用 L 表示；凡是能把电能转换为电场能的元件就抽象成电容元件，用 C 表示；凡是能把其他形式的

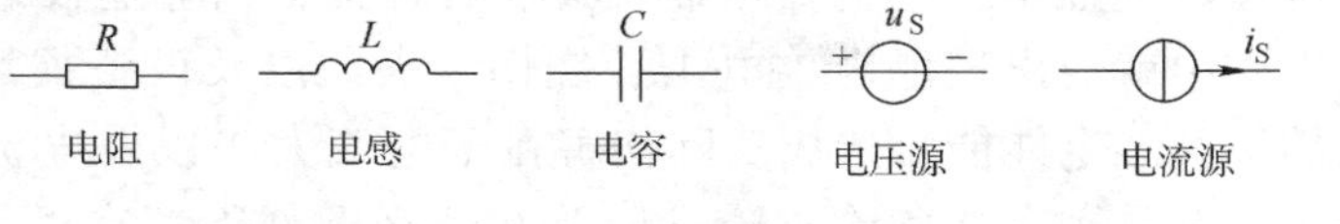

图 1-1　电路基本模型的图形符号

能量转换成电能的元件都抽象成电源，电源又有电压源和电流源两种。图 1-1 是它们的电路模型及图形符号。R、L、C 是无源电路元件，电压源和电流源是有源电路元件。这 5 种是电路的基本模型。

如图 1-2a 是荧光灯的实际电路，它可以把电能转换为光能。如果要抽象出它的电路模型，可以作如下考虑：灯管通电后，发生电能向热能和光能转换的过程，可以用电阻 R 作为电路模型；镇

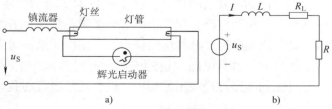

图 1-2　荧光灯接线图及其电路模型

流器接入电路时将发生电能向磁场能和热能转换两种过程，所以可以用一个电感 L 和电阻 R_L 的串联组合作为它的电路模型；外加电源如果忽略内阻，电路模型就是一个电压源。画出荧光灯的电路模型如图 1-2b 所示。今后分析电路，不是分析图 1-2a 这样的实际电路，而是分析它的电路模型，找出分析计算电路的一般性规律和方法。

1.1.3 网络与系统

在电工领域内，电路与网络并无明确区别，但习惯上常将比较复杂的电路称为网络。若网络内各元件都是无源元件，则该网络称为无源网络，习惯用 N_0 表示；含有源元件的网络则为有源网络，习惯用 N 表示。一个网络还可以和其他网络或元件连接成更大的网络，网络的连接端称为端钮。根据网络端钮的个数，网络可以分为二端网络、三端网络、四端网络等，图 1-3a、b 分别为二端网络、四端网络的框图。如果对于所有时间 t，从一个端钮流入的电流等于从另一端钮流出的电流，

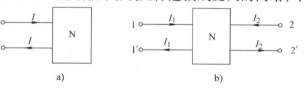

图 1-3 网络框图

那么这两个端钮构成一个端口，如图 1-3a 中 1-1′ 为一对端口，图 b 中 1-1′ 也为一对端口，2-2′ 为另一对端口。图 1-3a 为一端口网络，图 1-3b 为二端口网络或双口网络。

用现代电路理论来分析电路时，常常把具有一定功能的电路视为一个系统。从一般意义上讲，系统是由若干互相关联的单元或设备所组成，并用来达到某种目的的有机整体。系统繁简不一，如由发电、输电、配电、用电等多种设备组成的电网可视为一个系统，是大系统。图 1-4 是利用电桥平衡原理测量温度的原理图。其中 R_1、R_2 为电桥的比例臂，R_3 为可变电阻，R_t 为热敏电阻，其阻值与温度有着一定的函数关系，P 为电流计，用以检查它所在的支路有无电流。当在某一温度下把电桥调平衡后，如果温度发生了变化，则 R_t 的变化使电桥失去平衡，电流计有电流通过。这个电流的极性和大小与温度有一定的函数关系，可反映出温度的升降

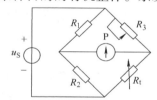

图 1-4 电桥检测温度系统

数值。该电路可视为一个小小的系统，即温度检测系统，也可称为信号变换系统，因为它能把温度的变化转换成相应的电信号。

对一个电系统而言，电源的作用称为激励，激励引起的结果（如某个元件上的电流、电压）称为响应。激励和响应的关系就是作用和结果的关系，往往对应着输入与输出的关系。一

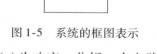

图 1-5 系统的框图表示

个系统可用图 1-5 所示的框图来抽象地描述，其中 $e(t)$ 为激励，$r(t)$ 为响应。分析一个电路或系统，就是确定它的激励与响应的关系。

1.2 电流、电压及其参考方向

1.2.1 变量与参数的概念和符号规定

电路理论中涉及的物理量主要有电流、电压、电荷和磁通，电功率和能量也是重要的物

理量，与能量直接关联的物理量称为电路分析中的变量，如电流、电压、功率等。电路参数是影响响应的结构性因素，如前述的 R、L、C 等。电路中所发生的一切现象是通过数学式子描述的，这些数学式子统称为数学模型。描述电路性态的数学模型是由电路参数和变量组成的代数方程或微分方程，如在电阻上有 $u = Ri$，在电感上有 $u = Ldi/dt$。参数在线性定常电路中是常数，规定用大写斜体字母书写，比如，$R = 1\Omega$、$L = 2H$、$C = 3F$ 等。而变量的符号应采用国标规定的符号，即直流量用大写的斜体字母表示，而小写的斜体字母既可以表示时变量也可以是广义意义上的变量。变量单位的符号应采用国际符号，不能用中文符号。常见变量单位符号见表1-1。

表1-1　常见变量单位符号

名称	电流	电压	功率	电能	电荷	电阻	电导
单位	A	V	W	J	C	Ω	S
名称	电感	电容	周期	频率	磁通	磁感应强度	磁场强度
单位	H	F	s	Hz	Wb	T	$A \cdot m^{-1}$

1.2.2　电流、电压、电动势

电路中能量的转换、传送、分配以及控制是反映在电流、电压及电动势上面的，所以，在分析电路前要先弄清它们的概念。

1. 电流　电荷的定向运动形成电流。习惯上把正电荷运动的方向规定为电流的方向。物理中规定电流是在电场的作用下单位时间内通过某一导体截面的电量。设在极短的时间 dt 内通过某一导体截面的微小电量为 dq，则电流强度定义为 $i = dq/dt$，表示电流强度是随时间变化的，是时间的函数。在国际单位制（SI）中，电荷 q 的单位为库（C），时间 t 的单位为秒（s），则电流 i 的单位为安（培）（A）。

如果电流不随时间变化，即 $dq/dt =$ 常数，则这种电流称为恒定电流，也称为直流电流，定义为 $I = Q/T$，式中 Q 是在时间 T 内通过导体截面积 S 的电量。

2. 电压与电动势　电荷在电场中会受到力的作用，电压是描述电场力移动电荷时做功的物理量。电场力把单位正电荷从 a 点移动到 b 点所做的功，称为该两点间的电压，记为 u_{ab}，设电量为 dq 的电荷由 a 点移动到 b 点时电场力做的功为 dW，则 $u_{ab} = dW/dq$，下标 ab 表示电压方向为由 a 指向 b。在国际单位制（SI）中，能量 W 的单位为焦（J），电荷 q 的单位为库（C），则电压 u 的单位为伏（V）。电压一般是时间 t 的函数，应以小写字母 u 表示，称为瞬时电压。当电压为恒定值时称为直流电压，用大写字母 U 表示。在电场内两点间的电压也常称为两点间的电位差，即 $U_{ab} = V_a - V_b$。

电源力把单位正电荷从电源的低电位端经电源内部移到高电位端所做的功，称为电源的电动势 E。电压和电动势都是标量，但在分析电路时，和电流一样，也说它们具有方向。电压的方向规定为由高电位端指向低电位端，即为电位降低的方向；电动势的方向规定为在电源内部由低电位端指向高电位端，即为电位升高的方向。

1.2.3　电流、电压的参考方向

在分析电路时常用数学式表达各物理量间的关系，因此需要知道电路中电流与电压的方向。过去涉及的电路非常简单，其中电流怎么流，电位哪里高都可以一目了然地判断出来。然而当电路复杂化后，往往不能预先确定某段电路上电流、电压的实际方向。如图 1-6 所示的电路，两个电源并联给负载供电。在 $U_{S1} \neq U_{S2}$ 或 $R_1 \neq R_2$ 的情况下是否可以肯定 I_1、I_2 都是由电源正极流出的呢？不作具体的分析计算是不能给出确切答案的。为了能够解决问题，可以事先假设一个方向作为分析电路的参考，这些假设的电流、电压的方向称为"参考方向"。在图 1-6 电路中所标注的电流 I_1、I_2、I 及电压 U 的方向就是假设的参考方向。即电流、电压的"参考方向"是人为假设的方向，与实际方向不一定吻合。当按参考方向来分析、计算电路时，得出的电流、电压值可能为正，也可能为负。正值表示所设的参考方向与实际方向一致，负值则表示二者方向相反。参考方向的假设完全可以是任意的。

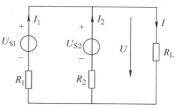

图 1-6　U、I 的参考方向

在交流电路中，参考方向的问题同样重要。虽然电流的流向在周期性地变化，但只有规定了电流怎么流为正时才能进行计算。

一段电路上电流电压的参考方向标注有如图 1-7 所示方法，图 1-7a 为电流标注法，用箭头标注在线上或在元件旁另标箭头；图 1-7b 为电压标注法，用箭头标在元件旁边，也可以用"＋－"号标示。参考方向也可以用在符号上加注脚的方法表示，如图 1-7 中的电流 I 也可表示为 I_{cd}，电压 U 也可表示为 U_{cd} 等。需要注意的是 $I_{cd} = -I_{dc}$，$U_{cd} = -U_{dc}$。

分析电路前应首先标出电流电压的参考方向，参考方向一经选定在计算中不得再作更改。

当一个元件或一段电路上的电流、电压参考方向一致时，称它们为关联的参考方向，如图 1-8a 所示，此时在电阻 R 上电压与电流的关系为 $U = RI$。图 1-8b 所示为非关联参考方向，此时有 $U = -RI$。一般情况下，分析电路时，在一个元件上标注参考方向可以只标出电流或电压一个变量，未标出的量默认为取关联参考方向。

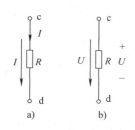

图 1-7　参考方向的表示法

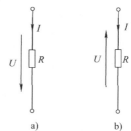

图 1-8　参考方向的关联性

思　考　题

1. 为什么要引入电流、电压的参考方向？参考方向与实际方向有何区别和联系？

2. 在图 1-6 的电路中，设 $U_{S1} = 12V$，$U_{S2} = 11V$，$R_1 = R_2 = 1\Omega$，如果把负载电阻 R_L 断开，分别计算电流 $I_1 = ($　　$)$ A，$I_2 = ($　　$)$ A。

1.3　电路的功与功率计算

1.3.1　电路的功与功率

电路接通后同时进行着电能和非电能的转换，所以除了分析与计算电路中的电压和电流外，还常常需要分析与计算功率和电能。

负载消耗或吸收的电能即电场力移动电荷 q 所做的功。由电压电流定义，可表示为

$$W = \int_0^q u\mathrm{d}q = \int_0^\tau ui\mathrm{d}t \qquad (1\text{-}1)$$

式中，τ 为电流通过负载的时间。

功率是能量转换的速率，用字母 p 表示：

$$p = \frac{1}{\tau} \int_0^\tau ui\mathrm{d}t = ui \qquad (1\text{-}2)$$

如果电压电流都是恒定值，以上两式分别为 $W = UI\tau$ 和 $P = W/\tau = UI$。

当电流单位为 A，电压单位为 V 时，能量的单位为 J（焦耳，简称焦），功率的单位为 W（瓦特，简称瓦），$1\mathrm{J} = 1\mathrm{W} \times 1\mathrm{s} = 1\mathrm{W} \cdot \mathrm{s}$。工程上常用千瓦时（$\mathrm{kW} \cdot \mathrm{h}$）作为电能的单位，$1\mathrm{kW} \cdot \mathrm{h} = 1000\mathrm{W} \times 3600\mathrm{s} = 3.6 \times 10^6 \mathrm{J}$。

1.3.2　功率的计算

物理学中遇到的电路，其结构比较简单，总是认为电源发出能量，电阻吸收能量，在计算方法上没有考虑过多的问题。而在电路中需知有一些元件，既能释放能量也能吸收能量。所以确定能量的吸收与发出也是电路分析的一大问题。物理学中有如下规定：当正电荷从元件上电压的"＋"极经元件移动到电压的"－"极，与此电压相应的电场力要对电荷做功，这时，元件吸收能量，反之，正电荷从电压的"－"极经元件移动到电压的"＋"极时，与此电压相应的电场力做负功，元件向外释放能量。实际上能量的吸收与发出即对应着功率的吸收与发出，在电路中有更直接简单的办法来确定功率的吸收或发出。

计算功率时根据电流、电压参考方向的不同规定了以下两种情况：

关联参考方向：

$$p = ui \qquad (1\text{-}3)$$

非关联参考方向：

$$p = -ui \qquad (1\text{-}4)$$

在此规定下，把电流和电压的正负号如实代入公式，那么功率的性质是吸收还是发出就只看计算结果。如果为 $p > 0$ 时，则元件吸收功率，是耗能的，在电路中的作用为负载；反之，当 $p < 0$ 时，则表示元件发出功率，消耗的电能为负，说明元件产生电能，在电路中的作用为电源。这一结论可以推广到任意一个不同性质的元件上或二端网络。现以图 1-9 所示的蓄电池充电电路为例进行说明。

【例1-1】　已知蓄电池充电电路如图 1-9 所示。其中 U_S 为用来充电的电压源，已知 $U_\mathrm{S} = 15\mathrm{V}$，蓄电池组电压 $U_2 = 12\mathrm{V}$。电阻 R 可以控制充电电流的大小，设电阻 $R = 3\Omega$，试求：

（1）充电电流和各元件的功率；（2）由于某种原因使充电电源电压下降到 10V，再计算各元件功率。

解：（1）首先选定电流参考方向并标在图中，电路中的电流为

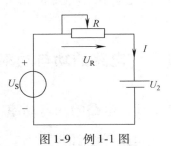

图 1-9　例 1-1 图

$$I = \frac{U_S - U_2}{R} = \frac{15 - 12}{3}\mathrm{A} = 1\mathrm{A}$$

电流为正值，说明参考方向与实际方向一致。

根据功率计算式的规定，即式（1-3）和式（1-4）可得电源功率为

$$P_S = -U_S I = -15 \times 1\mathrm{W} = -15\mathrm{W} \quad (P < 0\ 发出)$$

蓄电池功率为

$$P_2 = U_2 I = 12 \times 1\mathrm{W} = 12\mathrm{W} \quad (P > 0\ 吸收)$$

电阻功率为

$$P_R = U_R I = (U_S - U_2)I = (15 - 12) \times 1\mathrm{W} = 3\mathrm{W} \quad (P > 0\ 吸收)$$

或者

$$P_R = RI^2 = 3 \times 1^2\mathrm{W} = 3\mathrm{W}$$

计算结果表明，电压源发出功率，蓄电池和电阻吸收功率。整个电路电源发出的功率和等于各负载吸收的功率和，即电路中各元件上功率的代数和等于零，功率平衡关系为

$$\sum P = (-15 + 12 + 3)\mathrm{W} = 0\mathrm{W}$$

按照能量守恒定律，上述结论对所有电路均成立，记为

$$\sum P = 0$$

该式称为功率平衡方程式。

（2）当电源下降到 10V 时，有

$$I = \frac{U_S - U_2}{R} = \frac{10 - 12}{3}\mathrm{A} = -\frac{2}{3}\mathrm{A}$$

此时电流为负值，说明电流参考方向与实际方向相反，蓄电池处于放电状态。电源功率为

$$P_S = -U_S I = -10 \times \left(-\frac{2}{3}\right)\mathrm{W} = \frac{20}{3}\mathrm{W} \quad (P > 0\ 吸收)$$

蓄电池功率为

$$P_2 = U_2 I = 12 \times \left(-\frac{2}{3}\right)\mathrm{W} = -8\mathrm{W} \quad (P < 0\ 发出)$$

电阻上的功率为

$$P_R = U_R I = (U_S - U_2)I = (10 - 12) \times \left(-\frac{2}{3}\right)\mathrm{W} = \frac{4}{3}\mathrm{W} \quad (P > 0\ 吸收)$$

计算过程表明，功率计算的要点是在计算功率之前，并不认定它是吸收还是发出。只按电流、电压的参考方向代入功率计算式，再按计算值的正负号来判断功率是吸收还是发出。

【例 1-2】　在图 1-10 所示的电路中，每个框都是一个抽象的二端元件或是一个二端网络。已知 $U_1 = 5\mathrm{V}$，$U_2 = 10\mathrm{V}$，$I_1 = 3\mathrm{A}$，$I_2 = 4\mathrm{A}$，$U_3 = -5\mathrm{V}$，$I_3 = 1\mathrm{A}$，求各二端元件的功率，判断各元件在电路中的作用是电源还是负载？

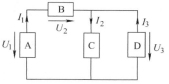

图 1-10　例 1-2 图

解：按功率计算式（1-3）、式（1-4）求功率。

元件 A 功率：$P_1 = -U_1 I_1 = -5 \times 3\mathrm{W} = -15\mathrm{W}$（$P < 0$ 发出功率，是电源）

元件 B 功率：$P_2 = U_2 I_1 = 10 \times 3\mathrm{W} = 30\mathrm{W}$（$P > 0$ 吸收功率，是负载）

元件 C 功率：$P_3 = U_3 I_2 = (-5) \times 4\text{W} = -20\text{W}$ （$P < 0$ 发出功率，是电源）

元件 D 功率：$P_4 = -U_3 I_3 = -(-5) \times 1\text{W} = 5\text{W}$ （$P > 0$ 吸收功率，是负载）

功率计算结果满足功率平衡关系：

$$\sum P = (-15 + 30 - 20 + 5)\text{W} = 0\text{W}$$

思　考　题

1. 在 4s 内供给 2Ω 电阻的能量为 800J，则该电阻两端的电压为_____。

2. 按指定的电流电压参考方向及其给定值，计算图 1-11 各元件的功率，并说明元件是吸收功率还是发出功率。

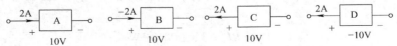

图 1-11　思考题 2 图

1.4　基尔霍夫定律

基尔霍夫定律是德国物理学家基尔霍夫在 1847 年发表的一篇划时代电路理论论文中提出来的，它是进行电路分析的基本定律，基尔霍夫定律又分为基尔霍夫电流定律和电压定律。学习定律之前先介绍电路中常用的名词术语。

1.4.1　电路基本术语的介绍

电路中流过同一电流的一段路径称为支路，一条支路可能是一个元件或几个元件的串联组合，中间没有其他的分支。3 条或 3 条以上支路的连接点称为节点。回路是指由一条或多条支路构成的闭合路径。内部不含其他支路的回路称为网孔，网孔只在平面电路中涉及到。如图 1-12 所示的电路中 abcda 是一个回路，但不是网孔，在它内部有一条支路 bd。所以图 1-12 的电路中共有 6 条支路，4 个节点（e 点不是节点），7 个回路，3 个网孔。

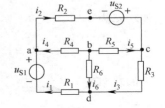

图 1-12　支路、节点和回路

1.4.2　基尔霍夫电流定律

1. 定律内容　基尔霍夫电流定律又称为基尔霍夫第一定律（简写为 KCL），可表述为：对电路中的任一节点，在任一时刻流入节点电流的总和等于流出节点电流的总和，记为

$$\sum i_{\text{i}} = \sum i_{\text{o}} \tag{1-5}$$

基尔霍夫电流定律是对节点电流所加的约束关系，与元件的性质无关。式中 i_{i} 表示流入节点的电流，i_{o} 表示流出节点的电流。如果取流入为正，流出为负，则式（1-5）也可以写为

$$\sum i = 0 \tag{1-6}$$

即流入流出节点电流的代数和为零。例如，在图 1-12 中对节点 a 可列出 $i_1 + i_4 = i_2$ 或 $i_1 - i_2 + i_4 = 0$ 两种式子，把它们称为基尔霍夫电流方程，也叫节点方程。方程中的正负号是根据电流的参考方向确定的，不管实际方向如何。

2. 基尔霍夫电流定律推广到闭合面　基尔霍夫电流定律不仅适用于电路的节点，还可以推广应用到电路中任意假设的闭合面。仍以图 1-12 为例，先对节点列方程如下：

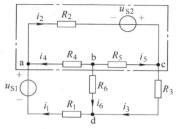

节点 a：$\qquad\qquad i_1 - i_2 + i_4 = 0$

节点 b：$\qquad\qquad -i_4 - i_5 - i_6 = 0$

节点 c：$\qquad\qquad i_2 - i_3 + i_5 = 0$

将以上 3 式相加得到：$i_1 - i_3 - i_6 = 0$

　　如果把图 1-12 作一闭合面如图 1-13 所示，会发现 i_1、i_3、i_6 是出入该闭合面的电流，由上面推导又知这 3 个电流

图 1-13　KCL 适用于闭合面

满足 KCL，所以可以说 KCL 也适用于电路中任意假设的闭合面，一个闭合面可以看作一个广义节点。

1.4.3　基尔霍夫电压定律

1. 定律内容　基尔霍夫电压定律又称为基尔霍夫第二定律（简写为 KVL），可表述为：在任一瞬时，沿任一回路绕行一周，回路中各部分电压降的代数和等于零，即

$$\sum u = 0 \qquad\qquad (1\text{-}7)$$

　　基尔霍夫电压定律是对回路中各支路电压所加的约束关系。按基尔霍夫电压定律列出的方程叫作基尔霍夫电压方程，也叫回路方程。

　　基尔霍夫电压定律是能量守恒定律在电路中的具体体现。因为能量不能创造也不能消灭，所以单位正电荷在回路中绕行一周又回到原点时，电场力做功的代数和为 0，也就是电压的代数和为 0。也可以理解为电位的参考点选定后，在同一瞬时，某点的电位只能是单值的，从某点出发，绕一周又回到该点，路途中电位有升有降，但升降的代数和应为 0。如在图 1-13 的电路中，若沿回路 a、b、c、d、a 顺时针绕行一周，则有

$$u_{ab} + u_{bc} + u_{cd} + u_{da} = 0$$

如果把各支路压降具体表示出来则有

$$-R_4 i_4 + R_5 i_5 + R_3 i_3 - u_{S1} = 0$$

　　由上式可归纳列 KVL 方程时该注意的各部分电压的符号问题。按照绕行方向沿着回路绕行，电压方向凡是与绕行方向一致的取正，相反的取负，其中电压方向以参考方向为准。或者说绕行途中遇到电位降落的为正，电位升高的为负。绕行方向是任取的。就图 1-13 来说，虽然没有标出各电阻电压的参考方向，但电流参考方向已有，默取电压和电流为关联参考方向。

　　如果把电阻压降的代数和放在左边，而把电源放在右边，于是整理得

$$-R_4 i_4 + R_5 i_5 + R_3 i_3 = u_{S1}$$

写成一般形式记为

$$\sum R i = \sum u_{S} \qquad\qquad (1\text{-}8)$$

其含义是沿回路所有电阻上电压降的代数和等于该回路所有源电压的代数和。下面再用基尔霍夫电压定律对图 1-13 电路的 3 个网孔列 KVL 方程，都取顺时针的绕行方向。

对 acba 网孔：$\qquad\qquad R_2 i_2 + R_4 i_4 - R_5 i_5 = u_{S2}$

对 abda 网孔：$\qquad\qquad -R_4 i_4 + R_6 i_6 = u_{S1}$

对 bcdb 网孔：
$$R_3 i_3 + R_5 i_5 - R_6 i_6 = 0$$

2. 基尔霍夫电压定律推广到假想回路　图 1-14 所示的电路中 ad 两点是断开的，沿 abc-da 路径不构成回路，但 ad 两点之间可能有电压，可用 u_{ad} 表示，那么沿图示路径基尔霍夫电压定律仍然适用。这是一个假想的回路，可用 u_{ad} 表示

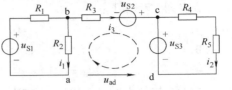

$$-R_2 i_1 + R_3 i_3 - u_{ad} = u_{S2} - u_{S3}$$

即 $i_3 = 0$，则有

$$u_{ad} = -R_2 i_1 - u_{S2} + u_{S3}$$

图 1-14　KVL 适用于假想的回路

可见，断开处虽没有电流，但存在电压，电压的大小由与之连接的电路决定。

1.4.4　基尔霍夫定律的应用

基尔霍夫定律在电路理论史上具有划时代的意义。它奠定了电网络的理论基础，是产生各种电路分析方法、定理的基本依据。支路电流法就是以基尔霍夫定律推导出来的。

1. 支路电流法的基本思想　如图 1-15 所示，欲求 5 条支路的电流并不能直接求解，因为每一条支路上的电流、电压受多方因素的制约，但是电路中的两个基本约束关系总是存在的。在节点上各电流约束于 KCL，沿回路各电压约束于 KVL，那么列方程满足这种约束关系而联立求解就把问题解决了。图中有 5 个未知电流，需要列 5 个方程联立。

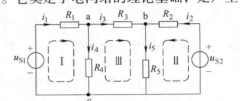

图 1-15　用支路电流法分析电路

在节点 a	$i_1 - i_3 - i_4 = 0$
在节点 b	$i_2 + i_3 - i_5 = 0$
在回路 Ⅰ	$R_1 i_1 + R_4 i_4 = u_{S1}$
在回路 Ⅱ	$R_2 i_2 + R_5 i_5 = u_{S2}$
在回路Ⅲ	$R_3 i_3 - R_4 i_4 + R_5 i_5 = 0$

联立求解这个方程组便可得到 5 个未知电流。这种方法就叫支路电流法。不过这种方法比较繁琐，但是它体现了应用基尔霍夫定律解决复杂问题的基本思想——即电路中电流、电压一定满足两个基本约束关系。

2. KCL 方程和 KVL 方程的独立性　应用支路电流法列方程时自然会产生一个问题，该电路中有 3 个节点、6 个回路，那么可列方程是否可以任选？回答是否定的。因为选择方程必须是独立的 KCL 方程和独立的 KVL 方程。所谓方程独立是指一组方程中任一个方程都不能由其他方程导出。

例如，图 1-15 中如果再对 c 点列 KCL 方程，有 $-i_1 - i_2 + i_4 + i_5 = 0$，该方程可以由 a 点和 b 点上的 KCL 方程推导而来，故是不独立的。实际可以知道这 3 个方程中任意一个都可以由其他两个推导得到，可见 3 个节点可列出两个独立的 KCL 方程。那么如何确定独立的 KCL 和 KVL 方程数目？一般讲具有 n 个节点，b 条支路的电路，有（$n-1$）个 KCL 方程是独立的，有 $l = b - (n-1)$ 个 KVL 方程是独立的。列独立的 KCL 方程比较容易，怎样选取独

立回路列 KVL 方程呢？这里只介绍对平面电路按网孔列 KVL 方程肯定是独立的，正如图 1-15 所示的 3 个网孔。

思　考　题

1. 图 1-16a 所示电路中的电流 $I =$ _____ A；$U_{ab} + U_{bc} + U_{ca} =$ _____。
2. 图 1-16b 电路中 $I_1 =$ _____ A，$I_2 =$ _____ A，a 点电位 $V_a =$ _____ V。
3. 图 1-17 电路中电压 $U =$ _____ V。

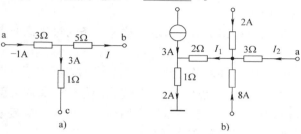

a)　　　　b)

图 1-16　思考题 1、2 图

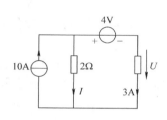

图 1-17　思考题 3 图

1.5　电阻、电感、电容

电阻 R、电感 L 和电容 C 是 3 种具有不同物理性质的电路元件，也是电路结构的基本模型。元件的基本物理性质是指当把它们接入电路时，在元件内部将进行什么样的能量转换过程以及表现在元件外部的特征。从电路分析的角度看，人们最感兴趣的是元件的外部特性，主要就是元件端钮上的电压、电流关系，即伏安关系。这里首先说明，当没有特别指出时本书讨论的内容都是指线性电路。简单地说，线性电路是指描述电路性态的数学模型是线性的代数方程或微分方程。在这些方程中，参数 R、L、C 是常数。

1.5.1　电阻元件

电阻是电路的基本模型。凡是把电能转换成热能的器件都抽象为电阻，电阻是电-热相关元件。

图 1-18a 是线性电阻的图形符号。在线性电阻上电流、电压关系是用欧姆定律描述的。这里需要澄清欧姆定律的确切含义。欧姆定律是一个实验定律，它的确切含义是在温度一定的条件下，加在导体两端的电压与流过导体之电流的比值是一常数。即

$$\left.\frac{u}{i}\right|_{T=常数} = R \qquad (1-9)$$

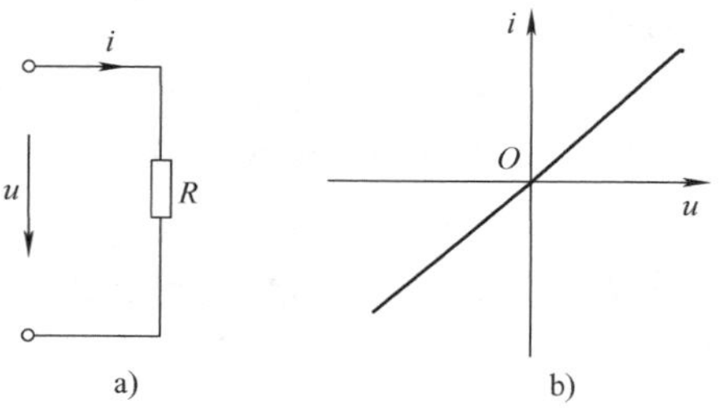

把这个常数定义为这段导体的电阻，单位是 Ω（欧姆）。然而实际上，当电流流过电阻时必然要发热，保证不了阻值是常数。所以确切地说一个元件或一段导体的电阻值是在一定工作温度下表现出的阻值。当用欧姆定律计算电路时是假定阻值不变为前提的，这就是理想化了的线性电阻。在工程上除半导体材料外，大部分的金属材料，在温度变化不大的情况下都可以当

图 1-18　线性电阻元件的图形符号及端口特性

作线性电阻来计算。

欧姆定律的电压表达式为

$$u = Ri \qquad (1\text{-}10)$$

电流表达式为

$$i = \frac{1}{R}u = Gu \qquad (1\text{-}11)$$

式中，G 称为电导，$G = 1/R$，单位是 S（西门子）。

在直角坐标系中表示电流电压的函数曲线，如图 1-18b 所示，这是一条通过坐标原点的直线。

实践中电阻炉、白炽灯、电子电路中的电阻元件以及用导线绕制而成的电器等用电设备或元器件，在使用过程中如果电流过大，发热使温度过高，就有被烧毁的危险。其原因就是因为有电阻的存在。为了保证它们安全可靠地工作，制造厂都给它们标上了电压、电流或功率的限额，比如某电阻炉为 220V、1kW 等。这些限额称为额定值。

电流通过电阻元件时电阻消耗的电功率在 u、i 方向一致时为

$$p = ui = i^2R = \frac{u^2}{R} \qquad (1\text{-}12)$$

也可以写为

$$p = ui = u^2G = \frac{i^2}{G} \qquad (1\text{-}13)$$

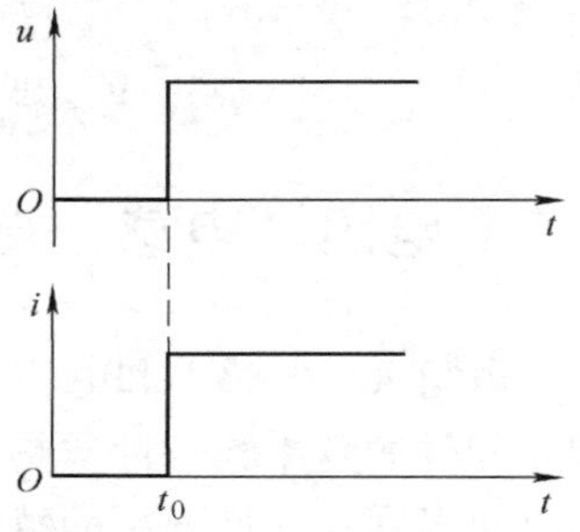

可以看出，电阻元件上的功率总是满足 $p \geqslant 0$，可见电阻总是吸收能量，是一种耗能元件。通电后，在电阻元件里产生的热能向周围空间散去，不可能再直接转换为电能。因此，电阻中的能量转换过程不可逆。

电阻元件两端的电压变化时，其中的电流将随之按同样规律变化（反之亦然），故称电阻元件为"即时"元件。因为线性电阻上电流、电压是正比函数，当电压发生跃变时，其电流也发生跃变，如图 1-19 所示。但下面讨论的电感、电容不具有此特性。

图 1-19　电阻元件的即时特性

1.5.2　电感元件

电感是电磁相关元件，空心线圈是典型的电感元件。当忽略线圈导线中的电阻及寄生电容时，它就成为一个理想的电感元件。理想电感的电感量是常数，即线性电感。工程上常在线圈中插入铁心以增强磁场。这时由于铁心的磁饱和现象而使电感量不是常数，那么它就是一个非线性电感了。图 1-20a 是线性电感元件的符号图。当有电流 i 通过线圈时，线圈中会建立磁场，产生磁通 Φ。设线圈匝数为 N，则与线圈相交链的磁链 $\psi = N\Phi$，磁链和磁通的国际单位为 Wb（韦伯），简称韦。线性电感元件的磁链与产生它的电流 i 成正比，比例系数为常数，定义为电感 L（自感系数），国际单位是 H（亨利）。它们的关系用韦安直角坐标系中

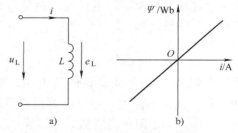

图 1-20　线性电感元件的图形符号及磁链与电流的关系

的曲线表示，如图 1-20b 所示，它是一条通过原点的直线。

$$L = \frac{\psi}{i} \quad 或 \quad \psi = Li \tag{1-14}$$

1. 电感中物理现象的回顾 当电感线圈中的电流 i 发生变化时，磁通 Φ 也随之变化，电流与磁通之间的方向由右手螺旋定则确定，如图 1-21 所示。u_L 是回路的感应电压。根据电磁感应定律，磁通变化在线圈中会产生感应电动势，称为自感电动势。自感电动势总是阻碍电流的变化，它与电流的关系为

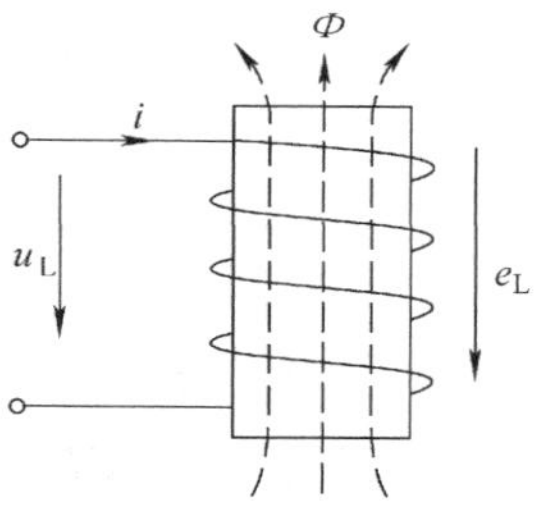

图 1-21 磁通与感应电压

$$e_L = -N \frac{\mathrm{d}\Phi}{\mathrm{d}t} = -\frac{\mathrm{d}\psi}{\mathrm{d}t} = -\frac{\mathrm{d}Li}{\mathrm{d}i} = -L \frac{\mathrm{d}i}{\mathrm{d}t} \tag{1-15}$$

根据式（1-15）可知，当电流为正值增大时自感电动势为负，由 e_L 产生的感应电流的方向与原电流方向相反，阻碍原电流的增大；当电流为正值减小时，自感电动势为正，由 e_L 产生的感应电流的方向与原电流方向相同，阻碍原电流的减小。所以得出结论，如果要考虑自感电动势则必须使 u_L、i、e_L 这 3 者参考方向一致，如图 1-20a 所示，此时 u_L 与 e_L 的关系为

$$u_L = -e_L \tag{1-16}$$

2. 电感元件的伏安关系 电感上描述电压的数学模型，在电压电流取关联参考方向条件下可通过式（1-15）和式（1-16）得到

$$u_L = L \frac{\mathrm{d}i}{\mathrm{d}t} \tag{1-17}$$

此式称为电感电压的微分表达式。该式说明：

1）任一时刻电感上的电压正比于当时电流的变化率，而与该时刻的电流数值大小无关。

2）当 $\frac{\mathrm{d}i}{\mathrm{d}t} > 0$ 时即电流增长时 $p = ui > 0$，此时功率大于零则电路在吸收能量。

3）当 $\frac{\mathrm{d}i}{\mathrm{d}t} < 0$ 时即电流减小时电压变为负值，此时 $p = ui < 0$，电路放出能量。

4）当 $\frac{\mathrm{d}i}{\mathrm{d}t} = 0$ 时即为直流，则电感上无电压。所以在直流情况下电感相当于短路线。

由此可见只有电感电流发生变化，它对电路的影响才能表现出来，所以电感可称为动态元件。

将式（1-17）等号两边积分并整理，可得电感电流表达式为

$$i_L(t) = \frac{1}{L} \int_{-\infty}^{t} u(\xi) \mathrm{d}\xi = \frac{1}{L} \int_{-\infty}^{0} u(\xi) \mathrm{d}\xi + \frac{1}{L} \int_{0}^{t} u(\xi) \mathrm{d}\xi$$

$$= i_L(0) + \frac{1}{L} \int_{0}^{t} u(\xi) \mathrm{d}\xi \tag{1-18}$$

式（1-18）说明：

1）欲知时间 t 时的电感电流，除了要知道时间从 $0 \sim t$ 期间的电压变化函数以外，还必须知道 $t = 0$ 时的电流初始值 $i_L(0)$。即 t 时刻的电流值不仅与当时的电压值有关，而且与该

时刻以前电压的全过程有关。因此，电感元件有记忆功能，是一种记忆元件。

2）电感电流是一个积分表达式，没有时间间隔则积分等于零，所以同一时刻电感电流不可能有两个值，即电感电流不能跃变。这个概念在讨论电路的过渡过程时十分重要。

3. 电感中的储能　电流通过电感时没有发热现象，而是将电能转换为磁场能储存起来。设 ΔW 为 $t = t_1 \sim t_2$ 期间电感中能量的增量，则

$$\Delta W = \int_{t_1}^{t_2} p\mathrm{d}t = \int_{t_1}^{t_2} ui\mathrm{d}t = \int_{t_1}^{t_2} L\frac{\mathrm{d}i}{\mathrm{d}t}i\mathrm{d}t = L\int_{i_{t1}}^{i_{t2}} i\mathrm{d}i$$

$$= \frac{1}{2}Li^2 \Big|_{i_{t1}}^{i_{t2}} = \frac{1}{2}Li^2(t_2) - \frac{1}{2}Li^2(t_1) = W(t_2) - W(t_1)$$

从该式可以看出，ΔW 为 $t = t_1 \sim t_2$ 期间电感中能量的增量，ΔW 可正可负，意味着电感可以吸收能量，也可以释放能量，是一种储能元件。$W(t_1)$ 对应着 t_1 时电感中的储能；$W(t_2)$ 对应着 t_2 时电感中的储能。由此可以得出结论：电感中任一时刻的储能正比于当时电流的平方。即

$$W = \frac{1}{2}Li^2 \tag{1-19}$$

这个能量以磁场能的形式表现出来，单位是 J（焦耳）。

【例1-3】　如图 1-22a 所示线性电感，已知电感 $L = 0.1\mathrm{mH}$，通过的电流波形如图 1-22b 所示，试写出电压的表达式，画出波形图，在 $t = 2\mathrm{ms}$ 及 $t = 6\mathrm{ms}$ 时电感的储能是多少？

解：首先按电流的波形写出电流 i 的表达式（数值方程）为

$$i = \begin{cases} 5\times 10^3 t & (0 \leqslant t \leqslant 2\mathrm{ms}) \\ 10 & (2 \leqslant t \leqslant 6\mathrm{ms}) \\ -5\times 10^3 t + 40 & (6 \leqslant t \leqslant 8\mathrm{ms}) \end{cases}$$

按式（1-17），对电流求导得到电压的表达式为

$$u_\mathrm{L} = L\frac{\mathrm{d}i}{\mathrm{d}t} = 0.1\times 10^{-3}\frac{\mathrm{d}i}{\mathrm{d}t} = \begin{cases} 0.5\mathrm{V} & (0 \leqslant t \leqslant 2\mathrm{ms}) \\ 0 & (2 \leqslant t \leqslant 6\mathrm{ms}) \\ -0.5\mathrm{V} & (6 \leqslant t \leqslant 8\mathrm{ms}) \end{cases}$$

根据上式画出电压的波形如图 1-22c 所示。

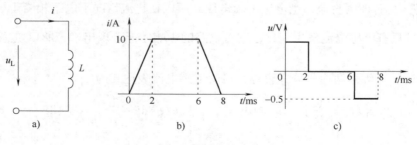

图 1-22　例 1-3 图

在 $t = 2\mathrm{ms}$ 及 $t = 6\mathrm{ms}$ 时电感电流 $i = 10\mathrm{A}$，所以根据式（1-19），电感储能为

$$W_\mathrm{L} = \frac{1}{2}Li^2 = \frac{1}{2}\times 0.1\times 10^{-3}\times 10^2\mathrm{J} = 0.005\mathrm{J}$$

【例 1-4】　理想电感如图 1-23a 所示，已知 $L = 1\mathrm{H}$，外加电压是矩形脉冲，其波形如图 1-23b 所示，并已知电流的初始值为零。试求电路中的电流，并画出其波形图。

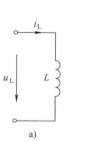

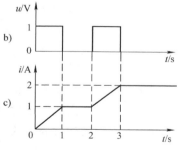

解：（1）直接用电流的积分表达式，首先在时间从 $0 \sim 1\mathrm{s}$ 内对电压积分

$$i_\mathrm{L} = i_\mathrm{L}(0) + \frac{1}{L} \int_0^t u(\xi)\,\mathrm{d}\xi = t \Big|_0^1 = t$$

可见时间在 $0 \sim 1\mathrm{s}$ 内电流线性增长，当 1s 时电流为 1A。

（2）时间从 $1 \sim 2\mathrm{s}$ 期间，对电压积分为零，所以电流保持 1A。

图 1-23　例 1-4 图

（3）时间从 $2 \sim 3\mathrm{s}$ 期间电流表达式（数值方程）为

$$i_\mathrm{L} = i_\mathrm{L}(2) + \frac{1}{L} \int_2^t u(\xi)\,\mathrm{d}\xi = 1 + \int_2^t \mathrm{d}\xi = 1 + \xi \Big|_2^t = 1 + (t-2)$$

时间 $t \geqslant 3\mathrm{s}$ 的电流等于 2A。电流波形图如图 1-23c 所示。

1.5.3　电容元件

电容器能存储电荷，其能量以电场的形式表现出来。在电子装置中和电力系统大量使用着电容器。电容器用两片金属片以介质隔开而构成，如图 1-24a 所示。如果忽略中间介质的漏电现象，可看作理想电容元件。

电容与电源通电后，它的两个极板上会聚集起等量异号的电荷，在极板间的电介质中建立起电场，两极间产生电压，用电荷 q 与电压 u 的比值定义电容量，用字母 C 表示：

$$C = \frac{q}{u} \tag{1-20}$$

当电荷 q 的单位是 C（库仑），电压 u 的单位为 V 时，电容量 C 的单位是 F（法拉）。因为实际电容器的电容量大部分都很小，所以工程上电容量的单位通常用 μF（微法）或 pF（皮法）表示。线性电容的电容量 C 是常数而不随电压变化。图形符号如图 1-24b 所示。

电路分析中最感兴趣的是元件的电流电压关系。电流是充、放电电荷移动形成的，电容在充电过程中，电流与电压的方向一致。根据电流的定义式 $i = \mathrm{d}q/\mathrm{d}t$，将式（1-20）代入，得到在关联参考方向下，电容电流的微分表达式为

$$i_\mathrm{C} = C\frac{\mathrm{d}u_\mathrm{C}}{\mathrm{d}t} \tag{1-21}$$

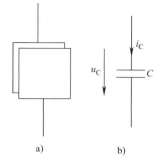

图 1-24　电容器及符号图

式（1-21）说明：

1）电容器上任一时刻的电流正比于当时的电压变化率，而与该时刻的电压高低无关。

2）在关联参考方向条件下电压增长即 $\mathrm{d}u/\mathrm{d}t > 0$，则电流为正而处于充电状态。此时 $p = ui > 0$，电容器在吸收能量。

3）同样在关联参考方向条件下，电压减小即 $\mathrm{d}u/\mathrm{d}t < 0$，则电流为负而处于放电状态。此时 $p = ui < 0$，电容器在释放能量。

4）当 $du/dt = 0$ 时则电容器无电流，所以在直流情况下电容器相当于开路。由此可见，电容器具有隔断直流的作用。

由上述分析可以看出，电容器能够吸收能量也能放出能量，所以它也是一个储能元件。但与电感不同，电容器储能是以电场能出现的。另外，只有电压变化时引线中才会有电流。因此，电容也是一种动态元件。这就形成一个概念：时变电流可以通过电容器。同样大小的电压变化率，但电容量 C 不同时，电流的大小也不一样。因为不同的电容量在单位时间内建立一定的电压所需要的电荷量不同。

电容上电压的积分表达式可由式（1-21）轻易导出

$$u_C = u_C(0) + \frac{1}{C} \int_0^t i_C(\xi) d\xi \tag{1-22}$$

由此可见，电容上的电压值，不仅与当时的电流值有关，而且与过去所有时刻电流变化的全过程有关。电容也是一种记忆元件。另外与电感的特性相反，在电容器上电压不能跃变。

还可以证明电容上储存的电场能量正比于当时电压的二次方，即

$$W = \frac{1}{2} C u_C^2 \tag{1-23}$$

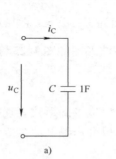

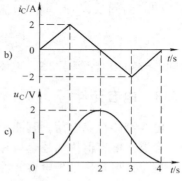

图 1-25 例 1-5 图

【例 1-5】 已知电容 $C = 1F$（见图 1-25a），电流波形如图 1-25b 所示，电容上的初始电压 $u_C(0) = 0$，求电压 u_C，并画出波形图。

解： 首先按电流的波形写出电流 i_C 的表达式（数值方程）为

$$i_C = \begin{cases} 2t & (0 \leq t \leq 1s) \\ 4 - 2t & (1 \leq t \leq 3s) \\ 2t - 8 & (3 \leq t \leq 4s) \end{cases}$$

按式（1-22），用分段积分的方法计算 u_C。

（1）$0 \leq t \leq 1s$ 期间

$$u_C = u_C(0) + \frac{1}{C} \int_0^t i_C(\xi) d\xi = 0 + \frac{1}{1} \int_0^t 2\xi d\xi = t^2$$

当 $t = 1s$ 时，$u_C = 1V$。

（2）$1 \leq t \leq 3s$ 期间

$$u_C = u_C(1) + \frac{1}{C} \int_1^t (4 - 2\xi) d\xi = 1 + 4\xi \Big|_1^t - \xi^2 \Big|_1^t = -t^2 + 4t - 2$$

当 $t = 2s$ 时，$u_C = 2V$；当 $t = 3s$ 时，$u_C = 1V$。

（3）$3 \leq t \leq 4s$ 期间

$$u_C = u_C(3) + \frac{1}{C} \int_3^t (2\xi - 8) d\xi = 1 + \xi^2 \Big|_3^t - 8\xi \Big|_3^t = t^2 - 8t + 16$$

当 $t = 4s$ 时，$u_C = 0$。电压波形如图 1-25c 所示。

思　考　题

1. 一个 220V、40W 的白炽灯，在额定工作状态下表现出多大电阻，再在室温下用万用表测量它的电阻又是多少？该如何理解线性电阻的概念？

2. 工程上电子线路图中的电阻器有下列一些图形符号（见图 1-26），它们各代表什么意义？

图 1-26　思考题 2 图

3. 在例 1-4 中，当时间大于 3s 以后，电压停止了激励，为什么还一直有电流？

4. 用一个荧光灯镇流器和一个 1.5V 的干电池串联起来，用手分别捏住两端（手不要与导线绝缘），将两线端接通使镇流器中有电流，然后再将连接端断开。这时你有何反应？设镇流器的电阻为 20Ω，人体的电阻为 $60k\Omega$，在将接线端断开的一瞬间，两手间承受的电压是多少？

5. 电容器与电感的储能有什么不同？电感在通电的情况下把它断开则能量一定要＿＿＿＿，表现为＿＿＿＿。电容器在带电情况下把它断开则能量将＿＿＿＿，是否永远能这样？电容器在工作完了为什么要进行放电操作？该怎样操作？在什么情况下才这样做？

6. 电容（或电感）两端的电压和通过它的电流瞬时值之间是否成比例？应该是什么关系？线性与正比两词是什么概念？

1.6　电源

电源是电路的基本组成部分，它的基本功能是向外电路提供能量或电信号。电路理论中的电源是广义的，凡是能把非电能转换为电能的装置都归纳为电源。发电机、干电池、硅光电池等都是电源的实例。另外像扩音机用的传声器、收音机磁棒上的线圈等都能提供电信号，这些统称为信号源。电路理论中不讨论电源的工作原理，只抽象地讨论其端口特性。电源又分为独立源和受控源两类。独立源能够独立地给电路提供电压和电流，不受其他支路的电压或电流支配，而受控源向电路提供的电压和电流是受其他支路电压或电流控制的。按端口特性的不同，电源又分为两类：一类是电压源；另一类是电流源。

1.6.1　电路的工作状态

如图 1-27a 所示，电源向负载提供能量，称为电源的负载状态，负载上的电压、电流分别用 U、I 表示。图 1-27b 的工作状态称为开路，U_{OC} 称为开路电压，此时有 $U = U_{OC}$，输出电流 $I = 0$。负载的电流、电压和得到的功率都为零，对电源来说称为空载状态。图 1-27c 所示的工作状态称为短路，I_{SC} 称为短路电流，此有 $I = I_{SC}$。电路短路时，电源的端电压即负载的电压 $U = 0$，负载的电流和功率也为零，此时，通过电源的电流最大。

在保证电源能够长期、安全、可靠工作的前提下，对电源提供的电流、电压必须加以限制，这些限制的值称为电源的额定值，用 U_N、I_N 表示。当电流等于额定电流时称为满载；大于额定电流时称为过载；小于额定电流时称为轻载。电源设备通常工作于轻载或满载，只有满载时才能被充分利用。

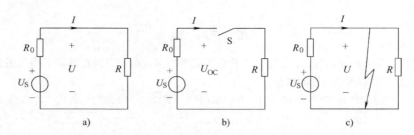

图1-27　电路的工作状态

1.6.2　电压源

电压源的基本特征是能向外电路提供比较稳定的电压（直流或时变量），实际电压源的电路模型可用一个电动势和电源内阻的串联组合来表示，如图1-28a点画线框内所示，电路理论中不多用电动势一词，电动势可用 U_S 表示，把它称为电压源的源电压。R_0 是电源的内阻，给电源接上负载电阻 R_L，电源的输出电压 u 和输出电流 i 之间的关系为

$$u = U_S - R_0 i \tag{1-24}$$

式（1-24）称为电压源的外特性方程。由方程可以画出电压源的外特性曲线如图1-28b所示，它是一条与 u、i 坐标轴相交的直线。直线与电压轴交点的坐标为 $i=0$，$u=U_{OC}$，此时电源处于开路状态，在数值上 $U_S=U_{OC}$。直线与电流轴交点的坐标为 $i=I_{SC}$，$u=0$，此时电源处于短路状态，I_{SC} 称为短路电流，其值为 $I_{SC}=U_S/R_0$。短路电流通常远远大于电压源正常工作时能够提供的额定电流。以输出功率为目的的电压源是绝对不允许短路的。直线上其他点描述了电压源有载工作状态，输出电压在数值上小于 U_S，其差值是内阻上的电压降 $R_0 I$。显然，当负载增加时输出电压将下降（负载增加指的是输出的功率增加，即负载电阻减小，电流和内阻电压降均增加）。

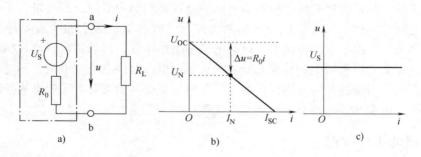

图1-28　电压源的电路模型及外特性曲线

从电压源的外特性可知，电源内阻越小，输出电流变化时输出电压的变化就愈小，即电压源输出电压越稳定。当内阻为零时，$U \equiv U_S$，外特性曲线将是平行于横坐标电流轴的直线，示于图1-28c中。它表明输出电压不受输出电流的影响。这种内电阻为零的电压源称为理想电压源，它是电路结构的基本模型。

1.6.3　电流源

电流源的基本特征是能向外电路提供比较稳定的电流（直流或时变量），硅光电池就是一个实际的电流源。实际电流源的电路模型可用一个电激流和电源内阻的并联组合来表示，如图 1-29a 点画线框内所示，电激流的称呼就像电压源中的电动势那样，这里不妨叫作电流源的源电流。同样给电源接上负载电阻 R_L，负载上的电压电流关系可用下面的数学模型描述：

$$i = I_S - \frac{u}{R_0} = I_S - G_0 u \tag{1-25}$$

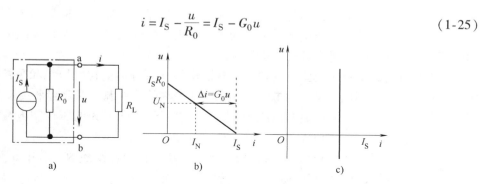

图 1-29　电流源的电路模型和外特性曲线

式（1-25）也称作电流源的外特性方程，由方程可以画出电流源的外特性曲线，如图 1-29b 所示，它同样是一条与 u、i 坐标轴相交的直线。直线与电压轴的交点坐标为 $i = 0$，$u = I_S R_0$，此时电流源处于开路或空载状态，电流全部经过其内阻。实际电流源不允许空载，因为空载时，电源内阻把电流源的能量消耗掉，电源对外不能送出电能。直线与电流轴的交点坐标为 $i = I_S$，$u = 0$，此时电源处于短路状态，平时实际电流源不使用时，应短路放置。

从电流源的外特性可知，电源内阻越大，输出电压变化时输出电流的变化就越小，即输出电流越稳定。当内电阻为无穷大时，$I \equiv I_S$，外特性曲线将是平行于纵坐标电压轴的直线，示于图 1-29c 中。它表明输出电流不受输出电压的影响。这种内电阻为无穷大的电流源称为理想电流源，它也是电路结构的基本模型。

【例 1-6】 已知理想电流源的电激流 $I_S = 10A$，分别求出图 1-30a、b、c 这 3 个电路中理想电流源的端电压 U 和输出电流 I。其中图 a 中 R_L 分别取值为

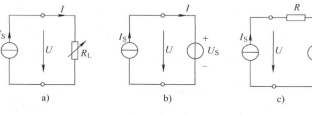

图 1-30　例 1-6 图

0Ω、20Ω；图 b 中理想电压源 $U_S = 30V$；图 c 中 $U_S = 30V$，$R = 0.5\Omega$。

解： 图 a 中　$R_L = 0\Omega$ 时，$I = I_S = 10A$，$U = R_L I = 0V$

$\qquad R_L = 20\Omega$ 时，$I = I_S = 10A$，$U = R_L I = 20 \times 10V = 200V$

$\qquad$ 图 b 中　$I = I_S = 10A$，$U = U_S = 30V$

$\qquad$ 图 c 中　$I = I_S = 10A$，$U = RI + U_S = 0.5 \times 10V + 30V = 35V$

此题说明：无论外接电路怎样变化，理想电流源的端电流始终保持稳定，而端电压则随外电路不同而变化。图 b 中当外接一理想电压源时，端电压 U 就由理想电压源电压来钳制，即有 $U \equiv U_S$。这一特点也反映了理想电压源端电压始终保持稳定这一性质。图 c 中，为求理

想电流源的端电压只能是沿外电路逐段计算出各元件电压再相加得出。总之，理想电流源的端电压由外电路确定，理想电压源的端电流由外电路确定。

1.6.4　受控源

在电路中有些元器件或组件对外电路能起激励作用，但它又不同于传统概念中的电源。前已提及它的主要特征是其电流、电压的大小及极性受到电路中其他支路的电流或电压的控制而不能独立存在，这种电源称为受控源。

1. 4种理想的受控源模型　受控源按其输出特性可分为受控电压源和受控电流源两类；按受控源的控制量不同，又分为电流控制和电压控制的受控源。综合起来共有4种受控源模型，如图1-31所示，图a为电压控制电压源（VCVS），图b为电压控制电流源（VCCS），图c为电流控制电压源（CCVS），图d为电流控制电流源（CCCS）。

在图中的4种受控源模型中，符号μ、g、r、β统称为控制系数。其中μ为电压放大系数，g为转移电导，r为转移电阻，β为电流放大系数。

受控源是现代电路理论中抽象出的一个新概念。例如，直流发电机，其电枢中的感应电动势如果是根据电磁感应定律受励磁线圈中的励磁电流控制，可以用CCVS作为其电路模型；晶体管工作在小信号情况下，集电极电流是基极电流的β倍，即$i_c = \beta i_b$，i_c就可看作是一个受i_b控制的电流源，可用CCCS作为其电路模型，参见图1-32。

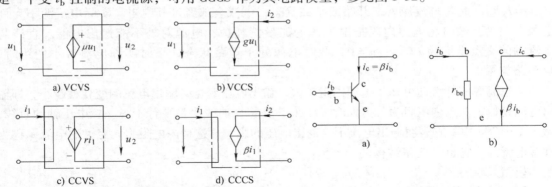

图1-31　4种受控源模型　　　　　　图1-32　晶体管及其电路模型

2. 含受控源电路的分析　含受控源的电路分析计算时一定要弄清受控源的基本概念。一要把它视为电源，对外电路能起激励作用而输出能量，二是它不独立存在。在根据基尔霍夫定律列方程时务必要遵守一个原则，即要把控制关系贯穿在运算过程之中。

【例1-7】　图1-33所示电路中，已知$R_1 = 1\Omega$，$R_2 = 5\Omega$，$R_3 = 2\Omega$，$U_S = 9\text{V}$，求I_2。

解：电路中含有电流控制电压源$2I_1$，在节点a列KCL方程：

$$I_1 - I_2 + I_3 = 0$$

在两个网孔中列KVL方程（数值方程）：

$$R_1 I_1 + R_2 I_2 = U_S$$
$$-2I_1 + R_2 I_2 + R_3 I_3 = 0$$

联解以上方程可得　　$I_2 = \dfrac{4}{3}\text{A}$

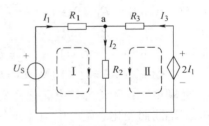

图1-33　例1-7图

思　考　题

1. 在例 1-7 中根据 I_2 的计算结果，再计算 I_1、I_3 并求各元件上的功率，验证功率平衡。

2. 在图 1-34 电路中已知网络吸收的功率为 10W，$I_S = 1A$，$U_S = 12V$，那么在图 a 中电流源_____功率；电压源_____功率。图 b 中电流源_____功率；电压源_____功率。

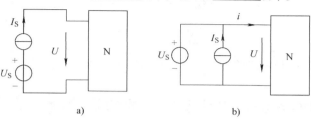

a)　　　　　　　　　　　　　b)

图 1-34　思考题 2 图

1.7　电路中电位的计算

由物理学可知，电位在数值上等于电场力把单位正电荷从电场中某点移动到无限远处所做的功。电场无限远处的点认为其电位为零。其实电路是局限在一定路径中的电场，在电路中引用电位的概念，需要选定一个零电位参考点。在电力工程中规定大地为零电位参考点，在电子电路中，通常以与机壳连接的公共导线为参考点，并用接机壳的符号"⊥"来表示，称之为"地"。电路中某点的电位是指该点相对于参考点之间的电压。电位随参考点选的不同而不同，这叫作电位的相对性。电路中某点的电位习惯用 V 来表示，如 V_a、V_b 等。分析计算电路时应注意，

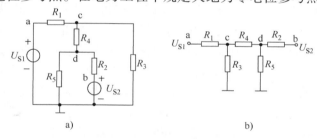

图 1-35　电路的两种画法

参考点一旦选定之后，在电路的整个计算过程中不允许再做改动。

在电子电路中，电源的一端通常都是接"地"的，为了作图简便和图面清晰，习惯上常常不画电源而在电源的非接地端标注电压大小，如图 1-35a 为原图，图 1-35b 为图 1-35a 的简便画法。

【例 1-8】　在图 1-36 所示电路中试求：（1）a、b、c 3 点电位；（2）将 a、c 两点短路再求 3 点的电位。

该图的电源即为以上介绍的简便画法。

解：（1）12V、9kΩ、12kΩ、–9V 形成一个回路，该回路电流为

$$I = \frac{(12 + 9)\,\text{V}}{(9 + 12)\,\text{k}\Omega} = 1\text{mA}$$

9kΩ 电阻上的压降：$U = 9 \times 10^3 \times 1 \times 10^{-3}\,\text{V} = 9\text{V}$，$V_b = 12\text{V} - 9\text{V} = 3\text{V}$。

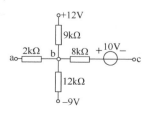

图 1-36　例 1-8 图

由于 $2k\Omega$ 和 $8k\Omega$ 上均没有电流也就没有压降，则 $V_a = V_b = 3V$。

c 点与 b 点之间有 10V 的电压源，则 $V_c = V_b - 10 = 3V - 10V = -7V$。

（2）将 ac 两点短路后，$I_{ca} = I_{ba} = \dfrac{10}{(2+8) \times 10^3} = 1mA$，此电流不影响 b 点电位。

所以　$V_a = V_c = V_b - 2 \times 10^3 \times 1 \times 10^{-3} = 3V - 2V = 1V$。

<h2 style="text-align:center">思　考　题</h2>

什么是电位？与电压有什么区别和联系？参考点不同，某点的电位会不会变？

1.8　应用 Multisim 进行电路基本定律仿真分析

【**例 1-9**】　在 Multisim14.0 中设计图 1-37 所示电路，验证 KCL、KVL。

在电源库（Sources）中放置 POWER_SOURCES 系列中的直流电压源（DC_POWER）Vs1、Vs2、Vs3 和接地符（GROUND），在 SIGNAL_CURRENT_SOURCES 系列中放置直流电流源（DC_CURRENT）Is1，在基本元器件库中选择电阻（RESISTOR）系列中的任意电阻放置 R1、R2、R3，按图 1-37 设置参数和连接电路。欲求各元件电压和各支路电流，可在相应位置放置电压表和电流表，电压表和电流表位于指示器库（Indicators）中的 VOLTMETER 和 AMMETER，如图中 UR1、UR2、UR3、UIs1 为电压表，I1、I2、I3 为电流表，选择方向合适的电压表和电流表后要将模式设置为 DC 模式。连接好电路后按下仿真运行按钮，仿真结果如图所示。例如，连接在节点 2 上的三条支路，电阻 R1 支路电流为 I1 = 2.6A，流出节点 2，电阻 R2 电压如电压表 UR2 所示 0.8V，则电流 IR2 为 0.2A，流入节点 2，Vs3 支路电流 I3 = 2.4A，流入节点 2，则流出的电流 I1 等于流入的电流 IR2 + I3，验证了节点 2 上支路电流的 KCL。再如，Is1、R2、Vs3 构成的回路，沿着顺时针方向列写 KVL 方程，有 UIs1 + UR2 + Vs3 = -2.8 + 0.8 + 2 = 0，满足 KVL。其他节点和回路的 KCL 和 KVL 也可分别得到验证。

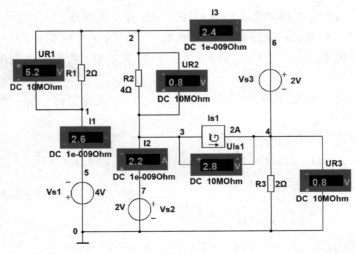

图 1-37　例 1-9 图

【例1-10】 图 1-38a 所示的电流控制电流源 Id2 位于电源库（Sources）CONTROLLED_CURRENT_SOURCES 系列，选择 CURRENT_CONTROLLED_CURRENT_SOURCE，控制量为 I1 =1A，设置电流放大倍数为 3，则受控电流源 Id2 电流为 3A，如电流表 I2 所示，与其支路上连接着什么元件和元件的参数没有关系。例如，图 1-38b 将电压源 V1 改为了 8V，电阻 R2 改为了 5Ω，电流表 I2 读数仍为 3A，因为该支路电流只受控制量 I1 的控制。

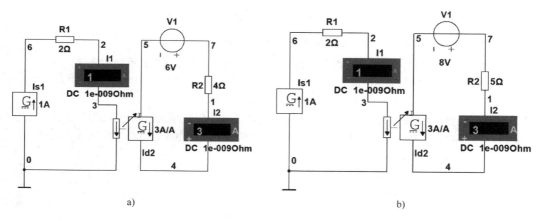

图 1-38 例 1-10 图

本 章 小 结

1. 电路模型是实际电路结构及功能的抽象化表示，是各种理想化元件模型的组合。分析电路的关键是首先建立电路模型，然后根据电路结构及已知的参数，运用电路的分析方法求出待求的其他变量。

2. 选择电流、电压的参考方向是电路分析计算不可缺少的步骤。元件上或局部电路上电流、电压参考方向一致时称为关联参考方向，不一致时称为非关联参考方向。比如在电阻元件上伏安关系和功率的情况，关联参考方向：$U = IR$，$P = UI$

$$非关联参考方向：U = -IR，P = -UI$$

3. 基尔霍夫电流定律（KCL） $\sum i = 0$

基尔霍夫电压定律（KVL） $\sum u = 0$

列 KCL 和 KVL 方程时，首先要选定各支路电流或某些电压的参考方向。

4. 理想电路元件是电路的基本模型，它们的电压与电流及能量关系为

电阻 R：$u = iR$，$p = ui = i^2 R = \dfrac{u^2}{R}$，是耗能元件

电感 L：$u = L\dfrac{\mathrm{d}i}{\mathrm{d}t}$，$W = \dfrac{1}{2}Li^2$，是储能元件

电容 C：$i = C\dfrac{\mathrm{d}u}{\mathrm{d}t}$，$W = \dfrac{1}{2}Cu^2$，是储能元件

5. 电源分为独立源和受控源，又有电压源和电流源之分。

电压源的外特性：$U = U_S - R_0 I$，$R_0 = 0$ 时为理想电压源，理想电压源两端电压 U 不变，

通过的电流 I 由外电路决定。

电流源的外特性：$I = I_S - G_0 U$，$G_0 = 0$ 时为理想电流源，理想电流源供出的电流 I 不变，两端的电压 U 由外电路决定。

受控源可以起到激励的作用，但该电源要受到其他支路的电流或电压的控制而不能独立存在。

自 测 题

1.1　在图 1-39 所示电路中，U_S、I_S 均为正值，其工作状态是（　　）。

(a) 电压源发出功率　　　(b) 电流源发出功率　　　(c) 电压源和电流源都不发出功率

1.2　在图 1-40 所示电路中，电流 I 为（　　）。

(a) 4A　　　　　　　　(b) 2A　　　　　　　　(c) −2A

1.3　设电路的电压与电流参考方向如图 1-41 所示，已知 $U < 0$，$I > 0$，则电压与电流的实际方向为（　　）。

(a) A 点为高电位，电流由 A 至 B　　　　　　(b) A 点为高电位，电流由 B 至 A

(c) B 点为高电位，电流由 A 至 B

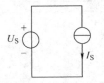

图 1-39　自测题 1.1 图

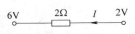

图 1-40　自测题 1.2 图

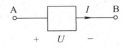

图 1-41　自测题 1.3 图

1.4　电路如图 1-42 所示，支路电流 I_{AB} 与支路电压 U_{AB} 应分别为（　　）。

(a) 0.5A 与 1.5V　　　(b) 0A 与 2V　　　　　(c) 0A 与 −2V

1.5　在图 1-43 所示电路中，各电阻值和 U_S 值均已知。欲求各支路电流，可以列出独立的节点电流方程数和回路电压方程数分别为（　　）。

(a) 3 和 4　　　　　　(b) 4 和 3　　　　　　(c) 3 和 3

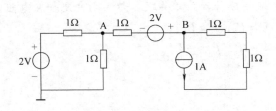

图 1-42　自测题 1.4 图

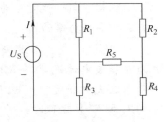

图 1-43　自测题 1.5 图

1.6　将一个 100Ω、1W 的电阻接于直流电路，则该电阻所允许的最大电流与最大电压分别应为（　　）。

(a) 10mA，10V　　　(b) 100mA，10V　　　(c) 10mA，100V

1.7　一个理想电压源的基本特性是（　　）。

(a) 其两端电压与流过的电流无关；流过的电流可为任意值，由外电路确定

(b) 其两端电压与流过的电流有关；流过的电流不为任何值，由电压源即可确定

(c) 其两端电压与流过的电流无关；电流必定由电压源正极流出，可为任意值

1.8　一个理想独立电流源的基本特性是（　　）。

（a）其输出电流与端电压无关；端电压可为任意值，取决于外电路

（b）其输出电流与端电压有关；端电压不为任何值，取决于电流源

（c）其输出电流与端电压无关；端电压必定与电流方向一致

1.9　在图 1-44 所示电路中，若电压源 $U_S = 10V$，电流源 $I_S = 1A$，则（　　）。

（a）电压源与电流源都发出功率

（b）电压源与电流源都吸收功率

（c）电流源产生功率，电压源不一定

图 1-44　自测题 1.9 图

1.10　当电压 U_S 与电阻 R_1、R_2 如图 1-45a 连接时，$U = 15V$；当如图 1-45b 连接时 $U = 5V$，则 U_S 应为（　　）。

（a）10V　　　　　（b）20V　　　　　（c）－10V

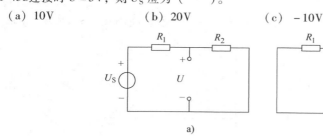

a)　　　　　　　　　　　b)

图 1-45　自测题 1.10 图

习　　题

1.1　图 1-46 所示电路中，求电压源和电流源的功率，并判断是吸收还是发出功率。

1.2　在电路图 1-47 中，已知 $I_1 = 3mA$，$I_2 = 1mA$。试确定 I_3 和 U_3，并说明电路元件 3 是电源还是负载。校验整个电路的功率是否平衡。

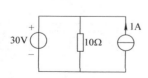

图 1-46　习题 1.1 图

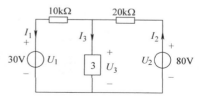

图 1-47　习题 1.2 图

1.3　求图 1-48 所示 R_x 和每个元件的功率并验证功率守恒。

1.4　在图 1-49 所示电路中，若 2V 电压源发出的功率为 1W，求电阻 R 的值和 1V 电压源发出的功率。

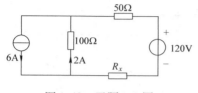

图 1-48　习题 1.3 图

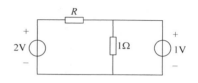

图 1-49　习题 1.4 图

1.5　在图 1-50 所示电路中，在指定的电压 u 和电流 i 的参考方向下，写出各元件 u 和 i 的约束方程（VCR）。

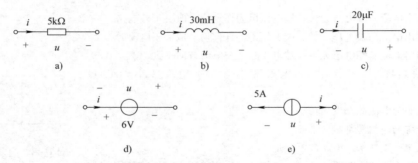

图 1-50　习题 1.5 图

1.6　*RLC* 串联电路如图 1-51a 所示，原 *L*、*C* 上没有储能，流过的电流波形如图 1-51b 所示，试求 u_R、u_L、u_C，并画出波形图。

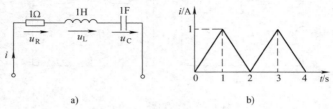

图 1-51　习题 1.6 图

1.7　图 1-52a 所示电路中，$C = 2\mu F$，$u_C(t)$ 的波形如图 1-52b 所示，求电容电流 $i(t)$ 并画出波形。

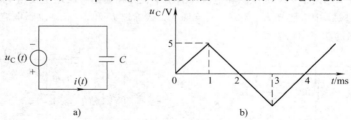

图 1-52　习题 1.7 图

1.8　图 1-53 所示电路原处于稳态，$t = 0$ 时激励源作用于电路，已知 $u_S = 10(1 - e^{-t})V$，试求 i_R、i_L、i_C 及 i，并画出波形图。

1.9　在图 1-54 所示电路中，$t \geq 0$ 时电感电压 $u_L = -10e^{-t}V$，且知在某一时刻 t_1 时，电压 $u_L(t_1) = -4V$，试问在这一时刻（1）电流 i_L 及其变化率是多少？（2）电感的磁链是多少？（3）电感的储能是多少？（4）电感磁场放出能量的速率是多少？（5）电阻消耗能量的速率是多少？

图 1-53　习题 1.8 图　　　　　　　　　图 1-54　习题 1.9 图

1.10　在图 1-55 所示电路中，已知 $U_S = 2V$，$I_S = 1A$，求电流源两端的电压。

1.11　在图 1-56 所示电路中，$U_{S1} = U_{S2} = 3V$，$I_{S1} = 2A$，$I_{S2} = 4A$，$I_{S3} = 3A$，试求 1Ω 电阻上的功率，欲使其上的功率为 0，则电流源 I_{S2} 应改为何值？此时各电源的功率如何？

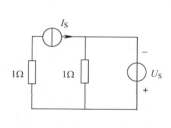

图 1-55　习题 1.10 图

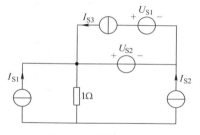

图 1-56　习题 1.11 图

1.12　图 1-57 所示电路中，$g = 0.1S$，求电压 u_{AB}，并计算 10V 电压源的功率，判断是吸收还是发出功率。

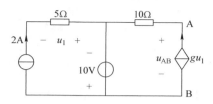

图 1-57　习题 1.12 图

1.13　试求图 1-58 所示电路中的 I_1、I_2。

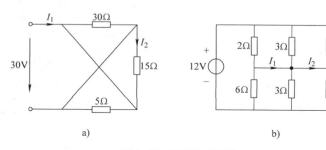

a)　　　　　　　　　　　b)

图 1-58　习题 1.13 图

1.14　图 1-59 所示的电路中，$I = 0$，试求 I_S 及 R。图中共有几个回路，几个独立回路？

1.15　试求图 1-60 所示电路中的 I_{SC}。

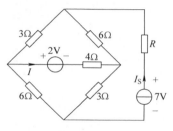

图 1-59　习题 1.14 图

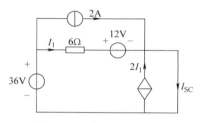

图 1-60　习题 1.15 图

1.16 电路如图 1-61 所示，求受控源的功率，并说明是发出还是吸收。

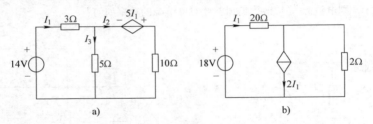

图 1-61 习题 1.16 图

1.17 电路如图 1-62 所示，已知 $U = 2\mathrm{V}$，$I_1 = 1\mathrm{A}$，求 I_S。

1.18 电路如图 1-63 所示，求电压 U 以及电流源提供的功率。

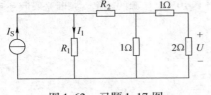

图 1-62 习题 1.17 图

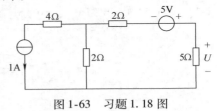

图 1-63 习题 1.18 图

1.19 图 1-64 所示电路中，试求 a 点电位，当可变电阻 R 等于 20kΩ 及 15kΩ 时，电压 U_a 和 U_b 分别是多少?

1.20 已知图 1-65 所示电路中的 B 点开路，求 B 点电位。

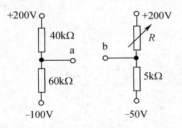

图 1-64 习题 1.19 图

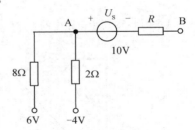

图 1-65 习题 1.20 图

第2章

电路的分析方法

知识单元目标

● 能够理解电路结构、模型等效变换的概念，充分体会等效是对外而言的等效。掌握电阻连接方式等效变换的方法。

● 能够理解电压源和电流源可以进行等效变换的条件，具备利用电源等效变换方法分析电路的能力。

● 能够熟练应用叠加定理、节点电压法、戴维南定理和诺顿定理等分析电阻电路，面对不同电路具备选择恰当的分析方法的能力。

讨论问题

● 怎样理解等效变换中的"对外"等效？

● 叠加定理为什么不能用来计算功率，遇到含受控源的电路该如何处理？

● 戴维南定理求等效电阻的方法有几种？分别用在什么情况下？

● 在利用节点电压法分析电路时，和理想电流源串联的电阻该不该记入电导之列，为什么？

温度传感器广泛应用于工农业生产、科学研究和生活等领域。温度传感器的种类很多，铂电阻温度传感器是其中的一种。它是利用金属铂在温度变化时自身电阻值也随之改变的特性来测量温度的，显示仪表将会指示出铂电阻的电阻值所对应的温度值。通常使用的铂电阻温度传感器当温度为 0℃ 时阻值为 100Ω，每 1℃ 产生 0.385Ω 的电阻变化，如温度为 100℃ 时阻值约为 138.5Ω。铂电阻温度传感器精度高，稳定性好，应用温度范围广，是中低温区（$-200 \sim 650$℃）最常用的一种温度检测器，不仅广泛应用于工业测温，而且被制成各种标准温度计供计量和校准使用。

第 1 章的图 1-4 正是测量电路原理图，图中 R_{t} 是铂电阻。如何利用这种电桥电路来测量温度呢？通过测量电桥非平衡时两桥臂之间连接的电流计的电流极性和大小可以反映出温度的升降数值。那么如何对该电路进行分析，求得电流的大小和方向进而得到测量温度？在第 1 章可以利用元件的电压电流关系和基尔霍夫定律来列写电路方程，由于电路中涉及的变量较多，因此所列的方程个数较多，求解有一定的困难。若采用本章介绍的一些定理和方法则可以大大减少方程的个数，降低计算的难度。这一点读者可以自行分析。

2.1　电阻的连接方式与等效变换

2.1.1　电阻的串联与并联

1. 电阻串联时的等效电阻和电压分配　n 个电阻串联如图 2-1a 所示，保持端口上电流电压的关系不变可以等效成图 2-1b 的电路。其等效电阻为

$$R_{eq} = \sum_{k=1}^{n} R_k \qquad (2\text{-}1)$$

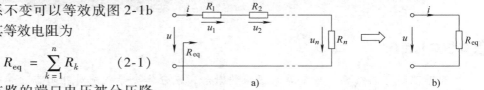

图 2-1　电阻的串联及等效电阻

串联支路的端口电压被分压降在各个电阻上，任意一个电阻上的电压为

$$u_k = \frac{R_k}{\displaystyle\sum_{k=1}^{n} R_k} u \qquad\qquad (2\text{-}2)$$

式（2-2）称为电阻串联时的分压公式。

2. 电阻并联时的等效电阻及电流分配　n 个电阻并联如图 2-2a 所示，保持端口上电流电压关系不变，则可等效成图 2-2b 的电路。其等效电阻的计算用电导比较方便，有

$$G_{eq} = \frac{1}{R_{eq}} = \frac{1}{R_1} + \frac{1}{R_2} + \cdots + \frac{1}{R_n} = \sum_{k=1}^{n} \frac{1}{R_k} = \sum_{k=1}^{n} G_k \qquad (2\text{-}3)$$

电阻并联时总电流被分流，任意一个电阻上的电流为

$$i_k = \frac{G_k}{\displaystyle\sum_{k=1}^{n} G_k} i \qquad (2\text{-}4)$$

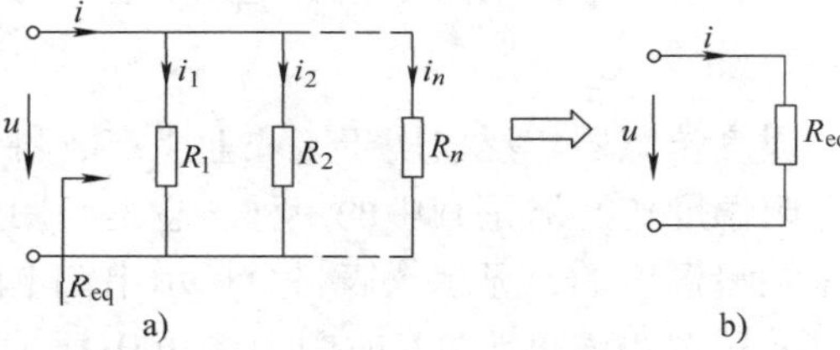

图 2-2　电阻的并联及等效电阻

式（2-4）称为电阻并联时的分流公式。

当仅有两个电阻并联时的等效电阻为

$$R_{eq} = \frac{R_1 R_2}{R_1 + R_2} \qquad (2\text{-}5)$$

此时分流公式分别为

$$\left. \begin{aligned} i_1 &= \frac{G_1}{G_1 + G_2} i = \frac{R_2}{R_1 + R_2} i \\ i_2 &= \frac{G_2}{G_1 + G_2} i = \frac{R_1}{R_1 + R_2} i \end{aligned} \right\} \qquad (2\text{-}6)$$

*2.1.2　电阻的丫-△联结与等效变换

1. 电阻的星形（丫）联结与三角形（△）联结　在电阻的连接关系中，常常会遇到既非串联也非并联的形式。当 3 个电阻的一端接在公共节点上，而另一端分别接在电路的其他

3 个节点上时，这 3 个电阻的连接关系称为星形联结。如图 2-3a 所示电路中电阻 R_2、R_3、R_4，以及 R_1、R_3、R_5 的连接形式就是星形联结。而当 3 个电阻首尾相连，并且 3 个连接点又分别与电路的其他部分相连时，这 3 个电阻的连接关系称为三角形联结。图 2-3a 所示电路中的电阻 R_1、R_2、R_3 以及 R_3、R_4、R_5 均为三角形联结。

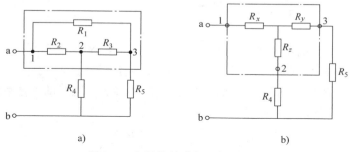

图 2-3　电阻的星形与三角形联结

在图 2-3a 所示电路中，欲求 ab 两点间的等效电阻无法再利用串联、并联的公式简单得到。如果能将 R_1、R_2、R_3 这 3 个电阻的三角形联结等效变换成星形联结，求出对应的电阻 R_x、R_y、R_z，如图 2-3b 所示，这时再求 ab 两点间的等效电阻就很简单了。这个概念叫作 $\curlyvee$-$\triangle$ 网络的等效变换，有时往往会给电路的分析计算带来很大方便。

2. 等效变换的条件及公式　把 $\curlyvee$-$\triangle$ 联结之间进行等效变换抽象成图 2-4 所示的电路进行讨论。所谓电路进行等效变换必须保证变换前后电路的端口特性不变。即 3 个对应点 1、2、3 流入（或流出）的电流 i_1、i_2、i_3 应一一对应相等；3 个对应端之间的电压 u_{12}、u_{23}、u_{31} 也必须对应相等。

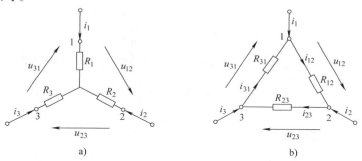

图 2-4　星形-三角形联结网络的等效变换

在星形联结中，根据 KCL、KVL 写出电流与电压的关系式：

$$i_{1\curlyvee} + i_{2\curlyvee} + i_{3\curlyvee} = 0 \qquad \curlyvee_1$$

$$R_1 i_{1\curlyvee} - R_2 i_{2\curlyvee} = u_{12\curlyvee} \qquad \curlyvee_2$$

$$R_2 i_{2\curlyvee} - R_3 i_{3\curlyvee} = u_{23\curlyvee} \qquad \curlyvee_3$$

$$R_3 i_{3\curlyvee} - R_1 i_{1\curlyvee} = u_{31\curlyvee} \qquad \curlyvee_4$$

在三角形联结中写出电流表达式

$$i_{1\triangle} = i_{12} - i_{31} = \frac{u_{12\triangle}}{R_{12}} - \frac{u_{31\triangle}}{R_{31}} \qquad \triangle_1$$

$$i_{2\triangle} = i_{23} - i_{12} = \frac{u_{23\triangle}}{R_{23}} - \frac{u_{12\triangle}}{R_{12}} \qquad \triangle_2$$

$$i_{3\triangle} = i_{31} - i_{23} = \frac{u_{31\triangle}}{R_{31}} - \frac{u_{23\triangle}}{R_{23}} \qquad \triangle_3$$

在星形联结中选择式$\curlyvee_1$、$\curlyvee_2$、$\curlyvee_4$联解$i_{1\curlyvee}$得

$$i_{1\curlyvee} = \frac{R_3}{R_1 R_2 + R_2 R_3 + R_3 R_1} u_{12\curlyvee} - \frac{R_2}{R_1 R_2 + R_2 R_3 + R_3 R_2} u_{31\curlyvee}$$

此式与$\triangle_1$式有对应关系，要使变换后等效，应满足$i_{1\curlyvee} = i_{1\triangle}$，$u_{12\triangle} = u_{12\curlyvee}$、$u_{31\triangle} = u_{31\curlyvee}$，这样可以得到$R_{12}$和$R_{31}$与$R_1$、$R_2$、$R_3$的对应关系。用同样的方法可以得到$R_{23}$与$R_1$、$R_2$、$R_3$的对应关系。整理为

$$\left. \begin{aligned} R_{12} &= \frac{R_1 R_2 + R_2 R_3 + R_3 R_1}{R_3} \\ R_{31} &= \frac{R_1 R_2 + R_2 R_3 + R_3 R_1}{R_2} \\ R_{23} &= \frac{R_1 R_2 + R_2 R_3 + R_3 R_1}{R_1} \end{aligned} \right\} \qquad (2\text{-}7)$$

利用式（2-7）联立又可得到

$$\left. \begin{aligned} R_1 &= \frac{R_{12} R_{31}}{R_{12} + R_{23} + R_{31}} \\ R_2 &= \frac{R_{12} R_{23}}{R_{12} + R_{23} + R_{31}} \\ R_3 &= \frac{R_{23} R_{31}}{R_{12} + R_{23} + R_{31}} \end{aligned} \right\} \qquad (2\text{-}8)$$

如果星形联结中，3个$R_\curlyvee$相等或三角形联结中3个$R_\triangle$相等，则等效变换关系为

$$R_\triangle = 3R_\curlyvee \text{ 或 } R_\curlyvee = \frac{1}{3} R_\triangle \qquad (2\text{-}9)$$

2.2　电源的等效变换

2.2.1　电源的组合特性

最常见的电源组合是电压源的串联组合。如图2-5a所示，n个电压源串联起来，可以等效成图2-5b的电路。

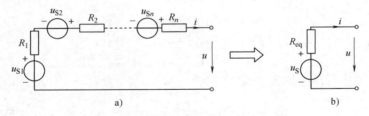

图2-5　电压源的串联组合

其等效关系为

$$u_S = u_{S1} + u_{S2} + \cdots + u_{Sn} = \sum_{k=1}^{n} u_{Sk} \tag{2-10}$$

在相加时注意每个电压源正负号的选取，应当由等效电源的参考方向为基准来确定。等效电源的内阻则等于各个串联电源内阻之和，即

$$R_{eq} = R_1 + R_2 + \cdots + R_n = \sum_{k=1}^{n} R_k \tag{2-11}$$

图 2-6a 是电流源的并联组合，可以等效成图 2-6b 的电路。其等效关系为

$$i_S = i_{S1} + i_{S2} + \cdots + i_{Sn} = \sum_{k=1}^{n} i_{Sk} \tag{2-12}$$

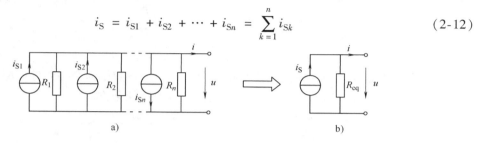

a)　　　　　　　　　　　　　　　b)

图 2-6　电流源的并联组合

在相加时注意每个电流源正负号的选取，应当由等效电流源的参考方向为基准来确定。等效电源的内阻则等于各个并联电流源内阻之并联，即

$$G_{eq} = \frac{1}{R_0} = \frac{1}{R_1} + \frac{1}{R_2} + \cdots + \frac{1}{R_n} = \sum_{k=1}^{n} \frac{1}{R_k} \tag{2-13}$$

注意只有激励电压相等且极性一致的电压源才允许并联，否则违背 KVL。其等效电路为其中任一电压源，但是这个并联组合向外提供的电流在各个电压源间如何分配则无法确定。同样，只有激励电流相等且方向一致的电流源才允许串联，否则违背 KCL。其等效电路为其中任一电流源，但是这个串联组合的总电压如何在各个电流源之间分配则无法确定。

如果理想电压源与理想电流源间有了串并联组合，该如何等效？像图 2-7a 是电流源与电压源的串联组合。可以用什么样的电源等效代替？不难想到，可用其中的电流源来等效代替，如图 2-7b 所示，这样不影响外电路的工作状态。因为提供给外电路的电流是由电流源确定的，而与电压源无关，此时电压源只影响电流源的电压。至于原电路是哪个电源输出能量，那只能视情况而定。图 2-7c 是电流源与电压源的并联组合。可以用一个什么电源等效代替而不影响外电路的工作状态？显而易见，只能用其中的电压源来等效代替，如图 2-7d 所示。因为提供给外电路的电压是由电压源确定的而与电流源无关，此时电流源只影响电压源的电流。至于原电路是哪个电源输出能量，也只能视情况而定。

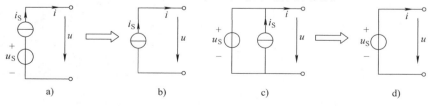

a)　　　　　　　　b)　　　　　　　　c)　　　　　　　　d)

图 2-7　电源串、并联组合的等效变换

2.2.2　实际电源的等效变换

电流源和电压源模型都是实际电源的抽象。从计算方法的角度讲，在保持对负载作用等效的前提下，这两种模型能否进行等效互换？如果可以，则会给电路分析带来很大的方便。这里的等效变换是指变换前后在同一负载上都能得到相同的电压和电流。

把电压源和电流源的模型和特性曲线重示于图 2-8 中，可以发现它们的外特性曲线都是与电流轴和电压轴相交的直线，这就是它们特性的共性面。由特性曲线表示的特性方程分别为 $u = U_S - R_0 i$ 和 $i = I_S - u/R_0$，如果满足

$$\left. \begin{array}{ll} U_S = I_S/G_0 & \text{或} \quad I_S = \dfrac{U_S}{R_0} \\ R_0 = 1/G_0 & G_0 = 1/R_0 \end{array} \right\} \tag{2-14}$$

两个特性方程将完全相同，特性曲线也将完全重合。由它们作为激励对外电路产生的响应也就对应相等了。式（2-14）就是电源能够进行等效变换的条件。

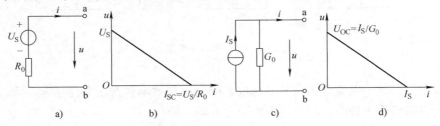

图 2-8　电源的两种电路模型和特性曲线

由此可以得出结论：当把实际电压源变换为实际电流源时，电流源的激励电流应等于电压源的源电压除以电压源的内阻；反之，当把实际电流源变换为实际电压源时，电压源的源电压应等于电流源的激励电流乘以电流源的内阻，两电源的内阻要相等。

这种等效变换仅保证如图 2-8 电路中 a、b 端口右边的电压、电流和功率相同（即只是对外等效），对电源内部并无等效而言。例如，ab 端子开路时，两电路对外均不发出功率，但此时电压源发出的功率为零，而电流源发出的功率为 I_S^2/G_0。而当 a、b 端子短路时电源内部的功率情况也不相同。

理想电压源与理想电流源不能等效变换，这是因为理想电压源与理想电流源内阻完全不同。在进行等效变换时一定要注意端口对应和极性相符，要把激励源与内阻的组合当作一个整体看待。

【**例 2-1**】　已知图 2-9a 中，$U_{S1} = 6V$，$U_{S2} = 5V$，$R_1 = R_2 = 1\Omega$，求 a、b 端口的等效电源模型。

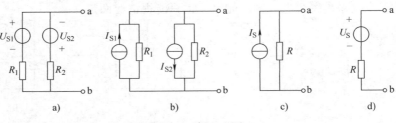

图 2-9　例 2-1 图

解：先将两个电压源等效变换为相应的两个电流源模型，如图 2-9b 所示，其中

$$I_{S1} = \frac{U_{S1}}{R_1} = \frac{6}{1}A = 6A$$

$$I_{S2} = \frac{U_{S2}}{R_2} = \frac{5}{1}A = 5A$$

然后将这两个电流源合并后得到等效电流源模型，如图 2-9c 所示，其中

$$I_S = I_{S1} - I_{S2} = 6A - 5A = 1A$$

$$R = \frac{R_1 R_2}{R_1 + R_2} = \frac{1 \times 1}{1 + 1}\Omega = 0.5\Omega$$

最后将图 2-9c 所示的电流源再进行一次等效变换，又能得到等效的电压源如图 2-9d 所示，其中

$$U_S = RI_S = 0.5 \times 1V = 0.5V$$

$$R = 0.5\Omega$$

【例 2-2】 图 2-10a 电路中，已知 $U_{S1} = 40V$，$U_{S2} = 30V$，$I_{S1} = I_{S2} = 2A$，$R_1 = R_2 = 10\Omega$，$R_3 = 6\Omega$，$R_4 = 4\Omega$，求电流 I。

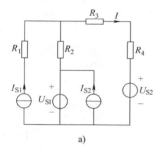 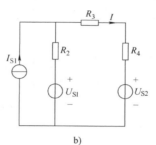 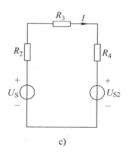

图 2-10　例 2-2 图

解：图 2-10a 电路与 I_{S1} 串联的电阻 R_1 对外等效为短路，与电压源 U_{S1} 并联的 I_{S2} 等效为断开，则图 2-10a 等效电路为图 2-10b，再将图 2-10b 利用电源等效变换转换为图 2-10c，其中

$$U_S = \left(\frac{U_{S1}}{R_2} + I_{S1}\right)R_2 = \left(\frac{40}{10} + 2\right) \times 10V = 60V$$

可得

$$I = \frac{U_S - U_{S2}}{R_2 + R_3 + R_4} = \frac{60 - 30}{10 + 6 + 4}A = \frac{30}{20}A = 1.5A$$

思　考　题

1. 在图 2-10a 电路中，如果欲求 I_{S1} 上的电压，能否不考虑 R_1；欲求流过 U_{S1} 的电流，能否不考虑 I_{S2}。为什么？

2. 图 2-11a 为受控电流源与电阻的并联组合，如果画出它的等效电压源电路如 2-11b 所示，是否正确，参数 3 和 6 量纲相同否？

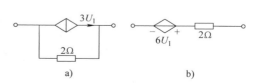

图 2-11　受控源的等效变换

2.3 叠加定理

2.3.1 线性电路及其性质

叠加定理是线性电路的一个重要定理，是分析线性电路的常用方法之一。所谓线性电路，简单地说就是由线性电路元件组成并满足线性性质的电路。线性性质有两层含义：

齐次性：若线性电路的输入为 x，相应的输出为 y；当输入为 Kx 时，输出则为 Ky。即输入扩大 K 倍，输出也扩大 K 倍，如图 2-12 所示。

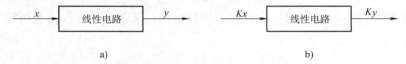

图 2-12 齐次性示意图

可加性：电路单独输入 x_1 时输出为 y_1；单独输入 x_2 时输出为 y_2；若输入为 $x_1 + x_2$ 时，则相应的输出为 $y_1 + y_2$，如图 2-13 所示。可见，几个输入量同时输入时，线性电路的输出为各输入单独作用时的输出之和。

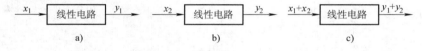

图 2-13 可加性示意图

2.3.2 叠加定理及其应用

叠加定理可表述为：在由多个独立电源共同作用的线性电路中，任一支路的电流（或电压）等于各个独立电源分别单独作用时在该支路中所产生的电流（或电压）的代数和叠加。对不作用电源的处理称为除源，除源方法是：电压源 u_S 用短路线代替，电流源 i_S 开路，电源的内阻要保留。

现用图 2-14 来说明。求图 2-14a 中的 i_1、i_3。应用叠加定理当电压源 u_S 单独作用时如图 2-14b 所示，有

$$i_1' = i_3' = \frac{u_S}{R_1 + R_3}$$

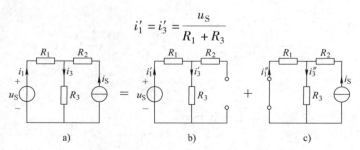

图 2-14 叠加定理图例

当电流源 i_S 单独作用时如图 2-14c 所示，其中

$$i_1'' = -\frac{R_3}{R_1 + R_3}i_S \; ; \; i_3'' = \frac{R_1}{R_1 + R_3}i_S$$

当两电源同时作用时它们的代数和为

$$i_1 = i_1' + i_1'' = \frac{u_S}{R_1 + R_3} - \frac{R_3}{R_1 + R_3}i_S$$

$$i_3 = i_3' + i_3'' = \frac{u_S}{R_1 + R_3} + \frac{R_1}{R_1 + R_3}i_S$$

由此看来，应用叠加定理计算电路，实质上是把复杂电路分解为简单电路的计算过程。

应该注意，叠加定理不适用于非线性电路的分析，就是在线性电路中也只能用来计算电流电压，不能计算功率，因为功率是电流电压的二次函数。

例如，某电阻 R，电流为 I，在分电路中求得的电流分别为 I' 和 I''，如果用叠加定理求功率则有

$$P' = I'^2R, \; P'' = I''^2R, \; P = P' + P'' = I'^2R + I''^2R$$

而真正的功率为

$$P = I^2R = (I' + I'')^2R = I'^2R + I''^2R + 2I'I''R$$

两者是不等的。

另外，在完成叠加计算过程中一定要按照参考方向进行代数和的叠加。如在该例中 i_1 的叠加计算过程中，因为 i_1'、i_1'' 的参考方向与原电路中 i_1 的参考方向相同，所以在计算式中应是相加的，但要注意到 i_1'' 实际上为负值。一般情况下，为了叠加时符号不出错，在分电路中所求变量的参考方向都可以取成和原电路的方向一致。

【例 2-3】　如图 2-15a 所示电路，试用叠加定理求电路中的 U、I，并计算 4Ω 电阻的功率。

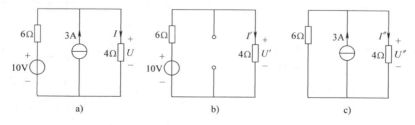

图 2-15　例 2-3 图

解：先把图 2-15a 进行分解得图 2-15b 和图 2-15c 所示电路，然后分步计算。

（1）当电压源单独作用时（见图 2-15b）

$$I' = \frac{10}{6+4}A = 1A$$

$$U' = 4I' = 4V$$

（2）当电流源单独作用时（见图 2-15c）

$$I'' = \frac{6}{6+4} \times 3A = 1.8A$$

$$U'' = 4I'' = 7.2V$$

（3）当两电源同时作用时

$$I = I' + I'' = 1A + 1.8A = 2.8A$$

$$U = U' + U'' = 4V + 7.2V = 11.2V$$

（4）4Ω 电阻功率　　　$P = UI = 11.2 \times 2.8W = 31.36W$

如果盲目地用叠加定理求功率则有

$$P' = U'I' = 4 \times 1W = 4W, \quad P'' = U''I'' = 7.2 \times 1.8W = 12.96W$$

很明显，$P \neq P' + P''$。

2.3.3　齐性定理

由线性电路的齐次性知道：当电路中所有激励源同乘以 K 时，则对应的响应也乘以 K。若电路中仅有一个激励源时，则响应与激励成比例。此特性称为齐性定理。

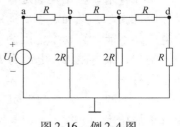

图2-16　例2-4图

【例2-4】　图2-16所示电路中，已知 $U_1 = 10V$，求 d 点的电位 V_d。

解： 根据线性电路的比例性，可以设定 d 点的电位，则 c、b、a 有对应的电位，看 a 点电位与输入电压是何比例，则可以按比例关系推算出 d 点电位。

设 $V'_d = 1V$，则根据电阻的分压关系可得 $V'_c = 2V$，$V'_b = 4V$，$V'_a = 8V$。

则

$$\frac{V_a}{V'_a} = \frac{10}{8} = 1.25$$

$$V_d = 1.25 V'_d = 1.25V$$

【例2-5】　图2-17所示电路中 N_0 为无独立源线性电阻性网络，当 $U_S = 12V$、$I_S = 3A$ 时 $U_{ab} = 10V$，又当 $U_S = 12V$、$I_S = 6A$ 时 $U_{ab} = 16V$，试求当 $U_S = 6V$、$I_S = 5A$ 时的 U_{ab}。

解： 按叠加定理，U_{ab} 可表示为

$$U_{ab} = \mu U_S + R I_S$$

根据两组已知数据可得其数值方程为

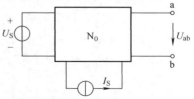

图2-17　例2-5图

$$\begin{cases} 12\mu + 3R = 10 \\ 12\mu + 6R = 16 \end{cases}$$

解得

$$\mu = \frac{1}{3}, R = 2\Omega$$

将欲求量的已知条件代入有

$$U_{ab} = \frac{1}{3} \times 6V + 2 \times 5V = 12V$$

【例2-6】　电路如图 2-18 所示，用叠加定理求电压 U。

解： 首先要注意，含有受控源的电路在应用叠加定理时受控源不能单独作用，在各次分解计算过程中受控源都要保留，并保持相应的控制关系。将图 2-18 电路分

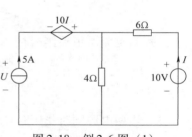

图2-18　例2-6图（1）

解成独立源单独作用时的电路，而受控源始终保留在每个分解电路中，如图 2-19a、b 所示。

（1）当 5A 电流源单独作用时，如图 2-19a 所示，根据分流公式有

$$I_1' = -\frac{4}{4+6} \times 5A = -2A$$

$$U' = -10I' - 6I' = -16I' = 32V$$

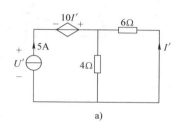 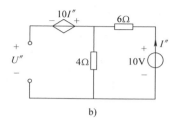

图 2-19　例 2-6 图（2）

（2）当 10V 电压源单独作用时，如图 2-19b 所示。

$$I'' = \frac{10}{6+4}A = 1A$$

$$U'' = -10I'' + 4I'' = -6I'' = -6V$$

（3）当两电源同时作用时得

$$U = U' + U'' = 32V - 6V = 26V$$

2.4　节点电压法

*2.4.1　节点电压法推导

在第 1 章 1.4 节中提到的支路电流法，其直接求解对象是支路电流。以支路电流为变量列出的方程数目较多，解方程是一大问题。那么如果遇到电路中支路很多但节点不多的情况，就可以考虑以节点电压为变量列方程，解出的就是节点电压。节点电压法的思路是在具有 n 个节点，b 条支路的电路中，选定一个零电位参考点（以后简称参考点），以其他节点与参考点间的电压作为变量分析电路。节点电压法也称为节点电位法。

如图 2-20a 所示的电路中，共有 4 个节点。选取最下面一个节点作为参考节点，并标以符号"⊥"，则节点①、②、③到参考节点的电压就是它们各自的节点电压，分别用 u_{n1}、u_{n2}、u_{n3} 表示。节点电压的极性规定为参考节点为"－"极性，其余节点均为"＋"极性，故通常用节点电压法分析电路时不需要标注节点电压的参考极性。

把电路中的实际电压源模型等效变换成电流源模型（理想电压源不能变换），假设各电流的参考方向如图 2-20b 所示，列出待求电位点的 KCL 方程：

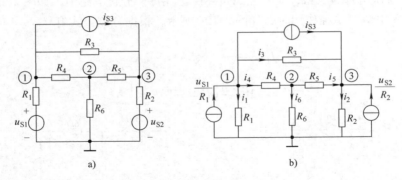

图 2-20 节点电压法用图

节点① $\qquad i_1 + i_3 + i_4 = \dfrac{u_{S1}}{R_1} - i_{S3}$

节点② $\qquad i_4 - i_5 - i_6 = 0$

节点③ $\qquad i_2 - i_3 - i_5 = \dfrac{u_{S2}}{R_2} + i_{S3}$

其中各电流与节点电压的关系为

$$i_1 = \frac{u_{n1}}{R_1}, \ i_2 = \frac{u_{n3}}{R_2}, \ i_3 = \frac{u_{n1} - u_{n3}}{R_3}, \ i_4 = \frac{u_{n1} - u_{n2}}{R_4}, \ i_5 = \frac{u_{n2} - u_{n3}}{R_5}, \ i_6 = \frac{u_{n2}}{R_6}$$

把这 6 个电流表达式代入上述 3 个 KCL 方程，经整理得到

$$\left.\begin{aligned}
\left(\frac{1}{R_1} + \frac{1}{R_3} + \frac{1}{R_4}\right)u_{n1} - \frac{1}{R_4}u_{n2} - \frac{1}{R_3}u_{n3} &= \frac{u_{S1}}{R_1} - i_{S3} \\[2mm]
-\frac{1}{R_4}u_{n1} + \left(\frac{1}{R_4} + \frac{1}{R_5} + \frac{1}{R_6}\right)u_{n2} - \frac{1}{R_5}u_{n3} &= 0 \\[2mm]
-\frac{1}{R_3}u_{n1} - \frac{1}{R_5}u_{n2} + \left(\frac{1}{R_2} + \frac{1}{R_3} + \frac{1}{R_5}\right)u_{n3} &= \frac{u_{S2}}{R_2} + i_{S3}
\end{aligned}\right\} \qquad (2\text{-}15)$$

　　显然这个方程的原形是节点上的 KCL 方程式，但是经过代换变成了以节点电压为求解量的方程组。经过这种变换使得求解变量大为减少。这个方程的特点是方程右边是电源流入节点的电激流的代数和（包括电压源变换来的电激流）；方程的左边则是通过电阻流出节点的电流。

2.4.2 弥尔曼定理

　　节点电压法有一种特殊情况。如果电路中仅有两个节点，那么选定一个参考点之后待求节点电压就只有一个，此时公式为 $\sum Gu_n = \sum i_S$，一般记为

$$u_n = \frac{\sum i_S}{\sum G} \qquad (2\text{-}16)$$

式（2-16）称为弥尔曼定理。式中 $\sum i_S$ 为流入待求节点激励电流的代数和，其中流入为正，流出为负，$\sum G$ 为并在两节点之间电导的和，它是节点法的特例。

【例 2-7】 如图 2-21 所示电路，用节点电压法求电流 I_2 和 I_3 以及各电源上的功率。

解： 由于电路中只有两个节点，所以可用弥尔曼定理求出节点 a 的电位：

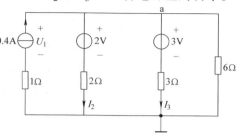

$$V_a = \frac{0.4 + \dfrac{2}{2} + \dfrac{3}{3}}{\dfrac{1}{2} + \dfrac{1}{3} + \dfrac{1}{6}}\text{V} = 2.4\text{V}$$

图 2-21　例 2-7 图

故各支路电流为

$$I_2 = \frac{V_a - 2}{2} = \frac{2.4 - 2}{2}\text{A} = 0.2\text{A}$$

$$I_3 = \frac{V_a - 3}{3} = \frac{2.4 - 3}{3}\text{A} = -0.2\text{A}$$

两个电压源的功率分别为 $P_{2V} = 2 \times 0.2\text{W} = 0.4\text{W} > 0$　（吸收功率）

$$P_{3V} = 3 \times (-0.2)\text{W} = -0.6\text{W} < 0 \quad （发出功率）$$

在求电流源的功率之前，先求出电流源上的电压 U_1：

$$U_1 = V_a + 1 \times 0.4\text{V} = 2.4\text{V} + 0.4\text{V} = 2.8\text{V}$$

所以　　　　　$P_{0.4A} = -U_1 \times 0.4\text{A} = -2.8 \times 0.4\text{W} = -1.12\text{W} < 0$　　（发出功率）

思 考 题

在如图 2-21 所示电路中，为什么与 0.4A 电流源串联的电阻 1Ω 没有包含在电导中，而求 U_1 时又考虑了该电阻？

2.5　戴维南定理和诺顿定理

2.5.1　戴维南定理的提出

戴维南定理的思想是在 1883 年由法国的电报工程师戴维南（M. L. Thevenin）提出的。它是一种等效变换方法。

如图 2-22a 所示的不平衡电桥电路。欲求对角线上的电流或电压，把对角线 R_5 拉出来。以 ab 为分界线，则电路变成两个单口网络（也叫二端网络）对接的电路，示于图 2-22b 中。这个概念抽象成图 2-22c。其左边是一个内部含有独立源的单口网络，即有源网络；右边是一个不含独立源的单口网络，即无源网络。从能量观点讲，有源单口网络向无源单口网络输送能量。那么一个设想自然产生：在左边的有源单口网络能否等效成一个电源？回答是肯定的。这就是下面要讲的两个定理。

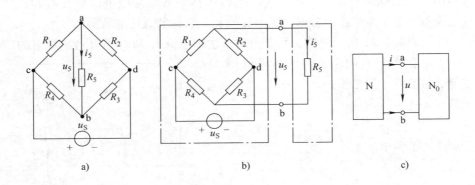

图2-22　戴维南定理的逻辑推理

戴维南定理可表述为：**任何一个线性有源单口网络对外电路的作用可以用一个等效的电压源（即 u_S 和 R_0 的串联组合）来代替**，见图2-23a、c。其中 u_S 等于有源单口网络两端钮 ab 间的开路电压 u_{OC}，R_0 等于该单口网络中所有独立电源不作用时无源单口网给 N_0 的等效电阻 R_{eq}，见图2-23b。独立电源不作用是指电流源开路、电压源短路，u_S 的极性与开路电压 u_{OC} 的极性一致。

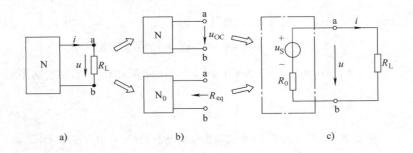

图2-23　戴维南定理的图解表示

*2.5.2　戴维南定理的证明

戴维南定理的正确性可用图2-24所示的一组电路图来证明。设一个线性含源二端网络 N 与一负载相连如图2-24a 所示。当流过负载的电流为 I 时，则可以用一个理想电流源替代该负载如图2-24b 所示。此时，整个网络就成为一个线性网络。由此，可以利用叠加定理求 a、b 间电压 U。当线性含源二端网络中的独立源单独作用时，电流源 I_S 断开，如图2-24c 所示，此时求得的电压分量 U'，即为 a、b 支路断开时的开路电压 U_{OC}，得 $U' = U_{OC}$。当电流源 I_S 单独作用时，原线性含源二端网络中的所有独立源应为零值，此时从 a、b 两点向左看即为等效电阻 R_{eq}，则 $U'' = -R_{eq}I$，如图2-24d 所示。当两电源同时作用时，由叠加定理即可得到 a、b 两点间的电压为

$$U = U' + U'' = U_{OC} - R_{eq}I$$

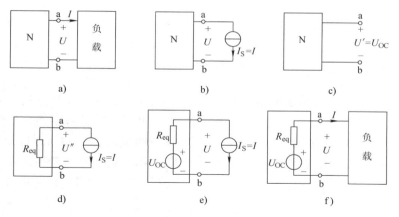

图 2-24　戴维南定理证明用图

　　由 a、b 两点间的伏安关系出发，可以构筑一个简单的等效电路，如图 2-24e 所示。最后将理想电流源用负载替代，如图 2-24f 所示。戴维南定理得证。可见，在等效前后，a、b 两点左端的网络对负载的影响总是不变的。而此时被等效的网络内部，其电压、电流的关系一般都是不等效的。

　　【例 2-8】　图 2-25 的电路中，已知：$U_{S1} = 21V$，$U_{S2} = 6V$，$I_S = 5A$，$R_1 = R_2 = 3\Omega$，$R_3 = 2\Omega$，$R_4 = 14\Omega$，试用戴维南定理求电流 I。

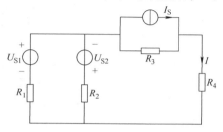

图 2-25　例 2-8 图（1）

　　解：（1）首先应把被求支路断开，求断开处的开路电压 U_{OC}，如图 2-26a 所示，在电路中设一电流 I_1，则

$$I_1 = \frac{U_{S1} + U_{S2}}{R_1 + R_2} = \frac{21 + 6}{3 + 3}A = 4.5A$$

$$U_{OC} = I_S R_3 - U_{S2} + I_1 R_2 = 5 \times 2V - 6V + 4.5 \times 3V = 17.5V$$

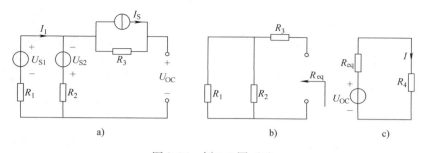

图 2-26　例 2-8 图（2）

　　（2）求等效电阻：将独立源除去，即电压源处短路、电流源处开路，如图 2-26b 所示，则

$$R_{eq} = R_3 + R_1 /\!/ R_2 = 2\Omega + 1.5\Omega = 3.5\Omega$$

　　（3）得到戴维南等效电路，如图 2-26c 所示。

可解得
$$I = \frac{U_{OC}}{R_{eq} + R_4} = \frac{17.5}{3.5 + 14}A = 1A$$

2.5.3 戴维南定理的推论——诺顿定理

诺顿定理是由原贝尔电话实验室的 E. L. 诺顿（E. L. Norton）提出来的。它实际上是戴维南定理的推论。因为含内阻的电压源与电流源之间可以进行等效变换，显然可以得出结论：任一线性有源单口网络不仅可以等效成一个含内阻的电压源，也可以等效成一个含内电导的电流源，通常把后者称为诺顿定理。如图 2-27 表示了这种等效变换关系。其中电激流 i_S 是有源单口网络端口上的短路电流，内电导的求法与戴维南定理求内阻的方法相同。

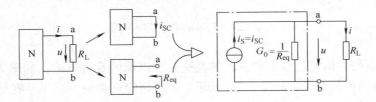

图 2-27　诺顿定理的图解表示

【例 2-9】　例 2-8 电路试用诺顿定理求电流 I。

解：（1）将被求支路短路，求短路电流 I_{SC}，代入参数如图 2-28 所示。此时电路只剩两个节点，取下面节点为参考节点，应用弥尔曼定理求独立节点的电压：

$$U = \frac{\dfrac{21}{3} - \dfrac{6}{3} - 5}{\dfrac{1}{3} + \dfrac{1}{3} + \dfrac{1}{2}} = 0V, \quad 则 \ I_{SC} = \frac{U}{2\Omega} + 5A = 5A$$

（2）等效电阻与戴维南定理的相同：$R_{eq} = R_3 + R_1 /\!/ R_2 = 2\Omega + 1.5\Omega = 3.5\Omega$

（3）诺顿等效电路如图 2-29 所示。

则
$$I = \frac{R_{eq}I_{SC}}{R_{eq} + R_4} = \frac{3.5 \times 5}{3.5 + 14}A = 1A$$

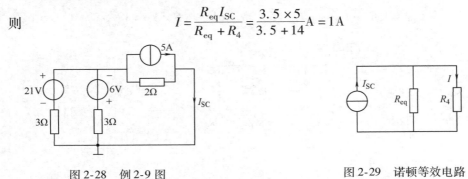

图 2-28　例 2-9 图　　　　　　　　　　　图 2-29　诺顿等效电路

*2.5.4　求戴维南等效电阻的一般方法

求戴维南等效电阻 R_{eq} 时，若网络内部为纯电阻网络，一般可以用串、并联化简直接求。当网络内部含受控源时，按求等效电阻的规则，受控源要保留下来。因为受控源的影响，此时等效电阻不等于几个电阻的串并联组合。可以采用下面两种方法来求。

第一种为外加电源法。将二端网络内部的独立源全部除去，成为无源二端网络，抽象为 N_0。在断开处外加电压源 U，设产生的电流为 I，如图 2-30a 所示，则等效电阻 $R_{eq} = U/I$；也可以外加电流源 I，设电流源两端电压为 U，如图 2-30b 所示，等效电阻仍为 $R_{eq} = U/I$。这里不必求出 U、I 各自的值，只要能推出它们的比值即可。

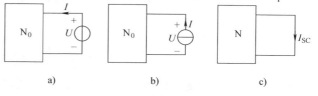

第二种为开路短路法。在求等效

图 2-30　两种求等效电阻的方法示意图

电源时已经求出开路电压 U_{OC}，只要再求出端口的短路电流 I_{SC}，如图 2-30c 所示，则等效电阻 $R_{eq} = U_{OC}/I_{SC}$。以上两种方法证明从略。

【例 2-10】　图 2-31 所示的电路中已知 $R_1 = 420\Omega$，$R_2 = R_3 = 300\Omega$，$R_4 = 150\Omega$，$U_S = 36V$，用戴维南定理求 I_4。

解： 利用戴维南定理时，无论求开路电压还是等效电阻都必须考虑受控源的影响。

（1）求开路电压。把待求支路 R_4 断开，如图 2-32a 所示，代入数据简化为图 2-32b，列方程解电流 I_3'：

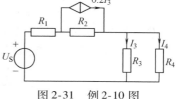

图 2-31　例 2-10 图

$$(420 + 300 + 300)I_3' - 60I_3' = 36$$

$$I_3' = \frac{36}{(420 + 300 + 300) - 60}A = \frac{36}{960}A = 0.0375A$$

则开路电压为

$$U_{OC} = R_3 I_3' = (300 \times 0.0375)V = 11.25V$$

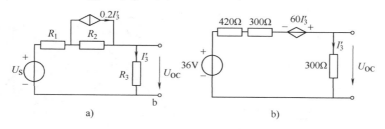

图 2-32　例 2-10 解题用图

（2）求等效电阻。按求戴维南等效电阻的规则，网络内部的独立源置零，但是受控源必须保留。首先采用外加电源法，内部的独立源除去，在端口上外加电压源 U，设产生电流 I，如图 2-33a 所示。

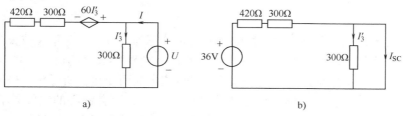

图 2-33　例 2-10 求等效电阻

图中：

$$(420+300) \times (I_3' - I) - 60I_3' + U = 0, \ 将 \ I_3' = \frac{U}{300} 代入$$

解得等效电阻：

$$R_{eq} = \frac{U}{I} = \frac{720}{3.2}\Omega = 225\Omega$$

再采用开路短路法，将所求支路短路，设短路电流为 I_{SC}，则 300Ω 被短路，$I_3' = 0$，受控源也消失，如图2-33b所示，有

$$(420+300)I_{SC} = 36$$

短路电流：

$$I_{SC} = \frac{36}{720}A = 0.05A$$

等效电阻：

$$R_{eq} = \frac{U_{OC}}{I_{SC}} = \frac{11.25}{0.05}\Omega = 225\Omega$$

可以看出，两种方法求出的等效电阻结果是相同的。

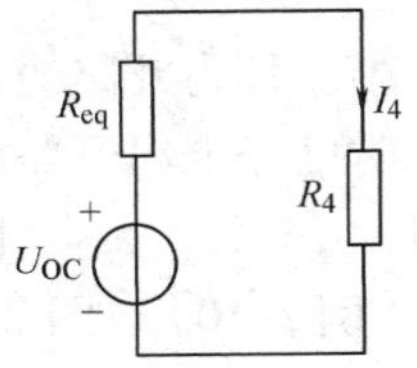

（3）戴维南等效电路如图2-34所示，可以解得电流 I_4：

图2-34　图2-31的戴维南等效电路

$$I_4 = \frac{U_{OC}}{R_{eq} + R_4} = \frac{11.25}{225 + 150}A = 0.03A$$

思　考　题

1. 一个有源单口网络空载时，用高内阻电压表测得其端口电压为10V，若外接 3Ω 电阻时其端电压为6V，则该网络的戴维南等效电路的数据为（　　）。

（a）6V，3Ω　　　　（b）10V，3Ω　　　　（c）10V，2Ω

2. 网络N及其端口特性示于图2-35中，试建立其戴维南等效电路。

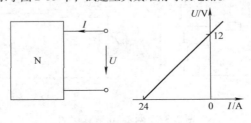

图2-35　思考题2图

2.6　非线性电阻电路的分析

2.6.1　非线性元件

由于电子技术发展的需求，非线性电路的分析计算到20世纪70年代被重视起来。含有非线性元件的电路就是非线性电路，在非线性元件上电路参数会因电流、电压的变化而变化。实际电路元件的参数总是或多或少地随着电压或电流而变化。所以，严格说来，一切实际电路都是非线性电路。半导体器件是非线性电阻元件，含有铁心的线圈是非线性电感元件，变容二极管是非线性电容元件等。这类电路如何分析计算有它的特殊性，本节着重讨论非线性电阻电路的分析。图2-36a为非线性电阻元件的符号图。由于元件的品种很多，所以

要加注一些文字代号表示其特性。在图 2-36b 中加注 θ 表示为热敏电阻；图 2-36c 中加注 U 表示为压敏电阻。

电路分析必须知道元件的特性。非线性元件的端口特性有两种表示法：一种用元件的电流电压函数曲线描述；另一种是建立端口特性的数学模型。例如，图 2-37 是半导体二极管的端口特性曲线，其正向伏安特性的数学模型可以近似地表示为

$$i = I_S(e^{40u} - 1)$$

式中的 I_S 为二极管在常温下的反向饱和电流。一般地讲，由于非线性元件特性的多样性和复杂性，为其建立数学模型比较困难。尤其是元件特性分散性的缘故，其真实特性可能与其数学模型差别很大。烦琐的数学计算只用在以计算机作为辅助分析的场合，而且所得仅仅是理论数据而已。所以已知元件的端口特性曲线，用图解法进行分析计算便成为非线性电路直观有效的分析方法。

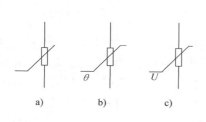

图 2-36　非线性电阻的图形符号

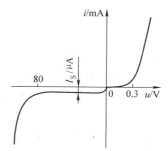

图 2-37　半导体二极管的端口特性

2.6.2　非线性电阻电路的图解分析

图 2-38 为某一非线性电阻元件的伏安特性曲线。特性曲线上任一点所对应的电压和电流的比值为在该电压、电流作用下的电阻值，称为该点的静态电阻（直流电阻），图中 Q 点的静态电阻为

$$R_Q = \frac{U_Q}{I_Q} = \tan\alpha \qquad (2\text{-}17)$$

α 角为直线 OQ 与电流轴的夹角。

工作于 Q 点的非线性电阻，当其电压有微量变化 ΔU 时，电流也相应发生微量变化 ΔI，ΔU 与 ΔI 之比称为其在 Q 点的动态电阻。动态电阻用小写字母表示，即

$$r_Q = \frac{\Delta U}{\Delta I} = \tan\beta \qquad (2\text{-}18)$$

β 角为电流轴与曲线过 Q 点切线的夹角。当 ΔU 与 ΔI 足够小时，$\tan\beta$ 趋于伏安特性在 Q 点的切线斜率，因此

$$r_Q = \frac{\mathrm{d}u}{\mathrm{d}i}\bigg|_Q \qquad (2\text{-}19)$$

可见，工作点位置不同则动态电阻也不等。非线性电阻的静态电阻与动态电阻是两个完全不同的概念，数值也

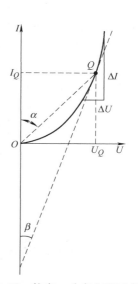

图 2-38　静态、动态电阻示意图

不相等，但两者都与工作点有关。此工作点是给非线性电阻加直流电压时确定的，因此称为静态工作点。

在图 2-39a 的电路中，R_0 为线性电阻，R_n 为非线性电阻。当网络中只有一个非线性元件时，就可以用戴维南定理简化为这样的电路。所以这个电路具有一定的代表性。欲求电路中电流和非线性电阻的电压，需要具备的条件是非线性电阻的伏安特性曲线已知，设曲线满足 $I = f(U)$，见图 2-39b 中的曲线 C。虽然欧姆定律不能用，但是基尔霍夫定律依然适用。列出回路方程 $U_n = U_S - R_0 I_n$，这个特性反映在 $i = f(u)$ 坐标平面上是一条与两轴相交的直线 AB。它代表了该电路中除非线性元件以外单口网络的外特性。不管负载电阻

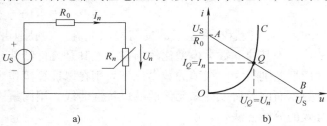

a)　　　　　　　b)

图 2-39　非线性电路的静态图解分析

的性质及大小如何，电路的工作点都一定落在外特性直线上。所以单口网络的外特性直线与非线性元件特性曲线的交点 Q 即为电路的工作点，读出 Q 点的坐标（U_Q，I_Q），即对应着所求的电流和电压。还可以进一步看出，当 U_S 变化时，AB 线将作平行移动，工作点 Q 移动的轨迹在非线性电阻的特性曲线上，很直观地表现出了非线性电路的特点。

【例 2-11】　图 2-40 所示电路中，$I_{S1} = 1A$，$R_1 = 1\Omega$，$U_S = 2V$，$I_{S2} = 3A$，非线性电阻的电压、电流的数值关系为 $U = -2I + I^2$（I 单位为 A，U 单位为 V），试用图解法求响应 U、I。

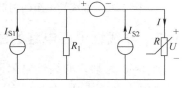

解：用戴维南定理化简图 2-40，根据图 2-41a 求 U_{OC} 和 R_0，得到图 2-41b 的等效电路，解得

$$U_{OC} = -U_S + R_1(I_{S1} + I_{S2}) = -2V + 1 \times (1 + 3)V = 2V$$

$$R_0 = R_1 = 1\Omega$$

图 2-40　例 2-11 图

图 2-41b 中非线性电阻 R 的电压、电流的关系为 $U = 2 - I$，曲线与直线相交于两点，如图 2-41c 所示，交点为（0，2）和（3，-1）。

所以，在正阻区，$I = 2A$，$U = 0V$；负阻区，$I = -1A$，$U = 3V$。

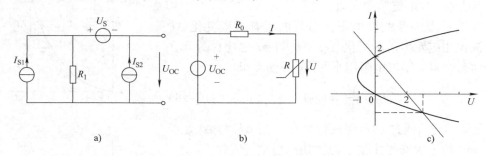

a)　　　　　　　　　b)　　　　　　　　　c)

图 2-41　例 2-11 解题用图

2.7　应用 Multisim 进行电阻电路分析方法仿真分析

电阻电路的分析方法主要包含电源等效变换、叠加定理、节点电压法、戴维南定理等，

利用 Multisim 仿真软件分析电路的分析方法，有助于建立电路分析的基本概念，掌握电路分析方法，加深对电路特性的理解，提高分析和解决电路问题的能力。

【例 2-12】　叠加定理验证。图 2-42 所示电路为电压源 Vs1 和电流源 Is1 共同作用的线性电路，共同作用下电流源 Is1 两端电压如电压表 U1 所示为 24V，R2 和 R3 支路电流如电流表 I2 所示为 2A。图 2-43a 为电流源 Is1 单独作用的电路，此时电压源 Vs1 置零（短路），相应位置电压和电流分别为 12V 和 1A；图 2-43b 为电压源 Vs1 单独作用的电路，此时电流源 Is1 置零（开路），相应位置电压和电流分别为 12V 和 1A。可见，两个独立源共同作用的电压（电流）分别为单独作用结果的叠加，叠加定理得到验证。

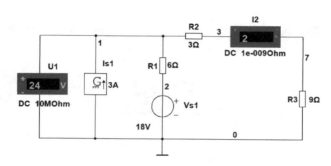

图 2-42　叠加定理验证电路

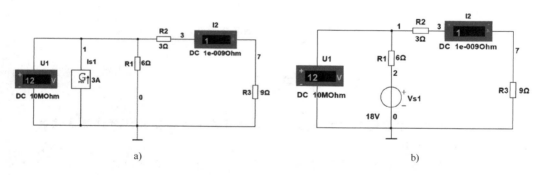

a)　　　　　　　　　　　　　　　　　　　　b)

图 2-43　两个电源分别单独作用电路

【例 2-13】　戴维南定理验证。图 2-44 所示电路 R3 支路电流为 I3 = 2A，利用戴维南定理再次求此电流。按照戴维南定理的三步：第一，断开 R3 支路求开路电压，如图 2-45 所示 Uoc = 30V；第二步将电路内部独立源置零，即电压源 Vs1 和 Vs2 短路，求等效电阻，结果如图 2-46 所示为 2Ω；第三步画出戴维南等效电路，如图 2-47 所示 I3 = 2A。可见，原电路电流与戴维南等效电路所求结果一致，戴维南定理得到验证。

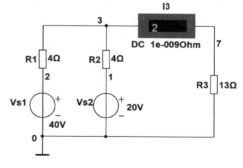

图 2-44　例 2-13 原电路图

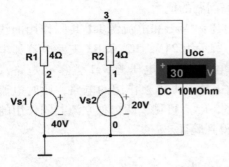

图 2-45　求开路电压电路

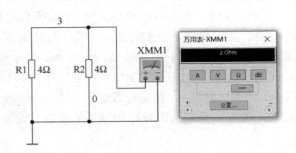

图 2-46　求等效电阻电路

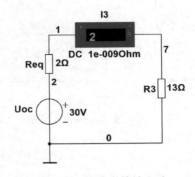

图 2-47　戴维南等效电路

本 章 小 结

1. 已知激励和参数求取电路中的响应是电路分析的主线。各种分析计算方法的依据是基尔霍夫定律和欧姆定律。

2. 电路的等效变换有电阻的等效变换和电源的等效变换，都可以给电路分析带来很大方便，但这种等效都是对外而言的等效，在内部并不等效。

电压源与电流源等效变换的条件是

$$U_{\mathrm{S}} = \frac{I_{\mathrm{S}}}{G_0}$$

$$R_0 = \frac{1}{G_0}$$

或

$$I_{\mathrm{S}} = \frac{U_{\mathrm{S}}}{R_0}$$

$$G_0 = \frac{1}{R_0}$$

3. 叠加定理阐明了线性电路的两个重要性质，即齐次性和可加性，应用叠加定理时要正确除源（即电压源短路，电流源断开，内阻保留）。不能直接用叠加定理计算功率。

4. 戴维南定理适用于电路结构比较复杂，所求响应又比较单一的情况。应用戴维南定理求开路电压 U_{OC} 时相当于又遇到一个新的问题，可以用所学过的范围适用的所有方法，求等效电阻的难点在含受控源的电路，可以利用外加电源法或开路短路法。诺顿定理是戴维南定理的推论。

5. 分析含受控源的电路时，要注意受控源与独立源的共性与不同点。利用电源等效变换化简时不能把控制量化简掉；利用叠加定理分析时，受控源不能单独作用于电路，也不能被除源；利用戴维南定理时，不能将受控源与控制量分割在两个网络中。

6. 分析非线性电阻电路的基本依据是电路的结构约束和非线性电阻的伏安特性曲线，最常用的方法为图解法。

自　测　题

2.1　在图 2-48 所示电路中，对负载电阻 R_L 而言，虚线框中的电路可用一个等效电源代替，该等效电源是（　　）。

（a）理想电压源　　　　　　　（b）理想电流源　　　　　　　（c）不能确定

2.2　在图 2-49 所示电路中，电压 $U_{ab}=10V$，当电流源 I_S 单独作用时，电压 U_{ab} 将（　　）。

（a）变大　　　　　　　　　　（b）变小　　　　　　　　　　（c）不变

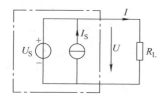

图 2-48　自测题 2.1 图

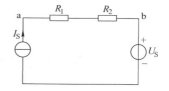

图 2-49　自测题 2.2 图

2.3　在图 2-50 所示电路中，已知：$U_S=9V$，$I_S=6mA$，当电压源 U_S 单独作用时，通过 R_L 的电流是 1mA，那么当电流源 I_S 单独作用时，通过电阻 R_L 的电流 I_L 是（　　）。

（a）2mA　　　　　　　　　　（b）4mA　　　　　　　　　　（c）$-2mA$

2.4　叠加定理可以用于（　　）。

（a）计算线性电路中的电压、电流和功率

（b）计算非线性电路中的电压和电流

（c）计算线性电路中的电压和电流

2.5　应用叠加定理分析电路时，如果遇到电路中含有受控源，正确的处理方法是（　　）。

（a）受控源也可以单独作用

（b）受控源不能单独作用，要在各分电路中保留，并保持相应的控制关系

（c）受控源不能单独作用，但控制关系要发生变化

2.6　实验测得某线性有源二端网络在关联参考方向下的外特性曲线如图 2-51 所示，则它的戴维南等效电压源的参数 U_S 和 R_0 分别为（　　）。

（a）2V，1Ω　　　　　　　　　（b）1V，0.5Ω　　　　　　　　（c）$-1V$，2Ω

2.7　在求戴维南等效电阻时，如果无源二端网络中含有受控源，正确的处理方法是（　　）。

（a）因为是无源二端网络，所以把所有电源除去（包括受控源），只求电阻

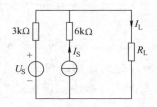

图 2-50　自测题 2.3 图

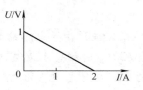

图 2-51　自测题 2.6 图

（b）应用外加电源法或开路短路法求等效电阻

（c）无法求等效电阻

2.8　在图 2-52 所示电路中，当开关 S 断开时，电压 $U = 10V$，当 S 闭合后，电流 $I = 1A$，则该线性有源二端网络的戴维南等效电阻值为（　　）。

（a）16Ω　　　　　　　　　（b）8Ω　　　　　　　　　（c）4Ω

2.9　在图 2-53 所示电路中，a、b 端的戴维南等效电阻值为（　　）。

（a）1Ω　　　　　　　　　（b）2Ω　　　　　　　　　（c）3Ω

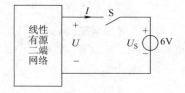

图 2-52　自测题 2.8 图

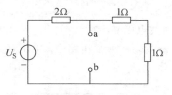

图 2-53　自测题 2.9 图

2.10　非线性电阻两端的电压与其中电流的关系（　　）。

（a）不遵循欧姆定律　　　　（b）遵循欧姆定律　　　　（c）有条件地遵循欧姆定律

习　题

2.1　求图 2-54 所示电路 a、b 端的等效电阻。

2.2　在图 2-55 中，分别求 c、d 点断开和短路时 a、b 端的等效电阻。

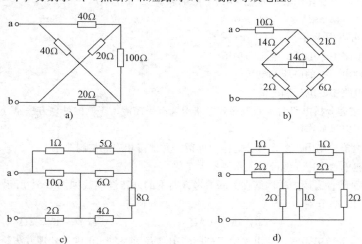

图 2-54　习题 2.1 图

2.3　求图 2-56 所示 a、b 端的等效电阻。

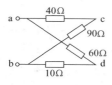

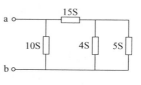

图 2-55　习题 2.2 图

图 2-56　习题 2.3 图

2.4　利用电源的等效变换画出图 2-57 所示电路的对外等效电路。

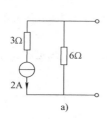

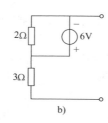

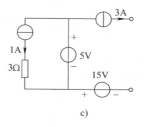

a)

b)

c)

图 2-57　习题 2.4 图

2.5　电路如图 2-58 所示，试求：（1）电流 I_2；（2）10V 电压源的功率。

2.6　电路如图 2-59 所示，$U_{S1}=6V$，$U_{S2}=8V$，$U_{S3}=10V$，$I_S=6A$，试用电源等效变换法求电路中的电流 I 和电流源供出的功率 P。

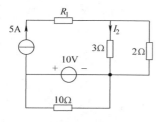

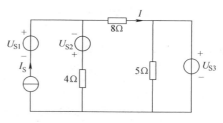

图 2-58　习题 2.5 图

图 2-59　习题 2.6 图

2.7　利用电源等效变换法求图 2-60 所示电路中电流 I。

2.8　图 2-61 中，$U_1=130V$，$U_2=117V$，求各支路电流，并说明 U_1、U_2 是发出还是吸收功率。

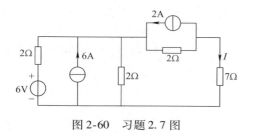

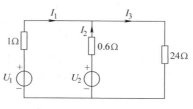

图 2-60　习题 2.7 图

图 2-61　习题 2.8 图

2.9　用电源模型等效变换的方法求图 2-62 所示电路中的电流 I_1 和 I_2。

2.10　如图 2-63 所示电路，应用等效化简方法，求电流 I_0 和电压 U_o。

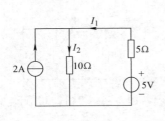

图 2-62　习题 2.9 图

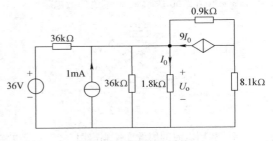

图 2-63　习题 2.10 图

2.11　有一干电池，测得开路电压为 1.6V；当接上 6Ω 负载电阻时，测得其端钮电压为 1.5V。求此电池的内电阻，并画出端钮伏安关系曲线。

2.12　在图 2-64 中，$U_S = 6V$，$I_S = 3A$，$R_1 = R_2 = 4Ω$，$R_3 = R_4 = 2Ω$，用叠加定理求 I_1 和 U_4。

2.13　用叠加定理求图 2-65 所示电路中的电压 U。

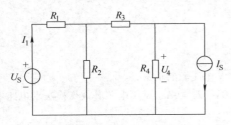

图 2-64　习题 2.12 图

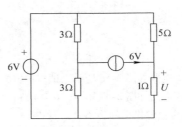

图 2-65　习题 2.13 图

2.14　对图 2-66 所示电路用叠加定理求 A、B 间电压 U_{AB}。

2.15　求解图 2-67 所示电路中受控源发出的功率。

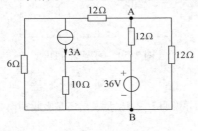

图 2-66　习题 2.14 图

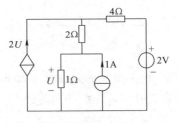

图 2-67　习题 2.15 图

2.16　在图 2-68 所示电路中，已知：$R_1 = R_2 = R_3 = 5Ω$，$R_4 = R_5 = 10Ω$，$R_L = 5Ω$，试用线性电路的齐次性原理，求当输出电压 $U_o = 0.25V$ 时的电源电压 U_S。

2.17　用弥尔曼定理求图 2-69 所示电路中两节点间的电压。

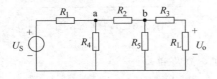

图 2-68　习题 2.16 图

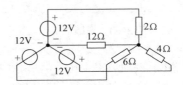

图 2-69　习题 2.17 图

2.18　在图 2-70 所示电路中，$U_{S1}=30\text{V}$，$U_{S2}=24\text{V}$，$I_S=1\text{A}$，$R_1=6\Omega$，$R_2=R_3=12\Omega$，用弥尔曼定理求各支路电流。

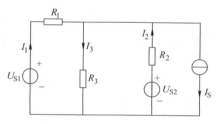

图 2-70　习题 2.18 图

2.19　电路如图 2-71 所示，N 为线性含源电阻网络，已知图 2-71a 中 $I_1=4\text{A}$，图 2-71b 中 $I_2=-6\text{A}$，试求图 2-71c 中的 I_3。

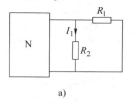　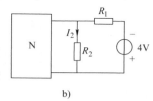　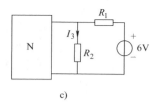

　　　a)　　　　　　　　　　b)　　　　　　　　　　c)

图 2-71　习题 2.19 图

2.20　电路如图 2-72 所示，试用叠加定理求电压 U 和电流 I。

2.21　如图 2-73 所示线性二端网络，已知 $U_S=5\text{V}$，$I_S=2\text{A}$ 时，$U_o=10\text{V}$；$U_S=8\text{V}$，$I_S=3\text{A}$ 时，$U_o=6\text{V}$。现 $U_S=2\text{V}$，$I_S=1\text{A}$，求电压 U_o。

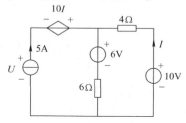　　　　　　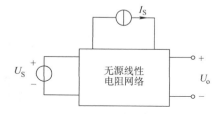

图 2-72　习题 2.20 图　　　　　　图 2-73　习题 2.21 图

2.22　在图 2-74 所示电路中，$I_1=2.6\text{A}$，$I_2=0.6\text{A}$，求 U_S 和 R。

2.23　电路如图 2-75 所示，试分别用戴维南和诺顿定理求图示电路的 U_L。

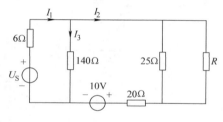　　　　　　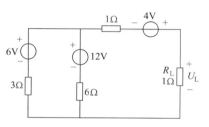

图 2-74　习题 2.22 图　　　　　　图 2-75　习题 2.23 图

2.24 已知电路如图 2-76 所示，$I_S = 7A$，$U_S = 35V$，$R_1 = 1\Omega$，$R_2 = 2\Omega$，$R_3 = 3\Omega$，$R_4 = 4\Omega$，试分别用戴维南定理和叠加定理求图示电路中的电流 I。

2.25 图 2-77 所示电路中，$U_{S1} = 18V$，$U_{S2} = 12V$，$I = 4A$，试用戴维南定理求电压源 U_S。

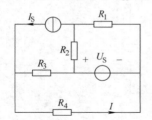

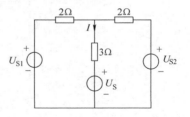

图 2-76 习题 2.24 图　　　　　　　图 2-77 习题 2.25 图

2.26 试求图 2-78 所示电路 a、b 端的戴维南等效电路和诺顿等效电路。

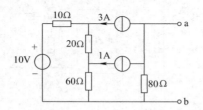

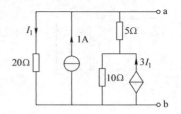

图 2-78 习题 2.26 图

2.27 在图 2-79 所示电路中 $U_{S1} = 40V$，$U_{S2} = 30V$，$I_S = 1A$，$R_1 = 40\Omega$，$R_2 = 30\Omega$，$R_3 = 20\Omega$，$R_4 = 60\Omega$，试求当 R_x 等于多少时其消耗的功率最大，此功率等于多少？

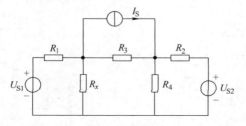

图 2-79 习题 2.27 图

2.28 求图 2-80 所示电路的等效电阻 R_{eq}。

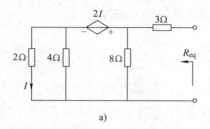

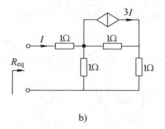

a)　　　　　　　　　　　　b)

图 2-80 习题 2.28 图

2.29 在图 2-81 所示电路中，N 为线性电阻有源网络，在外接电源置零时 $i_x = -1A$；又当内部电源不作用，$u_1 = 2V$，$u_2 = 3V$ 时，$i_x = 2A$；再当内部电源不作用，$u_1 = -2V$，$u_2 = 1V$ 时，$i_x = 0$。试求外接电源 $u_1 = u_2 = 5V$ 且内部有源时的 i_x。

2.30 含有理想二极管 VD 的直流电路如图 2-82 所示，图中，$R = 1\Omega$，$U_S = 1V$，试在 （1）$I_S = 2A$，（2）$I_S = -2A$ 时，分别计算电流 I_1 与 I。

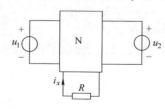

图 2-81 习题 2.29 图

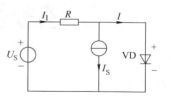

图 2-82 习题 2.30 图

2.31 已知非线性电阻的电压、电流数值关系为 $u = 2i + i^3$，试求工作点 $i = 1A$ 和 $i = 2A$ 处的静态电阻和动态电阻。

第3章

正弦交流电路稳态分析

知识单元目标

- 能够识别正弦量的三要素、计算同频正弦量的相位差并能熟练进行正弦量和相量之间的相互转换。
- 能够应用电路基本定律的相量形式和元件伏安关系的相量形式以及支路电流法、等效变换、电路定理等进行正弦交流电路的稳态分析和计算，具备借助相量图辅助分析简单正弦交流电路的能力。
- 能够表述并区分有功功率、无功功率、视在功率、功率因数的概念和意义并进行相应求解；能够罗列提高电路功率因数的必要性和意义，具备分析感性负载提高功率因数过程中各变量变化规律的能力。
- 能够描述串并联电路谐振的条件及特征；能够识别典型无源滤波器单元电路并确定其截止频率。

讨论问题

- 什么是正弦量的三要素？正弦量能不能用余弦函数表示，为什么？
- 正弦量的相量表示是一种什么样的数学变换，分析这种变换的可行性及其意义。
- 正弦量的最大值是有效值的 $\sqrt{2}$ 倍的关系是否适合所有的时变量，为什么？
- 判断阻抗性质的方法有哪些？
- 正弦交流电路的分析方法和直流电路的分析有何异同？
- 怎样理解有功功率、无功功率和视在功率的概念？能否认为电路中的有功功率一定是消耗在电阻元件上的？
- 正弦交流电路为什么会发生谐振？谐振在工程中有哪些典型的应用？
- 什么是滤波器？能否采用 R、L 元件实现高通滤波和低通滤波？

在搭建照明电路时，如果将白炽灯泡直接接在家用供电电源上，白炽灯将会正常发光；如果将荧光灯管直接接在家用电源上，荧光灯却不能正常发光。为什么会出现这种情况？如果将荧光灯管加在前两章学习过的直流电压源两端又会发生什么现象？本章将在介绍交流电路分析方法的基础上研究不同元器件在交流激励下的响应和能量变化情况。

3.1 正弦量的基本概念

3.1.1 正弦量

电路中随时间按正弦函数规律变化的电流或电压统称为正弦量。以电流为例，如图 3-1

所示，其瞬时值表达式为

$$i(t) = I_m\sin(\omega t + \varphi_i) \tag{3-1}$$

由式（3-1）可知，一个正弦量中包含 3 个方面的物理量，分别反映变化的起点、变化的起伏程度和变化的快慢。其中，反映变化起点的 φ_i 称为正弦量的初相位，反映变化起伏的 I_m 称为正弦量的幅值（或最大值），反映变化快慢的 ω 称为角频率。初相、最大值和角频率称为正弦量三要素，通过正弦量的三要素完全可以表征正弦量的全部信息。

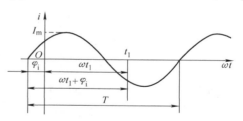

图 3-1　正弦交流电流波形图

式中 i 表示电流在任意瞬间的数值，称为瞬时值。瞬时值为正时表示实际方向和参考方向相同，瞬时值为负时表示实际方向和参考方向相反。

3.1.2　周期和频率

正弦量重复变化一次所需要的时间称为周期，用字母 T 表示，单位为 s（秒）。单位时间内正弦量变化的次数叫作频率，用字母 f 表示，单位为 Hz（赫兹）。显然，周期和频率互为倒数关系：

$$f = \frac{1}{T} 或 T = \frac{1}{f} \tag{3-2}$$

我国电力系统中采用的标准频率为 50Hz，称为工业频率，简称"工频"，对应的周期为 $T = \frac{1}{f} = 0.02s$。在不同的应用领域，使用着各种不同频率的交流电，如有线电通信采用的频率为 $300 \sim 5000$Hz，无线电通信采用的频率为 30kHz ～ 30GHz。

正弦量变化一个周期相当于正弦函数变化 2πrad，所以单位时间内变化的弧度数 $\omega = 2\pi/T = 2\pi f$，ω 称为角频率，单位为 rad/s（弧度/秒）。工频对应的角频率 $\omega = 2\pi f = 314$rad/s。

3.1.3　幅值和有效值

正弦量变化过程中的最大瞬时值称为幅值，采用大写字母加下标 m 表示，如 U_m、I_m。为了反映正弦交流电在电路中做功的效果，通常采用有效值来表示正弦交流电的量值。一般所讲的正弦交流电的大小，如交流电压 380V 或 220V，指的都是有效值。

有效值是用电流的热效应相等来定义的。设交流电流 i 和直流电流 I 流过相同的电阻 R，如果在交流电的一个周期内交流电和直流电产生的热量相等，则交流电流的有效值就等于这个直流电流 I。数学表达为

$$\int_0^T i^2 R dt = I^2 R T$$

由此得出有效值：

$$I = \sqrt{\frac{1}{T}\int_0^T i^2 dt} \tag{3-3}$$

也就是说，交流电的有效值等于它的函数表达式的二次方在一个周期内的平均值的开

方，所以有效值又称为均方根值。有效值采用大写字母表示，有效值的定义适用于所有周期性的电流和电压。

设正弦电流 $i(t) = I_m \sin(\omega t + \varphi_i)$，则

$$I = \sqrt{\frac{1}{T}\int_0^T I_m^2 \sin^2(\omega t + \varphi_i)\,dt} = \frac{I_m}{\sqrt{2}} \tag{3-4}$$

同理正弦电压的有效值为

$$U = \frac{U_m}{\sqrt{2}} \tag{3-5}$$

交流测量仪表的读数一般都是有效值，交流电气设备铭牌上的额定电流、额定电压等数据也都是有效值，但绝缘水平、耐压值指的是最大值，因此在考虑电气设备的耐压水平时应按最大值考虑。

3.1.4　相位差

以电流正弦量为例，任一瞬间正弦量的电角度 $(\omega t + \varphi_i)$ 称为正弦量的相位，$t=0$ 时的相位 φ_i 称作初相位。初相位是正弦量变化起点与时间起点之间的角度，若变化起点处于时间起点的左边则初相位 φ_i 为正，反之为负；若变化起点与时间起点重合则初相位 φ_i 为零。初相位的单位一般用度表示，通常在主值范围内取值，即 $|\varphi_i| \leq 180°$。

两个同频率正弦量的相位之差简称相位差，记作 φ。设两个同频率的电压 u 和正弦电流 i 分别为

$$u(t) = \sqrt{2}\,U\sin(\omega t + \varphi_u)$$

$$i(t) = \sqrt{2}\,I\sin(\omega t + \varphi_i)$$

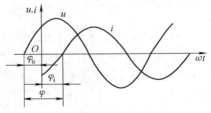

则它们之间的相位差 $\varphi = (\omega t + \varphi_u) - (\omega t + \varphi_i) = \varphi_u - \varphi_i$，如图 3-2 所示。相位差也是在主值范围内取值，即 $|\varphi| \leq 180°$。显然两个同频率正弦量的相位差等于初相之差，是一个与时间无关的常数。

图 3-2　正弦量的相位差

如果相位差 $\varphi > 0$，称 u 超前 i；当 $\varphi < 0$ 时，称 u 滞后 i；当 $\varphi = 0$ 时，称 u 和 i 同相；当 $|\varphi| = 90°$ 时，称 u 和 i 正交；当 $|\varphi| = 180°$ 时，称 u 和 i 反相。同相和反相的波形图如图 3-3 所示，图 3-3a 为同相，图 3-3b 为反相。

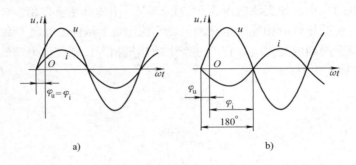

图 3-3　正弦量的同相和反相

正弦量的相位差也可以通过正弦量的波形来确定。在同一个周期内两个波形以相同的方向穿越横轴的交点之间的坐标差即为相位差，先到达零点或最大值者即为超前波。

思 考 题

1. 如何通过波形确定正弦量初相的正负？

2. 已知正弦电压 $u = 100\sqrt{2}\sin(314t + 30°)\,\text{V}$，试求：（1）该正弦电压的幅值、有效值、角频率、频率、周期及初相位，画出波形图；（2）$t = 2\text{s}$ 时的电压大小和实际方向。

3. 已知某正弦电压有效值为 220V，频率为 50Hz，$t = 0$ 时电压大小为零，试写出该正弦电压的表达式。

4. 判断下列表达式的正误：

（1）$i(t) = I\sin(\omega t + 30°)\,\text{A}$（　　）　　　　（2）$U = 220\sqrt{2}\sin(\omega t + 120°)\,\text{V}$（　　）

3.2　相量法

在进行正弦交流电路的分析计算时，不论是列写基尔霍夫定律方程还是支路伏安关系方程都必然涉及同频率正弦量的运算，显然采用正弦量的三角函数表达式进行相关运算是非常烦琐的，因此需要通过某种变换寻求一种适合正弦量运算的简便方法，即相量法。相量法是建立在用复数来表示正弦量的基础上的。

3.2.1　复数及其基本运算

复数 A 可以通过复平面上的有向线段 OA 来表示，如图 3-4 所示。

$$A = a + \mathrm{j}b$$

式中，a、b 分别表示复数 A 的实部和虚部，记作 $a = \mathrm{Re}(A)$、$b = \mathrm{Im}(A)$。算子 $\mathrm{j} = \sqrt{-1}$ 为虚数单位，在电工学教材中为了避免与电流表示符号 i 混淆采用 j 表示。上式称为复数的代数表示式，简称代数式，代数式又称为直角坐标式。

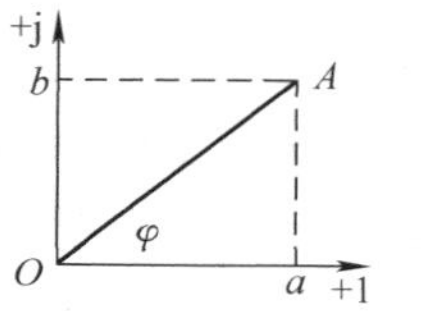

复平面中 OA 的长度称为复数 A 的模，通常用字母 ρ 表示，OA 与实轴正方向的夹角 φ 称为复数 A 的辐角，由图 3-4 知：

$$a = |OA|\cos\varphi = \rho\cos\varphi$$
$$b = |OA|\sin\varphi = \rho\sin\varphi$$

图 3-4　复数的
复平面表示

复数的模　　　　　　　　　$$\rho = \sqrt{a^2 + b^2} \tag{3-6}$$

辐角　　　　　　　　　　　$$\varphi = \arctan\frac{b}{a} \tag{3-7}$$

因此　　　　$$A = a + \mathrm{j}b = \rho\cos\varphi + \mathrm{j}\rho\sin\varphi = \rho(\cos\varphi + \mathrm{j}\sin\varphi) \tag{3-8}$$

式（3-8）称为复数的三角式。

由复数的三角式，结合欧拉公式 $\mathrm{e}^{\mathrm{j}\varphi} = \cos\varphi + \mathrm{j}\sin\varphi$ 可得复数指数表达式，即

$$A = \rho\mathrm{e}^{\mathrm{j}\varphi} \tag{3-9}$$

在工程应用中根据直角坐标和极坐标的对应关系，通常还将复数表示为形如 $A = \rho\underline{/\varphi}$ 的极坐标形式。

复数的加减运算采用代数式比较简便，两个复数相加减等于实部和虚部分别对应相加减，复数的加减运算符合平行四边形法则。复数的乘除运算采用指数式或极坐标式比较简便，两个复数相乘其结果为模值相乘、辐角相加，两个复数相除其结果为模值相除、辐角相

减。辐角的加减反映在复平面上即矢量的逆时针或顺时针旋转。

设 $A_1 = a_1 + jb_1$，$A_2 = a_2 + jb_2$，则

$$A_1 \pm A_2 = (a_1 \pm a_2) + j(b_1 + b_2)$$

设 $A_1 = \rho_1 e^{j\varphi_1} = \rho_1 \underline{/\varphi_1}$，$A_2 = \rho_2 e^{j\varphi_2} = \rho_2 \underline{/\varphi_2}$，则

$$A_1 A_2 = \rho_1 \rho_2 e^{j(\varphi_1 + \varphi_2)} = \rho_1 \rho_2 \underline{/(\varphi_1 + \varphi_2)}，\frac{A_1}{A_2} = \frac{\rho_1}{\rho_2} e^{j(\varphi_1 - \varphi_2)} = \frac{\rho_1}{\rho_2} \underline{/(\varphi_1 - \varphi_2)}$$

3.2.2　正弦量的相量表示

设有正弦交流电压：

$$u(t) = U_m \sin(\omega t + \varphi_u)$$

根据欧拉公式该正弦交流电压可以表示为

$$u(t) = U_m \sin(\omega t + \varphi_u) = \text{Im}[U_m e^{j(\omega t + \varphi_u)}] = \text{Im}\{U_m[\cos(\omega t + \varphi_u) + j\sin(\omega t + \varphi_u)]\}$$

式中旋转复变量 $U_m e^{j(\omega t + \varphi_u)}$ 即为复常数 $U_m e^{j\varphi_u}$ 以角速度 ω 绕坐标原点逆时针旋转时的表达式，$e^{j\omega t}$ 称为旋转因子，该复变量在虚轴上的投影就是正弦量 $u(t) = U_m \sin(\omega t + \varphi_u)$。因此正弦量可以通过旋转复变量在虚轴上的投影来表示，如图3-5所示。

当正弦量给定以后便可以构造一个复常数和旋转因子 $e^{j\omega t}$ 乘积的复变量

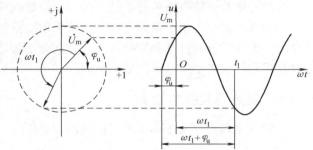

图3-5　相量与其对应的正弦曲线

使其虚部等于已知的正弦量，由于在线性电路中正弦交流响应为同频率的正弦量，因此可以用该复常数表示和区别正弦量，并将该复常数定义为正弦量的相量。为了区别于一般的复数，正弦量的相量用大写字母加"·"表示。

按照上述方法，给出任意一个正弦量便可表示出其相量形式，如正弦电流 $i(t) = I_m \sin(\omega t + \varphi_i)$ 的相量为

$$\dot{I}_m = I_m e^{j\varphi_i} \text{ 或 } \dot{I}_m = I_m \underline{/\varphi_i}$$

上式中相量的模值为正弦量的最大值，所有又称之为最大值相量。由于正弦量的最大值和有效值之间存在 $\sqrt{2}$ 倍的关系，所以经常采用正弦量的有效值作为相量的模值，称之为有效值相量，只需将最大值相量的模值除以 $\sqrt{2}$ 便可得到有效值相量。以后如果没有特殊说明均采用有效值相量。

例如，对于正弦电流 $i(t) = I_m \sin(\omega t + \varphi_i)$ 和正弦电压 $u(t) = U_m \sin(\omega t + \varphi_u)$，它们的有效值相量分别为

$$\dot{I} = \frac{\dot{I}_m}{\sqrt{2}} = \frac{I_m}{\sqrt{2}} \underline{/\varphi_i} = I \underline{/\varphi_i}，\dot{U} = \frac{\dot{U}_m}{\sqrt{2}} = \frac{U_m}{\sqrt{2}} \underline{/\varphi_u} = U \underline{/\varphi_u}$$

相量仅仅是表示正弦量的一种方法，相量只保留了正弦量的两个要素：有效值和初相

位，这是因为在线性电路中正弦交流响应均具有相同的频率，所以只有同频率正弦量的相量才能相互运算。相量和正弦量不是相等关系而是一种对应关系，用有效值相量乘以 $\sqrt{2}$ 再乘以旋转因子 $e^{j\omega t}$ 后取虚部才是相量所表示的正弦量。以后可以根据正弦量直接写出对应的相量形式，不必进行取虚部等过程。

如果把相量表示在复平面上便可把正弦量的有效值和初相位直观地表示出来，相量在复平面上的表示称为相量图。在画相量图时坐标轴可以不画出，相量的辐角以实轴正方向为基准，角度以逆时针方向为正。

【例 3-1】　用相量表示正弦量 $u = 10\sqrt{2}\sin(\omega t + 30°)\,\text{V}$。

解： 幅值相量为
$$\dot{U}_{\text{m}} = 10\sqrt{2}\,\underline{/30°}\,\text{V}$$

有效值相量为
$$\dot{U} = 10\,\underline{/30°}\,\text{V}$$

3.2.3　相量法的应用

1. 同频率正弦量的加减　设有两个正弦量：
$$i_1(t) = \sqrt{2}\,I_1\sin(\omega t + \varphi_1) = \text{Im}[\sqrt{2}\,\dot{I}_1 e^{j\omega t}]$$
$$i_2(t) = \sqrt{2}\,I_2\sin(\omega t + \varphi_2) = \text{Im}[\sqrt{2}\,\dot{I}_2 e^{j\omega t}]$$

所以
$$i(t) = i_1(t) \pm i_2(t) = \sqrt{2}\,I_1\sin(\omega t + \varphi_1) \pm \sqrt{2}\,I_2\sin(\omega t + \varphi_2)$$
$$= \text{Im}[\sqrt{2}\,\dot{I}_1 e^{j\omega t}] \pm \text{Im}[\sqrt{2}\,\dot{I}_2 e^{j\omega t}] = \text{Im}[\sqrt{2}(\dot{I}_1 \pm \dot{I}_2)e^{j\omega t}]$$

由上式得相量关系
$$\dot{I} = \dot{I}_1 \pm \dot{I}_2$$

即同频率正弦量的和（差）的相量等于它们的相量的和（差）。

2. 正弦量的微分和积分　设有正弦量：
$$i(t) = \sqrt{2}\,I\sin(\omega t + \varphi) = \text{Im}[\sqrt{2}\,\dot{I}e^{j\omega t}]$$

则
$$\frac{di}{dt} = \frac{d}{dt}\text{Im}[\sqrt{2}\,\dot{I}e^{j\omega t}] = \text{Im}[\sqrt{2}\,\dot{I}j\omega e^{j\omega t}]$$

$$\int i(t)\,dt = \int \text{Im}[\sqrt{2}\,\dot{I}e^{j\omega t}]\,dt = \text{Im}\left[\sqrt{2}\,\frac{\dot{I}}{j\omega}e^{j\omega t}\right]$$

$\dfrac{di}{dt}$、$\displaystyle\int i(t)\,dt$ 对应的相量分别为 $j\omega\,\dot{I} = I\,\underline{/(\varphi + 90°)}$ 和 $\dfrac{\dot{I}}{j\omega} = I\,\underline{/(\varphi - 90°)}$，即正弦量的微分和积分是与原正弦量频率相同的正弦量。正弦量的微分对应的相量等于原正弦量的相量乘以 $j\omega$；正弦量的积分对应的相量等于原正弦量的相量除以 $j\omega$。

【例 3-2】　已知：$i_1 = 8\sqrt{2}\sin(314t + 60°)\,\text{A}$，$i_2 = 6\sqrt{2}\sin(314t - 30°)\,\text{A}$，试求：（1）$i = i_1 + i_2$；（2）$di_1/dt$；（3）$\displaystyle\int i_2\,dt$。

解：（1）已知电流的有效值相量分别为
$$\dot{I}_1 = 8\,\underline{/60°}\,\text{A}，\quad \dot{I}_2 = 6\,\underline{/-30°}\,\text{A}$$

则
$$\dot{I} = \dot{I}_1 + \dot{I}_2 = (8\,\underline{/60°} + 6\,\underline{/-30°})\,\text{A}$$

$$= (4 + j6.93 + 5.2 - j3)A = (9.2 + j3.93)A = 10\ \underline{/23.1°}A$$

所以　　　　　　　　　　　$i = 10\sqrt{2}\sin(314t + 23.1°)A$

（2）di_1/dt 对应的相量为　　　$j\omega \dot{I}_1 = 314 \times 8\ \underline{/(60° + 90°)} = 2512\ \underline{/150°}$

所以　　　　　　　　　　　$\dfrac{di_1}{dt} = 2512\sqrt{2}\sin(314t + 150°)$

（3）$\int i_2 dt$ 对应的相量为　　$\dfrac{\dot{I}_2}{j\omega} = \dfrac{6\ \underline{/-30°}}{314\ \underline{/90°}} = 0.019\ \underline{/-120°}$

所以　　　　　　　　　　　$\int i_2 dt = 0.019\sqrt{2}\sin(314t - 120°)$

正弦量用相量表示以后，正弦量的运算转化成了复常数运算，正弦交流电路的分析变得简单。

3.2.4　基尔霍夫定律的相量形式

基尔霍夫定律是分析集总参数电路的基本定律，根据正弦量和对应相量之间的关系可以很容易得出基尔霍夫定律的相量形式：

对于电路中的任一节点上连接的 k 条支路，根据 KCL 有

$$i_1 + i_2 + i_3 + \cdots + i_k = 0(\textstyle\sum i_k = 0)$$

对于电路构成任一回路的 k 条支路，根据 KVL 有

$$u_1 + u_2 + u_3 + \cdots + u_k = 0(\textstyle\sum u_k = 0)$$

当式中电流和电压均为同频率的正弦量时，有

$$\dot{I}_1 + \dot{I}_2 + \dot{I}_3 + \cdots + \dot{I}_k = 0(\textstyle\sum \dot{I}_k = 0) \tag{3-10}$$

$$\dot{U}_1 + \dot{U}_2 + \dot{U}_3 + \cdots + \dot{U}_k = 0(\textstyle\sum \dot{U}_k = 0) \tag{3-11}$$

思　考　题

1. 判断下列表达式的正误。

（1）$\dot{I} = 10e^{-30°}A($　　$)$　　　　　（2）$\dot{U} = 10\sqrt{2}\sin(314t + 30°)V($　　$)$

（3）$i = 8\ \underline{/45°}A($　　$)$　　　　　（4）$u = 10\sqrt{2}\sin(314t + 30°)V = 10\ \underline{/30°}V($　　$)$

2. 已知 $\dot{U} = 220\ \underline{/30°}V$，试求 $j\dot{U}$、$-j\dot{U}$ 的指数表达式。

3. 指出 i、I、I_m、$\dot{I}$、$\dot{I}_m$ 之间的区别。

3.3　基本无源元件的正弦交流电路

电阻元件、电感元件和电容元件是组成电路的最基本无源元件。电阻元件具有消耗电能的性质；电感元件和电容元件分别具有存储磁场能量和电场能量的本领。掌握它们的伏安关系、功率关系和能量转换是研究正弦交流电路的基础。

3.3.1　电阻元件的正弦交流电路

如图 3-6a 所示，在电阻元件的电压和电流取关联参考方向的情况下，电压和电流满足

$u_{\mathrm{R}} = Ri_{\mathrm{R}}$。设流过电阻的电流 $i_{\mathrm{R}}(t) = \sqrt{2}I_{\mathrm{R}}\sin\omega t$，相量形式为 $\dot{I}_{\mathrm{R}} = I_{\mathrm{R}} \underline{/0^\circ}$，则

$$u_{\mathrm{R}}(t) = Ri_{\mathrm{R}}(t) = \sqrt{2}RI_{\mathrm{R}}\sin\omega t$$

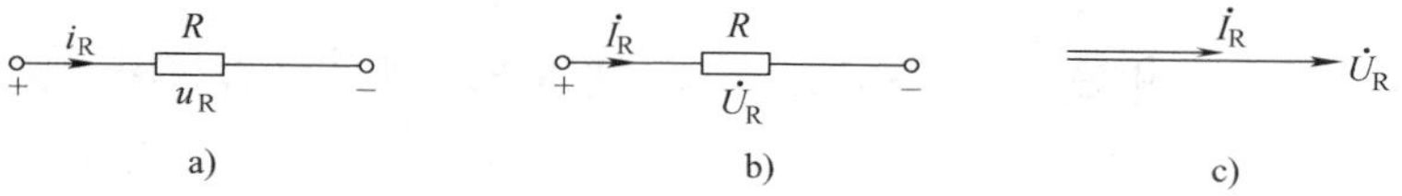

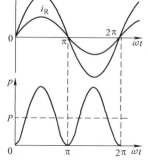

a)　　　　　　　b)　　　　　　　c)

图 3-6　电阻元件的时域模型、相量模型和相量图

由上式可知，电阻元件上的电压和电流为同频率、同相位的正弦量。电压有效值 $U_{\mathrm{R}} = RI_{\mathrm{R}}$，初相位 $\varphi_{\mathrm{u}} = \varphi_{\mathrm{i}}$，于是有

$$\dot{U}_{\mathrm{R}} = RI \underline{/\varphi_{\mathrm{i}}} = R\dot{I} \tag{3-12}$$

式（3-12）即为欧姆定律的相量形式。电阻元件的相量模型和相量图如图 3-6b 和图 3-6c 所示。

电阻元件的瞬时功率为

$$\begin{aligned} p_{\mathrm{R}} &= ui = 2u_{\mathrm{R}}i_{\mathrm{R}}\sin^2\omega t = u_{\mathrm{R}}i_{\mathrm{R}}(1 - \cos 2\omega t) \\ &= u_{\mathrm{R}}i_{\mathrm{R}} - u_{\mathrm{R}}i_{\mathrm{R}}\cos 2\omega t \end{aligned} \tag{3-13}$$

由式（3-13）可知，在正弦激励下电阻的功率表达式包含一个恒定分量和一个频率为激励两倍频率的正弦变化分量，其电流、电压波形和功率波形如图 3-7 所示。

从瞬时功率的表达式和波形图可以看出，电阻上的瞬时功率始终为正值，这说明电阻元件上能量的交换是不可逆的，电阻元件在吸收电源提供电能的同时以热能的形式散发掉。所以电阻元件是耗能元件。

工程上通常用瞬时功率在一个周期内的平均值来表征交流电做功能力的大小，用大写字母 P 表示。

$$\begin{aligned} P_{\mathrm{R}} &= \frac{1}{T}\int_0^T p_{\mathrm{R}}(t)\mathrm{d}t = \frac{1}{T}\int_0^T U_{\mathrm{R}}I_{\mathrm{R}}\mathrm{d}t - \frac{1}{T}\int_0^T U_{\mathrm{R}}I_{\mathrm{R}}\cos 2\omega t\mathrm{d}t \\ &= U_{\mathrm{R}}I_{\mathrm{R}} = I_{\mathrm{R}}^2 R = U_{\mathrm{R}}^2/R \end{aligned} \tag{3-14}$$

图 3-7　电阻元件的电流、电压波形和功率波形

交流电路中通常所说的功率均指平均功率，平均功率又称为有功功率，单位为 W（瓦特）或 kW（千瓦）。

【例 3-3】　把一个额定值为 220V、1000W 的电阻炉接在 220V 交流电源上，求电阻炉的电阻 R 和电流 I。

解： 电阻炉的电阻为 $\qquad R = \dfrac{U^2}{P} = \dfrac{220^2}{1000}\Omega = 48.4\Omega$

流过电阻炉的电流为

$$I = \frac{P}{U} = \frac{1000}{220}\mathrm{A} = 4.55\mathrm{A}$$

3.3.2　电感元件的正弦交流电路

如图 3-8a 所示，在电感元件的电压和电流取关联参考方向的情况下，电压和电流满足 $u_L = L \dfrac{di_L}{dt}$。设流过电感的电流 $i_L(t) = \sqrt{2}I_L \sin\omega t$，相量形式为 $\dot{I}_L = I_L \underline{/0°}$，则

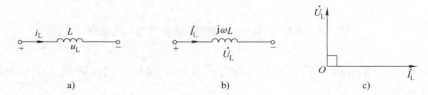

a)　　　　　　　　b)　　　　　　　　c)

图 3-8　电感元件的时域模型、相量模型和相量图

$$u_L(t) = L\frac{d}{dt}(\sqrt{2}I_L \sin\omega t) = \sqrt{2}\omega L I_L \cos\omega t = \sqrt{2}\omega L I_L \sin(\omega t + 90°)$$

由上式可知，电感元件上的电压和电流依然为同频率的正弦量，但是电压超前电流 90°。电压有效值 $U_L = \omega L I_L$，初相位 $\varphi_u = \varphi_i + 90°$，于是有

$$\dot{U}_L = \omega L I_L \underline{/(\varphi_i + 90°)} = j\omega L \dot{I}_L \tag{3-15}$$

式（3-15）即为电感元件上电压和电流关系的相量形式。式中的 ωL 具有电阻的量纲，单位为 Ω（欧姆），称之为电感电抗，简称感抗，用 X_L 表示，即

$$X_L = \omega L = 2\pi f \tag{3-16}$$

感抗具有电阻的量纲，具有阻碍电流变化的作用。感抗与频率成正比，频率越大，感抗越大。在直流情况下，$f = 0$，$X_L = 0$，所以电感元件相当于短路。电感元件的相量模型和相量图如图 3-8b 和图 3-8c 所示。

电感元件的瞬时功率为

$$\begin{aligned} p_L &= u_L i_L = 2U_L I_L \sin(\omega t + 90°)\sin\omega t \\ &= 2U_L I_L \cos\omega t \sin\omega = U_L I_L \sin 2\omega t \end{aligned} \tag{3-17}$$

由式（3-17）可知，电感的瞬时功率以两倍于激励的频率按正弦规律变化，其电流、电压波形和功率波形如图 3-9 所示。

平均功率为

$$P_L = \frac{1}{T}\int_0^T p_L dt = \frac{1}{T}\int_0^T U_L I_L \sin 2\omega t\, dt = 0$$

由图 3-9 可以看出，在 $p_L > 0$ 的 1/4 周期内，电流的绝对值加大，电感储能增加；在 $p_L < 0$ 的 1/4 周期内，电流的绝对值减小，电感储能减少。由此看来，虽然电感上的平均功率为 0，但其实它在不停地与电源进行着能量交换。瞬时功率的幅值反映了电感与电源能量交换的规模大小，将其定义为无功功率，用 Q_L 表示，即

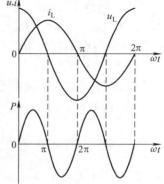

图 3-9　电感元件的电流、电压波形和功率波形

$$Q_{\mathrm{L}} = U_{\mathrm{L}} I_{\mathrm{L}} = X_{\mathrm{L}} I_{\mathrm{L}}^2 = \frac{U_{\mathrm{L}}^2}{X_{\mathrm{L}}} \tag{3-18}$$

无功功率只表示元件与外部能量的交换，而并非元件实际消耗的功率，为了和有功功率加以区别，无功功率的单位为 var（乏）或 kvar（千乏）。

【例 3-4】 已知 1H 的电感线圈接在 10V 的工频电源上，试求：（1）线圈的感抗；（2）设电压的初相位为零，求电流 $\dot{I}$；（3）无功功率。

解：（1）感抗为 $\quad X_{\mathrm{L}} = \omega L = 2\pi f L = 2\pi \times 50 \times 1\Omega = 314\Omega$

（2）设电压初相位为零度，则电流为

$$\dot{I}_{\mathrm{L}} = \frac{\dot{U}_{\mathrm{L}}}{\mathrm{j}X_{\mathrm{L}}} = \frac{10\ \underline{/0^\circ}}{\mathrm{j}314}\mathrm{A} = 0.032\ \underline{/-90^\circ}\mathrm{A}$$

（3）无功功率为 $\quad Q_{\mathrm{L}} = U_{\mathrm{L}} I_{\mathrm{L}} = 10 \times 0.032\,\mathrm{var} = 0.32\,\mathrm{var}$

3.3.3 电容元件的正弦交流电路

如图 3-10a 所示，在电容元件的电压和电流取关联参考方向的情况下，电压和电流满足 $i_{\mathrm{C}} = C\dfrac{\mathrm{d}u_{\mathrm{C}}}{\mathrm{d}t}$。

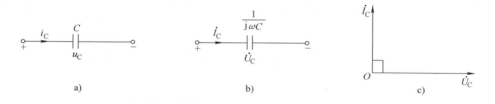

a)　　　　　　　　　　b)　　　　　　　　　　c)

图 3-10　电容元件时域模型、相量模型和相量图

设加在电容器两端的电压 $u_{\mathrm{C}}(t) = \sqrt{2}\,U_{\mathrm{C}}\sin\omega t$，相量形式为 $\dot{U}_{\mathrm{C}} = U_{\mathrm{C}}\ \underline{/0^\circ}$，则

$$i_{\mathrm{C}}(t) = C\frac{\mathrm{d}}{\mathrm{d}t}(\sqrt{2}\,U_{\mathrm{C}}\sin\omega t) = \sqrt{2}\,\omega C U_{\mathrm{C}}\cos\omega t = \sqrt{2}\,\omega C U_{\mathrm{C}}\sin(\omega t + 90^\circ)$$

由上式可知，电容元件上的电压和电流依然为同频率的正弦量，但是电流超前电压 90°。电流有效值 $I_{\mathrm{C}} = \omega C U_{\mathrm{C}}$，初相位 $\varphi_{\mathrm{i}} = \varphi_{\mathrm{u}} + 90^\circ$，于是有

$$\dot{I}_{\mathrm{C}} = \omega C U_{\mathrm{C}}\ \underline{/(\varphi_{\mathrm{u}} + 90^\circ)} = \mathrm{j}\omega C\,\dot{U}_{\mathrm{C}} \tag{3-19}$$

或

$$\dot{U}_{\mathrm{C}} = \frac{1}{\mathrm{j}\omega C}\dot{I}_{\mathrm{C}} \tag{3-20}$$

式（3-20）即为电容元件上电压和电流关系的相量形式。式中的 $1/(\omega C)$ 同样具有电阻的量纲，单位为 Ω（欧姆），称之为电容电抗，简称容抗，用 X_{C} 表示，即

$$X_{\mathrm{C}} = \frac{1}{\omega C} \tag{3-21}$$

容抗同样具有电阻的量纲，具有阻碍电流变化的作用。容抗与频率成反比，频率越大，

容抗越小。在直流情况下，$f=0$，$X_C=\infty$，所以电容元件相当于开路，具有隔直作用。电容元件的相量模型和相量图如图3-10b和图3-10c所示。

电容元件的瞬时功率为

$$p_C = u_C i_C = 2U_C I_C \sin\omega t \sin(\omega t + 90°) = 2U_C I_C \sin\omega t \cos\omega t$$
$$= U_C I_C \sin2\omega t \tag{3-22}$$

由式（3-22）可知，电容的瞬时功率也以两倍于激励的频率按正弦规律变化，其电流、电压波形和功率波形如图3-11所示。电容上的有功功率为

$$P_C = \frac{1}{T}\int_0^T p_C \mathrm{d}t = \frac{1}{T}\int_0^T U_C I_C \sin2\omega t \mathrm{d}t = 0$$

瞬时功率表达式的幅值同样表达了电容和外界进行能量交换的规模大小。一般规定电容的无功功率为负值以表明和电感无功功率之间的补偿作用，电容的无功功率用Q_C表示，即

$$Q_C = -U_C I_C = -X_C I_C^2 = -\frac{U_C^2}{X_C} \tag{3-23}$$

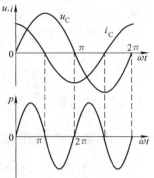

图3-11　电容元件的电流、
电压波形和功率波形

【例3-5】　某电容元件的电压和电流取关联参考方向，已知$\dot{U}=220\,\underline{/30°}\,\text{V}$，$\dot{I}=4\,\underline{/120°}\,\text{A}$，$f=50\text{Hz}$。（1）在工频下求电容值$C$；（2）如果电路中电源频率为$f'=100\text{Hz}$时，求电流$i$。

解：（1）由已知条件有　　$X_C = \dfrac{U}{I} = \dfrac{220}{4}\Omega = 55\Omega$

所以电容为　　　　　$C = \dfrac{1}{2\pi f X_C} = \dfrac{1}{2\times3.14\times50\times55}\mu\text{F} = 58\mu\text{F}$

（2）　　　　$X_C = \dfrac{1}{2\pi f' C} = \dfrac{1}{2\times3.14\times100\times58\times10^{-6}}\Omega = 27.5\Omega$

$$\dot{I} = \frac{\dot{U}}{-jX_C} = \frac{220\,\underline{/30°}}{27.5\,\underline{/-90°}}\text{A} = 8\,\underline{/120°}\,\text{A}$$

$$\omega = 2\pi f = 2\times3.14\times100\text{rad/s} = 628\text{rad/s}$$

所以　　　　　　　$i = 8\sqrt{2}\sin(628t + 120°)\,\text{A}$

思　考　题

1. 判断下列表达式的正误。

（1）$i_L = -j\dfrac{U_L}{\omega L}$　（　　）　　　　（2）$i = \dfrac{U_L}{X_L}$　（　　）　　　　（3）$u_L = \omega L i_L$　（　　）

（4）$u_L = L\dfrac{\mathrm{d}i_L}{\mathrm{d}t}$　（　　）　　　　（5）$\dfrac{U_C}{I_C} = X_C$　（　　）　　　　（6）$\dfrac{U_C}{I_C} = jX_C$　（　　）

（7）$\dfrac{\dot{U}_C}{\dot{I}_C} = X_C$　（　　）　　　　（8）$\dot{I}_C = j\omega C\,\dot{U}_C$　（　　）

2. 假设电阻、电感、电容元件的电流和电压取关联参考方向，完成下表。

元件　　　表达式	电　阻	电　感	电　容
时域关系表达式			
相量关系表达式			
有效值关系表达式			
相位关系表达式			
有功功率表达式			
无功功率表达式			

3.4　阻抗和导纳

3.4.1　复阻抗

阻抗和导纳是正弦交流稳态分析的重要概念。图 3-12a 是一个线性无源网络，当它在正弦激励下处于稳定状态时，端口上的电压、电流将是同频率的正弦量。

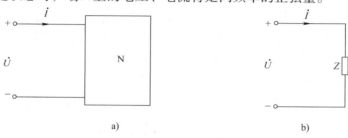

a)　　　　　　　　　　　　　　b)

图 3-12　无源一端口的阻抗

定义端口处的电压相量和电流相量在关联参考方向下的比值为该无源线性网络的阻抗，用字母 Z 表示，即

$$Z = \frac{\dot{U}}{\dot{I}} = \frac{U \underline{/\varphi_u}}{I \underline{/\varphi_i}} = \frac{U}{I} \underline{/(\varphi_u - \varphi_i)} = |Z| \underline{/\varphi} \tag{3-24}$$

式中的 Z 又称为复阻抗，简称阻抗，单位为欧姆，简称 Ω（欧姆）。图形符号如图 3-12b 所示。Z 的模值 $|Z|$ 称为阻抗模，等于端口电压和电流有效值的比值；辐角 φ 称为阻抗角，它是端口电压和端口电流的相位差。即

$$|Z| = \frac{U}{I}, \quad \varphi = \varphi_u - \varphi_i \tag{3-25}$$

阻抗是一个复数，实部称为电阻，用 R 表示；虚部称为电抗，用 X 表示。其代数形式为

$$Z = R + jX$$

阻抗模 $|Z| = \sqrt{R^2 + X^2}$，阻抗角 $\varphi = \arctan\left(\dfrac{X}{R}\right)$，阻抗模、电阻和电抗构成了直角三角

形，称为阻抗三角形，如图 3-13 所示。

当无源网络内部只含有单个元件 R、L、C 时，对应的阻抗表达式分别为

$$Z_R = R, Z_L = j\omega L, Z_C = \frac{1}{j\omega C}$$

当无源网络内部为 R、L、C 元件的串联时，如图 3-14 所示。

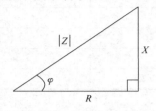

图 3-13 阻抗三角形

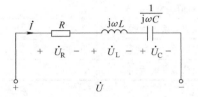

图 3-14 R、L、C 串联电路

阻抗为

$$Z = \frac{\dot{U}}{\dot{I}} = \frac{\dot{U}_R + \dot{U}_L + \dot{U}_C}{\dot{I}} = \frac{R\dot{I} + j\omega L\dot{I} + \frac{1}{j\omega C}\dot{I}}{\dot{I}} = R + j\left(\omega L - \frac{1}{\omega C}\right)$$

Z 的实部就是电阻 R，虚部电抗 $X = \omega L - \frac{1}{\omega C} = X_L - X_C$。当 $X > 0$，即 $\omega L > \frac{1}{\omega C}$ 时，端口电压超前于电流，阻抗 Z 呈感性；当 $X < 0$，即 $\omega L < 1/(\omega C)$ 时，端口电压滞后于电流，阻抗 Z 呈容性；当 $X = 0$，即 $\omega L = 1/(\omega C)$ 时，端口电压和电流同相位，电路中电感和电容的作用效果互相抵消，阻抗 Z 呈电阻性。

按照图 3-14 所示参考方向，根据 KVL 有

$$\dot{U} = \dot{U}_R + \dot{U}_L + \dot{U}_C = R\dot{I} + j\left(\omega L - \frac{1}{\omega C}\right)\dot{I} \tag{3-26}$$

设电流为参考相量，画出相量图如图 3-15a 所示。用 $\dot{U}_X$ 表示阻抗虚部电抗上的电压，即

$$\dot{U}_X = \dot{U}_L + \dot{U}_C \tag{3-27}$$

有效值：

$$U_X = U_L - U_C \tag{3-28}$$

由相量图可见，总电压 $\dot{U}$ 和电阻电压 $\dot{U}_R$、电抗电压 $\dot{U}_X$ 这 3 个电压构成一个直角三角形，如图 3-15b 所示。该三角形称为电压三角形。显然电压三角形和阻抗三角形相似。

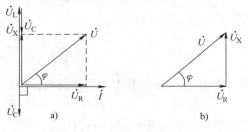

图 3-15 R、L、C 串联电路的相量图

3.4.2 复导纳

复阻抗 Z 的倒数定义为复导纳，即线性无源二端网络端口电流相量和电压相量在关联参考方向下的比值。复导纳简称导纳，用大写字母 Y 表示。根据定义有

$$Y = \frac{1}{Z} = \frac{\dot{I}}{\dot{U}} = \frac{I}{U}\underline{/\varphi_i - \varphi_u} \tag{3-29}$$

Y 的模值 $|Y| = I/U$ 称为导纳模，等于端口电流和端口电压有效值的比值；辐角 $\varphi = \varphi_i - \varphi_u$ 称为导纳角，它是端口电流和端口电压的相位差。

导纳通常表示为 $Y = G + jB$，实部 G 称为电导，虚部 B 称为电纳。导纳的单位为 S（西门子）。

当无源网络内部只含有单个元件 R、L、C 时，对应的导纳表达式分别为

$$Y_R = \frac{1}{R} = G, \quad Y_L = \frac{1}{j\omega L}, \quad Y_C = j\omega C$$

当无源网络内部为 R、L、C 元件的并联时，如图 3-16 所示。根据 KCL 有

$$\dot{I} = \dot{I}_R + \dot{I}_L + \dot{I}_C = \frac{\dot{U}}{R} + \frac{\dot{U}}{j\omega L} + j\omega C \dot{U} = \left[\frac{1}{R} + j\left(\omega C - \frac{1}{\omega L}\right)\right]\dot{U}$$

所以

$$Y = \frac{1}{R} + j\left(\omega C - \frac{1}{\omega L}\right) \tag{3-30}$$

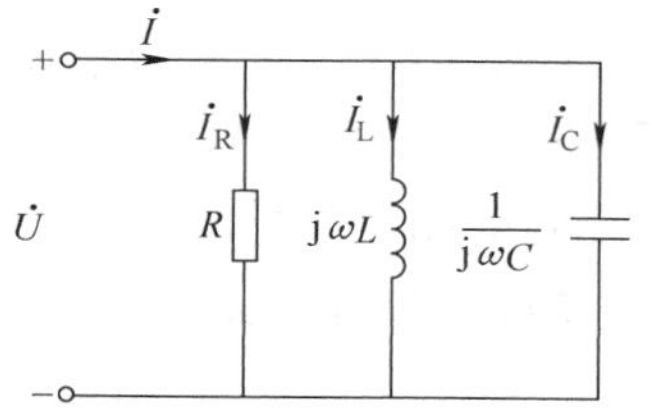

图 3-16　R、L、C 并联电路

Y 的实部就是电导 $1/R$，虚部电纳 $B = \omega C - 1/(\omega L)$。当 $B > 0$，即 $\omega C > 1/(\omega L)$ 时，导纳 Y 呈容性；当 $B < 0$，即 $\omega C < 1/(\omega L)$ 时，导纳 Y 呈感性；当 $B = 0$，即 $\omega C = 1/(\omega L)$ 时，导纳 Y 呈电阻性。

由以上分析可知，在分析正弦交流电路的线性无源二端网络时可以将网络等效为一个阻抗或导纳。阻抗可用电阻元件和储能元件的串联等效；导纳可用电导和储能元件的并联等效。

3.4.3　阻抗的串并联

阻抗的串并联计算形式上和电阻的串并联计算是一致的。对于图 3-17 所示的 n 个阻抗串联而成的电路，由 KVL 可知其等效阻抗为

$$Z = Z_1 + Z_2 + \cdots + Z_n = \sum_{k=1}^{n} Z_k = \sum_{k=1}^{n} R_k + \sum_{k=1}^{n} X_k$$

第 k 个阻抗上的电压为

$$\dot{U}_k = \frac{Z_k}{Z}\dot{U} \, (k = 1, 2, \cdots, n) \tag{3-31}$$

式（3-31）即为阻抗串联时的分压公式。

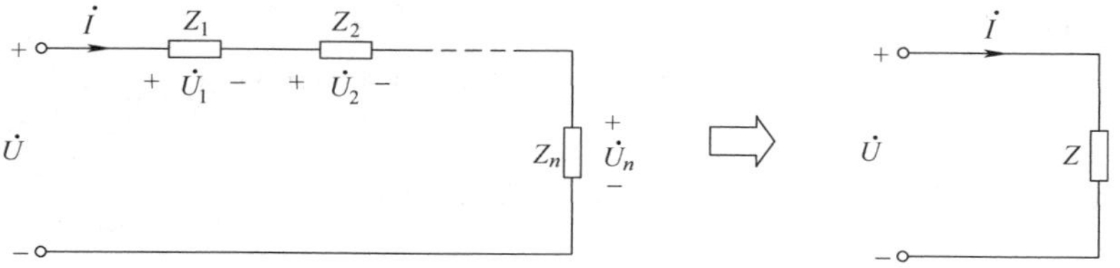

图 3-17　阻抗串联电路及其等效电路

同理，对于 n 个阻抗（导纳）并联而成的电路，其等效阻抗为

$$Z = \frac{1}{\dfrac{1}{Z_1} + \dfrac{1}{Z_2} + \cdots + \dfrac{1}{Z_n}} = \frac{1}{\displaystyle\sum_{k=1}^{n} \frac{1}{Z_k}} \tag{3-32}$$

当只有两个阻抗并联时，等效阻抗为

$$Z = \frac{Z_1 Z_2}{Z_1 + Z_2} \tag{3-33}$$

设 $\dot{I}$ 为流入并联阻抗节点上的总电流，$\dot{I}_1$、$\dot{I}_2$ 分别为流出节点经过阻抗上的电流，则

$$\dot{I}_1 = \frac{Z_2}{Z_1 + Z_2} \dot{I}, \quad \dot{I}_2 = \frac{Z_1}{Z_1 + Z_2} \dot{I} \tag{3-34}$$

式（3-34）即为两个阻抗并联时的分流公式。

【例 3-6】　在 R、L、C 串联电路中，已知 $R = 40\Omega$，$L = 127\text{mH}$，$C = 40\mu\text{F}$，电路端口电压 $u = 311\sin100\pi t\text{V}$。试求：（1）电路的阻抗；（2）电路中电流的大小；（3）端口电压和电流之间的相位关系。

解：由端口电压表达式 $u = 311\sin100\pi t\text{V}$ 可得

$$U_{\text{m}} = 311\text{V}$$

所以

$$U = \frac{U_{\text{m}}}{\sqrt{2}} = 220\text{V}$$

（1）感抗　　　$X_{\text{L}} = \omega L = 100\pi \times 127 \times 10^{-3}\Omega = 12.7\pi\Omega = 39.9\Omega$

容抗　　　　$X_{\text{C}} = \frac{1}{\omega C} = \frac{1}{100\pi \times 40 \times 10^{-6}}\Omega = \frac{10^3}{4\pi}\Omega = 79.6\Omega$

阻抗　　　　$Z = R + \text{j}(X_{\text{L}} - X_{\text{C}}) = (40 - \text{j}39.7)\Omega$

（2）电流　　$I = \frac{U}{|Z|} = \frac{220}{\sqrt{40^2 + (-39.7)^2}}\text{A} = \frac{220}{56.4}\text{A} = 3.9\text{A}$

（3）端口电压和端口电流的相位关系为

$$\varphi = \arctan\frac{X}{R} = \arctan\frac{X_{\text{L}} - X_{\text{C}}}{R} \approx \arctan(-1) = -\frac{\pi}{4}$$

所以端口电压滞后电流 $\pi/4$，电路呈容性。

思　考　题

1. 在 R、L、C 串联电路中，已知 $R = X_{\text{L}} = X_{\text{C}} = 10\Omega$，$I = 1\text{A}$。求各元件的电压及电路的总电压。电流和电压的相位关系如何？

2. 在 R、L、C 串联电路中，满足什么条件时，电感或电容上的电压大于电源电压？电阻电压会大于电源电压吗？分析原因。

3. 已知某元件的复导纳 $Y = 0.1\underline{/-30°}\text{S}$，试判断元件的性质。

3.5　正弦交流电路的功率

3.5.1　有功功率

前面已经讨论了 3 个基本无源元件 R、L、C 上的有功功率和无功功率情况，本节讨论无源二端网络的功率。

如图 3-18 所示的无源二端网络在正弦稳态情况下，设

$$u(t) = \sqrt{2}\,U\sin(\omega t + \varphi_u)$$

$$i(t) = \sqrt{2}\,I\sin(\omega t + \varphi_i)$$

根据第 1 章所讲的关于功率计算的概念，若端口电压和电流取关联参考方向，则瞬时功率为

$$\begin{aligned}
p(t) = u(t)i(t) &= 2UI\sin(\omega t + \varphi_u)\sin(\omega t + \varphi_i) \\
&= UI\cos(\varphi_u - \varphi_i) - UI\cos(2\omega t + \varphi_u + \varphi_i) \\
&= UI\cos\varphi - UI\cos(2\omega t + \varphi_u + \varphi_i)
\end{aligned} \tag{3-35}$$

式中的 $\varphi = \varphi_u - \varphi_i$，为电压和电流之间的相位差。式（3-35）的波形如图 3-19 所示。

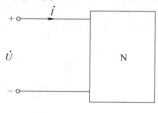

图 3-18　无源二端网络

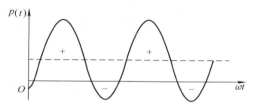

图 3-19　正弦交流电路瞬时功率波形图

图 3-19 表明瞬时功率有正有负，能量在电源和负载之间来回交换，正负部分面积的差值就是负载在一个周期内消耗的电能。

由式（3-35）可知，瞬时功率的第一部分是恒定分量，第二部分是两倍于电压电流频率的正弦分量。根据平均功率的定义，该恒定分量恰好和平均功率相等，即

$$P = \frac{1}{T}\int_0^T p(t)\,\mathrm{d}t = UI\cos\varphi \tag{3-36}$$

有功功率代表负载实际消耗的功率，它仅与端口上电压、电流的有效值以及它们之间的相位差有关。和直流电路功率的表达式相比，该式中多了一个乘数因子 $\cos\varphi$，这正是由于交流电路中电压和电流之间的相位差引起的。有功功率的单位为 W（瓦特）或 kW（千瓦），$\cos\varphi$ 称为功率因数，用 λ 表示，即 $\lambda = \cos\varphi$，φ 角称为功率因数角。无论阻抗是感性（$\varphi > 0$）还是容性（$\varphi < 0$），功率因数 $\cos\varphi$ 始终大于零，从功率因数不能判定负载的性质，因此习惯上在功率因数 $\cos\varphi$ 后加上"滞后"或"超前"字样以示区别。所谓滞后，是指电流滞后电压，即 φ 为正值的情况；所谓超前，是指电流超前电压，即 φ 为负值的情况。也就是说，滞后的功率因数意味着负载为感性，超前的功率因数意味着负载为容性。

3.5.2　无功功率

对式（3-35）进行数学变形有

$$\begin{aligned}
p(t) = u(t)i(t) &= UI\cos\varphi - UI\cos(2\omega t + \varphi_u + \varphi_i) \\
&= UI\cos\varphi - UI\cos(2\omega t + 2\varphi_u - \varphi) \\
&= UI\cos\varphi - UI\cos\varphi\cos(2\omega t + 2\varphi_u) - UI\sin\varphi\sin(2\omega t + 2\varphi_u) \\
&= UI\cos\varphi[1 - \cos(2\omega t + 2\varphi_u)] - UI\sin\varphi\sin(2\omega t + 2\varphi_u)
\end{aligned} \tag{3-37}$$

由于 $|\varphi| \le \pi/2$，所以式（3-37）的第一项始终大于等于零，是瞬时功率中的不可逆部

分；第二项是瞬时功率中的可逆部分，说明电路中的储能元件在和电源之间进行着能量的交换。为了衡量电路中含有的储能元件和电源进行能量交换的规模大小，引入无功功率的概念，用大写字母 Q 表示，定义为

$$Q = UI\sin\varphi \tag{3-38}$$

它是储能元件和电源之间进行能量交换的最大值，无功功率的单位为 var（乏）或 kvar（千乏），有时 $\sin\varphi$ 也称作无功功率因数。

3.5.3　视在功率

在交流电路中端口电压和电流有效值的乘积称为视在功率，用大些字母 S 表示，即

$$S = UI \tag{3-39}$$

为了和有功功率、无功功率进行区分，视在功率的单位采用 V·A（伏安）或 kV·A（千伏安）。

因为
$$\left.\begin{array}{l} P = UI\cos\varphi \\ Q = UI\sin\varphi \\ S = UI \end{array}\right\}$$

所以
$$S = \sqrt{P^2 + Q^2}, P = S\cos\varphi, Q = S\sin\varphi \tag{3-40}$$

由式（3-40）知，视在功率 S、有功功率 P 和无功功率 Q 构成了一个直角三角形，称该三角形为功率三角形，如图 3-20 所示。

可以证明，在正弦交流电路中有功功率和无功功率都守恒，但是视在功率不守恒。

【例 3-7】　如图 3-21 所示的正弦交流电路的相量模型，已知端口电压 $\dot{U} = 100\underline{/0°}\text{V}$，试求该二端网络的有功功率、无功功率、视在功率及功率因数。

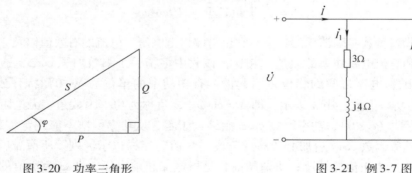

图 3-20　功率三角形　　　　　　　　图 3-21　例 3-7 图

解： 由图 3-21 可知

$$\dot{I}_1 = \frac{100\underline{/0°}}{3 + j4}\text{A} = 20\underline{/-53.1°}\text{A}$$

$$\dot{I}_2 = \frac{100\underline{/0°}}{-j5}\text{A} = 20\underline{/90°}\text{A}$$

由 KCL 得

$$\dot{I} = \dot{I}_1 + \dot{I}_2 = 12.65\underline{/18.5°}\text{A}$$

所以
$$P = UI\cos\varphi = 100 \times 12.65 \times \cos(0° - 18.5°)\text{W} = 1200\text{W}$$

$$Q = UI\sin\varphi = 100 \times 12.65 \times \sin(0° - 18.5°)\,\text{var} = -401\,\text{var}$$
$$S = UI = 100 \times 12.65\,\text{V} \cdot \text{A} = 1265\,\text{V} \cdot \text{A}$$
$$\lambda = \cos(0° - 18.5°) = 0.948$$

思　考　题

1. 功率三角形和电压三角形、阻抗三角形是否相似？如果相似，分析其对应边比例系数的意义。

2. 怎样理解有功功率、无功功率和视在功率的概念？能否认为电路中的有功功率一定是消耗在电阻元件上的？

3.6　功率因数的提高

在工程实际和日常生活中使用的用电设备大多属于感性负载，如电动机、控制系统中使用的接触器、照明的荧光灯等，一般情况下它们的功率因数都比较低。

负载的低功率因数运行会使电源设备的容量得不到充分利用。交流电源的容量是根据其额定电压和额定电流确定的，视在功率就是电源的额定容量，它表示电源能输出的最大有功功率。但是电源究竟能向负载提供多少有功功率取决于负载的大小以及负载的性质。负载的功率因数越低，电源设备输出的有功功率就越小，电源的利用率降低。比如一台额定容量为 $1000\text{kV} \cdot \text{A}$ 的发电机，当负载功率因数为 0.9 时，输出的有功功率为 $1000 \times 0.9\text{kW} = 900\text{kW}$；当负载功率因数为 0.6 时，输出的有功功率就只有 $1000 \times 0.6\text{kW} = 600\text{kW}$。

电路的功率因数低还会影响供电质量，增加线路的损耗。在一定的电源电压下，负载所需的有功功率一定时，由 $P = UI\cos\varphi$ 可知，随着功率因数的下降，输电线路的电流将会增加，线路上的电压降也随之增加，用户端的电压于是随之降低，影响供电质量；同时，电流变大，线路上的功率损耗正比于电流的二次方，功率因数的下降会引起损耗的明显增加。

因此提高功率因数可以使发电设备的容量得到充分利用，提高输电效率，节约能源，对于国民经济的发展具有十分重要的意义。按照供用电管理规则，高压供电的工业企业用户的平均功率因数不低于0.95，低压供电的用户不低于0.9。

供电系统功率因数低的原因一般是由感性负载造成的，感性负载有一个滞后电压90°角的无功电流分量，通常在感性负载两端并联电容产生一个超前电压90°角的无功补偿电流，线路总电流减小，阻抗角减小，功率因数得到提高。由于电容器和感性负载是并联关系，感性负载两端的电压没有变化，所以感性负载的工作状况没有发生任何变化。所谓功率因数的提高，并不是说这个电感性负载的功率因数提高了，而是说这个电感性负载与电容器并联共同作用时的功率因数比单独的电感性负载的功率因数提高了。

图 3-22a 所示的感性负载电路通过并联电容提高功率因数，图 3-22b 为其相量图，因为并联前后感性负载

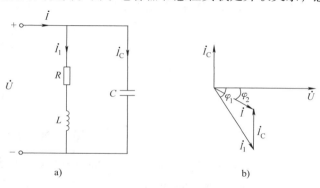

a)　　　　　　　b)

图 3-22　并联电容提高功率因数

两端的电压和电流没有发生变化，所以并联前后电路消耗的功率不变，即

$$P = UI_1\cos\varphi_1 = UI\cos\varphi_2$$

所以

$$I_1 = \frac{P}{U\cos\varphi_1} \tag{3-41}$$

$$I = \frac{P}{U\cos\varphi_2} \tag{3-42}$$

由图 3-22b 可知

$$I_C = I_1\sin\varphi_1 - I\sin\varphi_2 \tag{3-43}$$

将式（3-41）、式（3-42）代入式（3-43）有

$$I_C = \frac{P}{U\cos\varphi_1}\sin\varphi_1 - \frac{P}{U\cos\varphi_2}\sin\varphi_2 = \frac{P}{U}(\tan\varphi_1 - \tan\varphi_2) \tag{3-44}$$

将电容器支路电压电流有效值关系 $I_C = \omega CU$，代入式（3-44）有

$$C = \frac{P}{\omega U^2}(\tan\varphi_1 - \tan\varphi_2) \tag{3-45}$$

这就是把功率因数由 $\cos\varphi_1$ 提高到 $\cos\varphi_2$ 所需并入电容值的计算公式。应该注意，感性负载并联电容提高功率因数时，随着并联电容值的增大，功率因数会增大。如果电容选择得适当，则可以使 $\varphi = 0$，即 $\cos\varphi = 1$。但是电容过度补偿，会使总电流超前于电压，反而会使功率因数降低。因此，必须合理地选择补偿电容。

【例 3-8】 图 3-22a 所示电路，已知：$f = 50\text{Hz}$，$U = 220\text{V}$，$P = 10\text{kW}$，线圈的功率因数 $\cos\varphi_1 = 0.6$，采用并联电容方法提高功率因数，要使功率因数提高到 0.9，应并联多大的电容 C，求并联电容前后电路的总电流大小？

解： 由 $\cos\varphi_1 = 0.6$ 可知并联电容前功率因数角 $\varphi_1 = 53.13°$
同理可知并联电容后的功率因数角 $\varphi_2 = 25.84°$
所以并联电容为

$$C = \frac{P}{\omega U^2}(\tan\varphi_1 - \tan\varphi_2)$$

$$= \frac{10 \times 10^3}{314 \times 220^2}(\tan 53.13° - \tan 25.84°)\mu\text{F} = 557\mu\text{F}$$

电容未并入时，电路中的电流为

$$I = I_1 = \frac{P}{U\cos\varphi_1} = \frac{10 \times 10^3}{220 \times 0.6}\text{A} = 75.8\text{A}$$

并联电容后，电路中的电流为

$$I' = \frac{P}{U\cos\varphi_2} = \frac{10 \times 10^3}{220 \times 0.9}\text{A} = 50.5\text{A}$$

思 考 题

1. 对于感性负载，能否采取串联电容器的方式提高功率因数？为什么？

2. 结合相量图说明，并联电容量过大，功率因数反而下降的原因。

3. 列表分析感性负载并联电容提高功率因数过程中电路变量的变化情况。

3.7　正弦交流电路稳态分析方法

相量法是正弦交流电路稳态分析的有效方法。引入相量法和阻抗等相关概念后，正弦稳态电路分析和前面讲过的线性电阻电路分析依据的电路定律形式上是相似的。因此，电阻电路的各种分析方法和电路定理可以直接推广到正弦稳态分析中来。

【例3-9】　如图3-14所示的 R、L、C 串联电路，已知 $R = 30\Omega$，$L = 10H$，$C = 0.01F$，端电压 $u = 310\sqrt{2}\sin(5t - 30°)\,V$，求 i、u_R、u_L、u_C 的表达式。

解： 由已知有
$$Z = R + j\left(\omega L - \frac{1}{\omega C}\right) = (30 + j30)\,\Omega$$

所以
$$\dot{I} = \frac{\dot{U}}{Z} = \frac{310\underline{/-30°}}{30 + j30}A = 7.31\underline{/-75°}A$$

$$\dot{U}_R = R\dot{I} = 30 \times 7.31\underline{/-75°}V = 219.3\underline{/-75°}V$$

$$\dot{U}_L = j\omega L\dot{I} = j50 \times 7.31\underline{/-75°}V = 365.5\underline{/15°}V$$

$$\dot{U}_C = -j\frac{1}{\omega C}\dot{I} = -j20 \times 7.31\underline{/-75°}V = 146.2\underline{/-165°}V$$

由相量写出对应的正弦量，注意到 $\omega = 5\,rad/s$，有

$$i(t) = 7.31\sqrt{2}\sin(5t - 75°)\,A$$

$$u_R(t) = 219.3\sqrt{2}\sin(5t - 75°)\,V$$

$$u_L(t) = 365.5\sqrt{2}\sin(5t + 15°)\,V$$

$$u_C(t) = 146.2\sqrt{2}\sin(5t - 165°)\,V$$

【例3-10】　电路如图3-23a所示，已知 $\dot{U}_{S1} = 220\underline{/0°}V$，$\dot{U}_{S2} = 220\underline{/-30°}V$，$Z_1 = Z_2 = (1 + j1)\Omega$，$Z_3 = (5 + j5)\Omega$，分别用节点电压法和电源等效变换法求电流 $\dot{I}$。

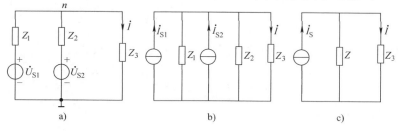

图3-23　例3-10图

解：（1）节点电压法。参考点如图3-23a所示，则 n 点的电位为

$$\dot{U}_n = \frac{\dfrac{\dot{U}_{S1}}{Z_1} + \dfrac{\dot{U}_{S2}}{Z_2}}{\dfrac{1}{Z_1} + \dfrac{1}{Z_2} + \dfrac{1}{Z_3}}$$

所求电流为
$$\dot{I} = \frac{\dot{U}_n}{Z_3} = 27.3\underline{/-60°}A$$

（2）等效变换法。将图 3-23a 中电压源与阻抗的串联等效变换为电流源与阻抗的并联，如图 3-23b 所示；然后将两个并联的电流源进一步等效为一个电流源，如图 3-23c 所示。

$$\dot{I}_{\mathrm{S}} = \dot{I}_{\mathrm{S1}} + \dot{I}_{\mathrm{S2}} = \frac{\dot{U}_{\mathrm{S1}}}{Z_1} + \frac{\dot{U}_{\mathrm{S2}}}{Z_2}$$

$$Z = \frac{Z_1 Z_2}{Z_1 + Z_2}$$

由分流公式有

$$\dot{I} = \frac{Z}{Z + Z_3} \dot{I}_{\mathrm{S}}$$

代入数据求解得

$$\dot{I} = 27.3 \underline{/-60°}\,\mathrm{A}$$

【例 3-11】　电路如图 3-24a 所示，已知 $\dot{I}_{\mathrm{S}} = 10\underline{/0°}\,\mathrm{A}$，$\dot{U}_{\mathrm{S}} = 10\underline{/90°}\,\mathrm{V}$，$R = X_{\mathrm{C}} = 1\,\Omega$，试用叠加定理求电流 $\dot{I}_{\mathrm{R}}$、$\dot{I}_{\mathrm{C}}$。

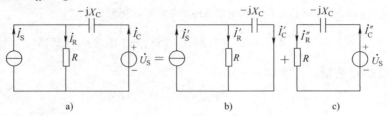

图 3-24　例 3-11 图

解：（1）当电流源单独作用时电路如图 3-24b 所示。

$$\dot{I}'_{\mathrm{R}} = \frac{-\mathrm{j}X_{\mathrm{C}}}{R - \mathrm{j}X_{\mathrm{C}}} \dot{I}_{\mathrm{S}} = \frac{-\mathrm{j}10}{1 - \mathrm{j}}\,\mathrm{A}$$

$$\dot{I}'_{\mathrm{C}} = \dot{I}_{\mathrm{S}} - \dot{I}'_{\mathrm{R}} = \left(10 - \frac{-\mathrm{j}10}{1 - \mathrm{j}} \right)\mathrm{A} = \frac{10}{1 - \mathrm{j}}\,\mathrm{A}$$

（2）当电压源 $\dot{U}_{\mathrm{S}}$ 单独作用时电路如图 3-24c 所示。

$$\dot{I}''_{\mathrm{C}} = \dot{I}''_{\mathrm{R}} = \frac{\dot{U}_{\mathrm{S}}}{R - \mathrm{j}X_{\mathrm{C}}} = \frac{\mathrm{j}10}{1 - \mathrm{j}}\,\mathrm{A}$$

（3）根据叠加定理有

$$\dot{I}_{\mathrm{R}} = \dot{I}'_{\mathrm{R}} + \dot{I}''_{\mathrm{R}} = \left(\frac{-\mathrm{j}10}{1 - \mathrm{j}} + \frac{\mathrm{j}10}{1 - \mathrm{j}} \right)\mathrm{A} = \mathrm{A}$$

$$\dot{I}_{\mathrm{C}} = -\dot{I}'_{\mathrm{C}} + \dot{I}''_{\mathrm{C}} = \left(\frac{-10}{1 - \mathrm{j}} + \frac{\mathrm{j}10}{1 - \mathrm{j}} \right)\mathrm{A} = 10\underline{/180°}\,\mathrm{A}$$

【例 3-12】　在图 3-25a 所示电路中，已知 $R_1 = R_2$，R_3 为可调电阻，试分析 R_3 从 0 到无穷大变化过程中 $\dot{U}_{\mathrm{cd}}$ 如何变化？

解：设 $\dot{U}_{\mathrm{ab}} = U_{\mathrm{ab}}\underline{/0°}$，由 $R_1 = R_2$ 有

$$\dot{U}_{\mathrm{ac}} = \dot{U}_{\mathrm{cb}} = \frac{\dot{U}_{\mathrm{ab}}}{2}$$

由于支路 2 为容性，设 $\dot{I}_2 = I_2 \underline{/\varphi}$（$\varphi > 0$）。画相量图如图 3-25b 所示。

因为
$$\dot{U}_{ad} = R_3 \dot{I}_2 = U_{ad} \underline{/\varphi}$$

$$\dot{U}_{db} = \dot{U}_C = -jX_C \dot{I}_C = X_C I_C \underline{/(\varphi - 90°)}$$

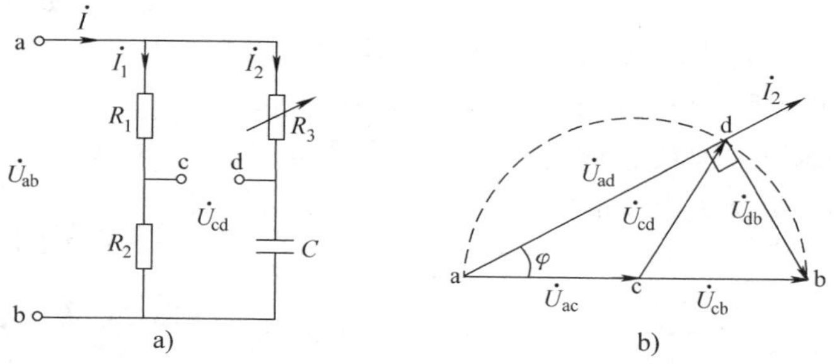

图 3-25 例 3-12 图

所以 $\dot{U}_{ad}$ 与 $\dot{U}_{db}$ 的相位差始终为 90°，$\dot{U}_{cd} = \dot{U}_{cb} - \dot{U}_{db}$，反映在相量图中即为从 c 点到 d 点的连线。

无论 R_3 如何变化，d 点始终落在以 ab 为直径的半圆上。所以当 R_3 从 $0 \sim \infty$ 变化时 $\dot{U}_{cd}$ 有效值不变，相位在 180° ~ 0°之间变化。这种电路在工程上叫作移相电路，用来控制输出电压与输入电压之间的相位差。

【例 3-13】 某感性电路施加正弦交流电压 $u = 220\sqrt{2}\sin 314t$ V，有功功率 $P = 7.5$ kW，无功功率 $Q = 5.5$ kvar。求（1）电路的功率因数 λ；（2）若电路为 RL 并联其参数为多少？

解：（1）根据功率三角形有　$\lambda = \cos\left(\arctan\dfrac{Q}{P}\right) = \cos\left(\arctan\dfrac{5.5}{7.5}\right) = 0.81$

（2）若电阻为 RL 并联意味着电阻元件上消耗 7.5kW 的有功功率，电感元件消耗 5.5kvar 的无功功率，则

$$R = \frac{U^2}{P} = \frac{220^2}{7.5 \times 10^3}\Omega = 6.45\Omega$$

$$X_L = \frac{U^2}{Q} = \frac{220^2}{5.5 \times 10^3}\Omega = 8.8\Omega$$

$$L = \frac{X_L}{\omega} = \frac{8.8}{314}\text{H} = 28\text{mH}$$

思　考　题

1. 通过本节例题总结直流电路和正弦交流稳态分析的异同。
2. 体会相量图在正弦交流稳态分析中的优势，总结一般情况下画相量图的基本步骤。

*3.8　电路的谐振

在正弦交流电路的稳态分析中，由于阻抗是频率的函数，所以当电路的参数或频率发生变化时阻抗就会发生相应的变化，进而引起电压和电流相位差的变化。当电路中电压和电流同相位时，电路呈电阻性，这种现象称为谐振。谐振的基本类型分为串联谐振和并联谐振两种。

3.8.1　串联谐振

如图 3-26 所示的 R、L、C 串联谐振电路，其阻抗 $Z = R + \mathrm{j}\left(\omega L - \dfrac{1}{\omega C}\right)$，当 ω 变化时，感抗和容抗都会随着发生相应的变化，当感抗和容抗相等时，则电路中的总电压和总电流同相位，电路呈现纯电阻性，工程上将电路的这种状态称为谐振。发生在 R、L、C 串联电路中的谐振称为串联谐振。

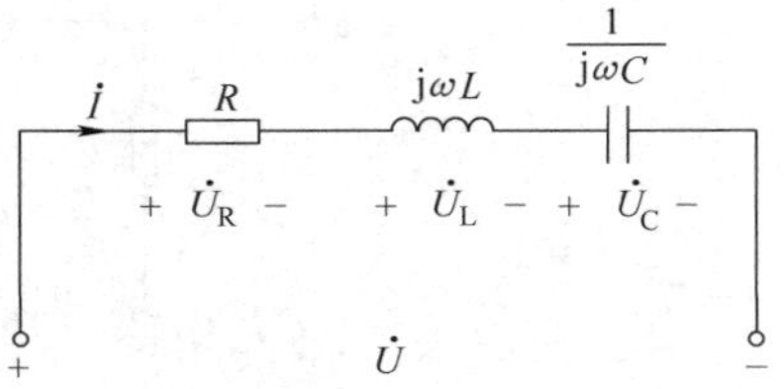

显然，谐振时

$$\omega L = \frac{1}{\omega C} \tag{3-46}$$

图 3-26　R、L、C 串联谐振电路

此时的频率称为谐振频率，用 ω_0 和 f_0 表示，谐振频率又称为电路的固有频率，它是由电路的结构和参数决定的。由式（3-46）可知

$$\omega_0 = \frac{1}{\sqrt{LC}}, \; f_0 = \frac{1}{2\pi\sqrt{LC}} \tag{3-47}$$

这说明只要频率连续的变化或者电路中的电容和电感的参数可以连续变化，那么通过改变电源频率或改变电路参数，谐振是一定可以实现的。

当电路发生串联谐振时，由于感抗和容抗相等，电抗为零，所以

$$Z = R + \mathrm{j}\left(\omega_0 L - \frac{1}{\omega_0 C}\right) = R$$

此时电路中阻抗为最小值，在输入电压不变的情况下，电流达到最大，即

$$I = \frac{U}{|Z|} = \frac{U}{R} \tag{3-48}$$

谐振时的感抗或容抗称为特征阻抗，用 ρ 表示，即

$$\rho = \omega_0 L = \frac{1}{\omega_0 C} = \sqrt{\frac{L}{C}} \tag{3-49}$$

发生谐振时由于电抗为零，电压和电流同相位，功率因数 $\lambda = 1$；电感电压和电容电压的有效值相等，相位相反，互相抵消，电源电压全部加在电阻元件上，电感和电容两端等效阻抗为零，相当于短路。

从功率的角度分析，谐振时电感和电容上无功功率大小相反，完全补偿，恰好可以彼此交换；电源只提供电阻消耗的功率，电源供出的视在功率等于电路的有功功率，即 $S = P$。

串联谐振时电感或电容上的电压与总电压的比值叫作电路的品质因数，用 Q 表示，即

$$Q = \frac{U_L}{U} = \frac{U_C}{U} = \frac{\omega_0 L}{R} = \frac{1}{\omega_0 C R} \tag{3-50}$$

品质因数的数值一般在几十到几百。品质因数很大时，电感和电容上的电压将大大超过电源电压。根据这一特点，串联谐振又叫电压谐振。

谐振现象在无线电工程中得到广泛的应用。例如，收音机就是通过调谐电路，从各广播电台的不同频率的信号中选择要收听的电台广播。其中频率和电路的谐振频率一致的信号最强，而其余频率的信号都比较弱，于是就收听到该电台的广播信号。如果通过改变电路的参

数改变电路的谐振频率，那么就可以选择收听另一种频率的广播信号了。

3.8.2　并联谐振

并联谐振同样是指端口电压和电流同相的工作状态。在如图 3-27 所示的 R、L、C 并联谐振电路中，由 KCL 有

$$\dot{I} = \dot{I}_R + \dot{I}_L + \dot{I}_C = \frac{\dot{U}}{R} + \frac{\dot{U}}{j\omega L} + \frac{\dot{U}}{1/(j\omega C)} = \left[\frac{1}{R} + j\left(\omega C - \frac{1}{\omega L} \right) \right] \dot{U}$$

当 $\omega C = 1/(\omega L)$ 时，电压和电流同相位，发生并联谐振。谐振频率为

$$\omega_0 = \frac{1}{\sqrt{LC}}, \quad f_0 = \frac{1}{2\pi \sqrt{LC}} \tag{3-51}$$

此时电路的导纳为

$$Y = \frac{1}{R} + j\left(\omega_0 C - \frac{1}{\omega_0 L} \right) = \frac{1}{R}$$

电路的总阻抗达到最大，即 $Z = 1/Y = R$；$\dot{I} = \dot{I}_R$，$\dot{I}_L + \dot{I}_C = 0$，电感和电容元件上的电流大小相等，方向相反，从 L、C 端子看进去相当于开路，阻抗为无限大。但在 L、C 回路中存在环流，称为振荡电流，振荡电流担负着磁场能量和电场能量的交换任务。因此，并联谐振又称为电流谐振。

和串联谐振一样，并联谐振时电容或电感支路上的电流和总电流的比值定义为品质因数，用 Q 表示，同样

$$Q = \frac{R}{\omega_0 L} = \omega_0 C R \tag{3-52}$$

当 $X_L = X_C \ll R$ 时，Q 很大，电感和电容上的电流将会远远大于总电流。

发生并联谐振时，阻抗角 $\varphi = 0$，功率因数 $\lambda = 1$，总的无功功率等于零，即电路和电源之间没有能量交换，电感的磁场能量和电容的电场能量彼此相互交换。

工程上经常采用的电感线圈和电容并联的谐振电路如图 3-28 所示。电感线圈用 R 和 L 的串联组合来表示，电路的导纳为

$$Y = \frac{\dot{I}}{\dot{U}} = \frac{1}{R + j\omega L} + j\omega C = \frac{R - j\omega L}{R^2 + (\omega L)^2} + j\omega C$$

$$= \frac{R}{R^2 + (\omega L)^2} + j\left[\omega C - \frac{\omega L}{R^2 + (\omega L)^2} \right]$$

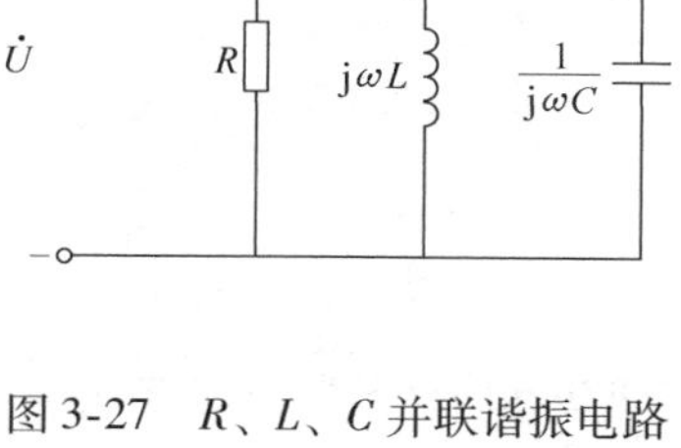

图 3-27　R、L、C 并联谐振电路

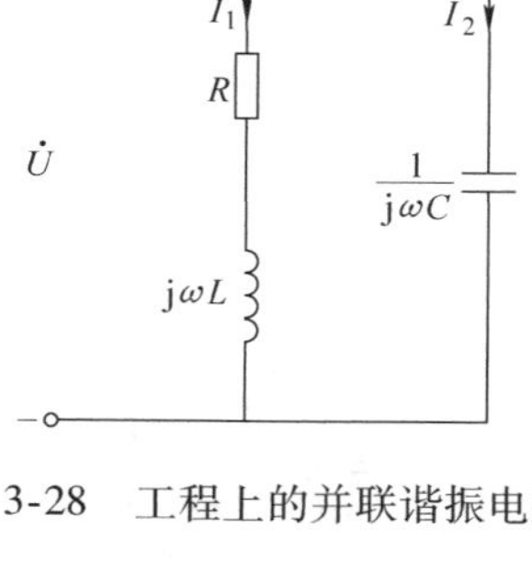

图 3-28　工程上的并联谐振电路

根据谐振的定义得谐振条件：

$$\omega_0 C = \frac{\omega_0 L}{R^2 + (\omega_0 L)^2} \tag{3-53}$$

由式（3-53）解得谐振频率：

$$\omega_0 = \frac{1}{\sqrt{LC}} \sqrt{1 - \frac{CR^2}{L}}, \quad f_0 = \frac{1}{2\pi \sqrt{LC}} \sqrt{1 - \frac{CR^2}{L}} \tag{3-54}$$

显然只有当 $R < \sqrt{L/C}$ 时，ω_0 才会有实数解，所以当 $R > \sqrt{L/C}$ 时，电路不会发生谐振。

当电路发生谐振时，由于通常线圈的电阻 R 是很小的，$\omega_0 L \gg R$，于是式（3-54）可以化简为

$$\omega_0 \approx \frac{1}{\sqrt{LC}}, \quad f_0 \approx \frac{1}{2\pi \sqrt{LC}} \tag{3-55}$$

这和串联谐振的谐振频率计算公式一致。

思 考 题

1. 列表比较串联谐振和并联谐振的特点。
2. 分析发生谐振时电路中的能量消耗和交换情况。
3. 说明 R、L、C 串联电路中低于和高于谐振频率时电路的性质。

*3.9 频率响应

在线性电路中，激励和响应始终为同频率的正弦量，所以在应用相量法研究的过程中忽略了频率这一要素。但由于阻抗是频率的函数，当电路中激励的频率发生变化时，感抗和容抗都会随之改变，电路的响应也就会发生变化。电路的响应和频率之间的关系称为电路的频率响应或频率特性，其中幅值和频率之间的关系称为幅频特性，相位和频率之间的关系称为相频特性。

所谓滤波器是指能有选择地使某一频率范围的信号顺利通过或者得到抑制的电路网络。滤波电路一般可以分为高通、低通、带通和带阻 4 种类型。本节简单介绍由 RC 构成的低通滤波器和高通滤波器。

3.9.1 RC 低通滤波器

图 3-29a 是一个由 RC 元件组成的串联电路，$\dot{U}_i$ 为输入激励，$\dot{U}_o$ 是输出响应。

根据串联分压有

$$\dot{U}_o = \frac{\dfrac{1}{j\omega C}}{R + \dfrac{1}{j\omega C}} \dot{U}_i$$

令

$$H(j\omega) = \frac{\dot{U}_o}{\dot{U}_i} = \frac{1}{1 + j\omega RC} = \frac{1}{\sqrt{1 + (\omega RC)^2}} \underline{/-\arctan(\omega RC)} = A(\omega) \underline{/\varphi(\omega)}$$

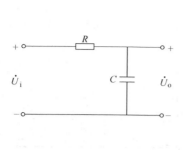
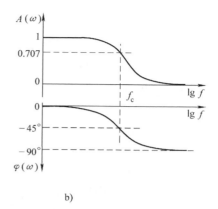

a)　　　　　　　　　b)

图 3-29　RC 低通滤波器及其频率特性

$H(j\omega)$ 称作网络函数。式中，$A(\omega)=\dfrac{1}{\sqrt{1+(\omega RC)^2}}$ 表示输出电压和输入电压的幅值之比，它随频率的变化就是电路的幅频特性；$\varphi(\omega)=-\arctan(\omega RC)$ 表示输出电压超前输入电压的相角，它随频率的变化就是电路的相频特性。频率特性如图 3-29b 所示[⊖]。

由计算结果和幅频特性曲线可知，随着频率 ω 升高，输出电压的幅值越来越小，说明该电路只允许频率较低的信号通过，不允许频率较高的信号通过，这样的电路称为低通滤波器。工程上将幅频特性 $A(\omega)$ 下降到其最大值的 $1/\sqrt{2}$ 时所对应的频率称为截止频率，用 ω_c 表示。此时相对功率而言已降到一半，所以此点又称为半功率点。对于图 3-29a 所示的 RC 低通滤波器，截止频率 $\omega_c=1/(RC)$，$f_c=1/(2\pi RC)$。当 $\omega>\omega_c$ 时，$U_o<0.707U_i$ 认为信号不能通过网络，角频率从 $0\sim\omega_c$ 的范围称为通频带。

由图 3-29b 相频特性可知，RC 低通滤波器的输出信号总是滞后于输入信号。$\omega=0$ 时，$\varphi(\omega)=0°$，输出信号和输入信号同相；$\omega=\omega_c$ 时，$\varphi(\omega)=-45°$，输出信号滞后输入信号 $45°$；随着频率的增高，输出信号和输入信号的相位差趋于 $-90°$，因此又将 RC 低通滤波器称为（相位）滞后网络。

3.9.2　RC 高通滤波器

把图 3-29 所示 RC 电路中的两个元件互换位置，便可以得到如图 3-30a 所示的高通滤波器。

此时的网络函数为

$$H(j\omega)=\frac{\dot{U}_o}{\dot{U}_i}=\frac{R}{R+\dfrac{1}{j\omega C}}=\frac{j\omega RC}{1+j\omega RC}$$

$$=\frac{\omega RC}{\sqrt{1+(\omega RC)^2}}\underline{/90°-\arctan(\omega RC)}=A(\omega)\underline{/\varphi(\omega)}$$

⊖　频率特性曲线的横轴采用频率的对数表示，当频率 ω 每变化 10 倍时，横坐标的间隔距离为一个单位长度，这样可以压缩坐标轴的长度。

幅频特性和相频特性为

$$A(\omega) = \frac{\omega RC}{\sqrt{1 + (\omega RC)^2}}, \quad \varphi(\omega) = 90° - \arctan(\omega RC)$$

其特性曲线如图 3-30b 所示。

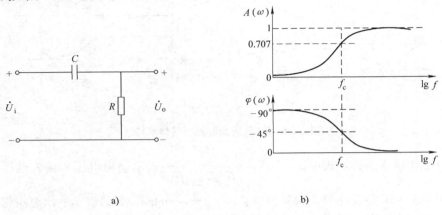

图 3-30　RC 高通滤波器及其频率特性

由幅频特性曲线可知，当激励源频率等于零时 $A(\omega) = 0$，随着信号频率的升高，$A(\omega)$ 逐渐趋向于 1，所以该电路为高通滤波电路。

令

$$A(\omega) = \frac{\omega RC}{\sqrt{1 + (\omega RC)^2}} = \frac{1}{\sqrt{2}}$$

解得截止频率为

$$\omega_c = \frac{1}{RC}, \quad f_c = \frac{1}{2\pi RC}$$

当 $\omega < \omega_c$ 时，$U_o < 0.707 U_i$，信号不能通过网络，该滤波器的通频带为 $\omega > \omega_c$。

由相频特性 $\varphi(\omega) = 90° - \arctan(\omega RC)$ 可知：$\omega = 0$ 时 $\varphi(\omega) = 90°$；$\omega = \omega_c$ 时 $\varphi(\omega) = 45°$；$\omega = \infty$ 时 $\varphi(\omega) = 0°$。随着频率的增高，输出信号和输入信号的相位差由 90° 趋于零，所以该网络又称为（相位）超前网络。

带通和带阻滤波器具有两个截止频率 ω_{c1}、ω_{c2}，带通滤波器能顺利传输 $\omega_{c1} \sim \omega_{c2}$ 频带间的信号，阻止其余频率的信号通过，$\omega_{c1} \sim \omega_{c2}$ 称为其通带；带阻滤波器刚好相反，阻止 $\omega_{c1} \sim \omega_{c2}$ 频带间的信号通过，$\omega_{c1} \sim \omega_{c2}$ 称为其阻带。

思　考　题

1. 试用 RC 元件构成带通滤波器，分析其频率特性。
2. 试根据对偶关系用 RL 元件构成高通滤波器和低通滤波器，画出电路图并分析其频率特性。

3.10　应用 Multisim 进行正弦交流电路仿真分析

1. 正弦交流电路变量测量　连接如图 3-31 所示正弦交流电路，电压源调用 Multisim 电源库中的 AC_POWER，电阻元件、电感元件和电容元件调用自基础元件库。XMM1 和

XMM2 为万用表，XWM1 为瓦特计。电路连接完成后，单击"仿真开始"按钮，双击仪表，观察测量结果如图 3-32 所示。

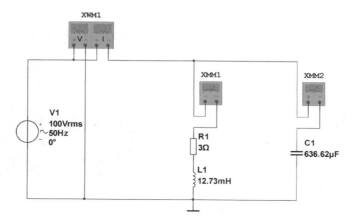

图 3-31　正弦交流电路功率、电流仿真接线图

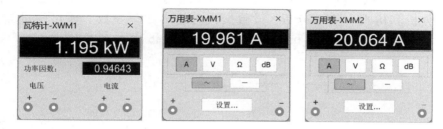

图 3-32　图 3-31 功率、电流仿真结果

2. 正弦交流电路电流、电压相位关系仿真　连接如图 3-33 所示正弦交流电路，XSC1 和 XSC2 为示波器；XCP1 为电流探针，用于将电路中的支路电流按比例转换为电压并输入示波器显示。电路连接完成后，单击"仿真开始"按钮，双击示波器，观察电流、电压波形如图 3-34 所示。

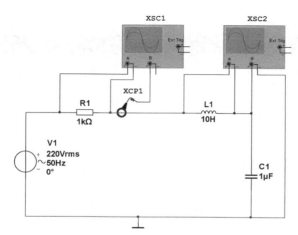

图 3-33　正弦交流电路电流、电压相位关系仿真接线图

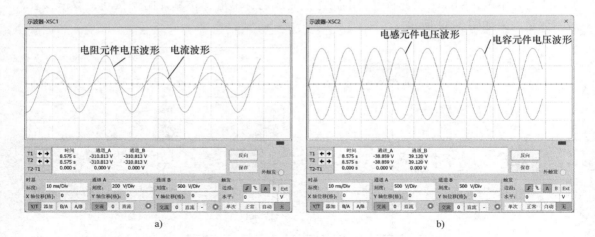

图 3-34　图 3-33 电流、电压相位关系仿真结果

3. 正弦交流电路频率特性分析　连接如图 3-35 所示的 RC 无源低通滤波器电路。依次单击仿真 > 分析和仿真 > 交流分析，设置交流分析的频率参数和输出变量如图 3-36、图 3-37 所示。运行后的幅频特性和相频特性结果如图 3-38 所示。

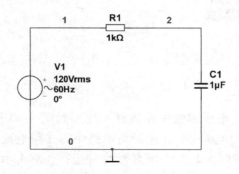

图 3-35　RC 无源低通滤波器

图 3-36　交流分析频率参数设置

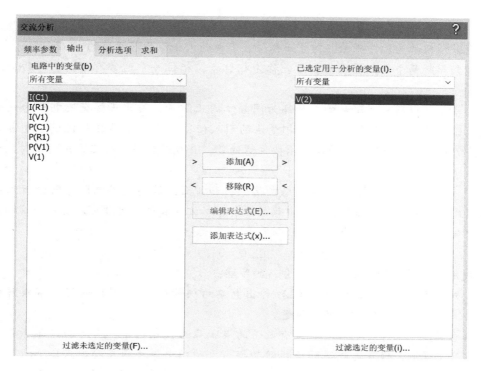

图 3-37　交流分析输出变量设置

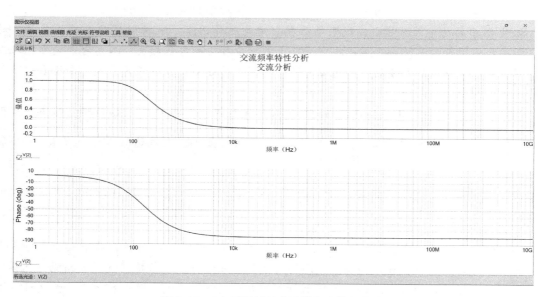

图 3-38　RC 无源低通滤波器频率特性曲线

本 章 小 结

1. 最大值、角频率和初相位称为正弦量三要素，正弦量的三要素可以用来表征正弦量的全部信息。正确理解瞬时值、幅值、有效值、周期、频率、角频率、相位、初相位、相位差的意义是进行正弦交流电路稳态分析的基础。

2. 有效值又称为均方根值。对于正弦量，有效值大小等于其幅值的 $1/\sqrt{2}$。

3. 同频率的两个正弦量的初相之差称为相位差，相位关系通常有超前、滞后、同相和反相等。

4. 由于线性电路中激励和响应始终为同频率的正弦量，因此正弦交流电路的分析和计算涉及的都是同频率正弦量的运算，相量法的引入使得正弦量的运算转化成了复常数的运算，正弦交流电路的分析变得简单。需要注意的是，正弦量相量的得出采用的是对应变换而非相等变换。

5. 引入相量的概念以后，正弦稳态电路分析和前面讲过的线性电阻电路分析依据的电路定律形式上是相似的。因此，电阻电路的各种分析方法和电路定理可以直接推广到正弦稳态分析中来。基本约束关系为

$$\sum \dot{I}=0 \qquad \sum \dot{U}=0 \qquad \dot{U}=Z\dot{I}$$

6. 使用相量法进行正弦交流稳态分析的步骤：

（1）写出已知正弦量的相量；（2）作出电路的相量模型；（3）列写方程求解相量变量；（4）写出对应于求得相量的正弦量。

7. 正弦交流电路中，电压与电流有效值的乘积称为视在功率；有功功率等于视在功率乘以功率因数 $\cos\varphi$，代表负载实际消耗的功率；无功功率等于视在功率乘以 $\sin\varphi$，用来衡量电路中含有的储能元件和电源进行能量交换的规模大小，数值上等于储能元件和电源之间进行能量交换的最大值。有功功率、无功功率和视在功率构成功率三角形。

8. 电路中的功率因数越小，说明电路在一定电压作用下，吸收同样功率时的电流就越大。提高功率因数的意义一是可以减少线路上的功率损失和电压损失；二是可以使发电机或变压器的装置容量得到充分利用。通常提高功率因数的方法是在感性负载处并联适当大小的电容。

9. 在 R、L、C 电路中，当电流与电压同相时发生谐振。在 R、L、C 串联电路中发生谐振时，$X_L=X_C$，谐振频率 $f_0=\dfrac{1}{2\pi\sqrt{LC}}$，电路中总阻抗最小，电流达到最大。在 R、L 串联

与 C 并联的电路中，发生谐振时，$f_0=\dfrac{1}{2\pi}\sqrt{\dfrac{1}{LC}-\left(\dfrac{R}{L}\right)^2}\approx\dfrac{1}{2\pi\sqrt{LC}}$，同样谐振时阻抗达到最

大，电流最小。

10. 电路的响应和频率之间的关系称为电路的频率响应或频率特性，其中幅值和频率之间的关系称为幅频特性，相位和频率之间的关系称为相频特性。所谓滤波器是指能有选择地使某一频率范围的信号顺利通过或者得到抑制的电路网络。滤波电路一般可以分为高通、低通、带通和带阻4种类型。

自　测　题

3.1 已知正弦电压 $u=100\sin(628t-30°)\,\mathrm{V}$，则该正弦电压的振幅 U_m 为_____，有效值 U 为_____，角频率 ω 为_____，周期 T 为_____，初相角 φ_u 为_____。

3.2 某正弦电流完成一周变化需时 1ms，则该电流的频率为_____，角频率为_____。

3.3　1MHz 的正弦电压有效值为 10V，则其振幅和周期为（　　）。

（a）14.14V，2μs　　　　　（b）7.07V，1μs　　　　　（c）14.14V，1μs

3.4　某正弦电压的初相角 $\varphi_u = 45°$，$t = 0$ 时的瞬时值 $u(0) = 220$V，则该正弦电压的有效值（　　）。

（a）220V　　　　　　　（b）156V　　　　　　　（c）127V

3.5　若正弦电压 $u_1 = U_{1m}\sin t$，$u_2 = U_{2m}\sin(2t - 30°)$，则（　　）。

（a）u_2 相位滞后 u_1 30°　　　（b）u_2 相位超前 u_1 30°　　　（c）以上两种说法都不正确

3.6　若正弦电压 $u_1 = 60\sin(\omega t - 30°)$V，$u_2 = 10\cos\omega t$ V，则（　　）。

（a）u_1 相位滞后 u_2 30°　　　（b）u_2 相位超前 u_1 120°　　　（c）u_1 相位超前 u_2 60°

3.7　某正弦 R、C 串联电路的端电压与电流为关联参考方向，则其相位关系为（　　）。

（a）电流超前电压角 90°　　　（b）电流滞后电压角 90°

（c）电流超前电压某一小于 90° 的角度

3.8　在 R、L、C 串联电路中，总电压 $u = 100\sqrt{2}\sin\left(\omega t + \dfrac{\pi}{6}\right)$V，电流 $i = 10\sqrt{2}\sin\left(\omega t + \dfrac{\pi}{6}\right)$A，$\omega = 1000$rad/s，$L = 1$H，则 R、C 分别为（　　）。

（a）10Ω，1μF　　　　　（b）10Ω，1000μF　　　　　（c）0.1Ω，1000μF

3.9　若电流 $i = i_1 + i_2$，且 $i_1 = 10\sin\omega t$A，$i_2 = 10\sin\omega t$A，则 i 的有效值为（　　）。

（a）20A　　　　　　　（b）$10\sqrt{2}$A　　　　　　　（c）10A

3.10　已知正弦电压相量 $\dot{U}_{AB} = 3\underline{/-60°}$V，$\dot{U}_{CB} = -5\underline{/66.9°}$V，则电压 $\dot{U}_{AC}$ 为_____。

3.11　在图 3-39 所示的正弦电路中，已知 $\dot{I}_1 = 4\underline{/-36.9°}$A，$\dot{I}_2 = I_2\underline{/-126.9°}$A，图中电流表 A 读数为 5A，则 I_2 为_____。

3.12　图 3-40 所示为正弦交流电路中用三电流表法测未知元件参数的电路。电源频率 $f = 50$Hz，电流表读数：A_1 为 10A，A_2 为 10A，A 为 17.32A，$R_1 = 20$Ω，则可得 $R = $_____，$C = $_____。

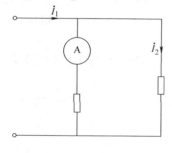

图 3-39　自测题 3.11 图

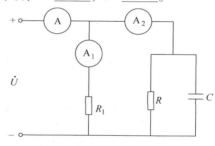

图 3-40　自测题 3.12 图

3.13　两组负载并联接于正弦电源，若其中一组负载视在功率 $S_1 = 1000$kV·A，$\cos\varphi_1 = 0.6$（感性，滞后）；另一组负载 $S_2 = 594$kV·A，$\cos\varphi_2 = 0.84$（感性，滞后），则电路总的功率因数 λ 等于（　　）。

（a）0.9　　　　　　　（b）0.866

（c）0.7

3.14　在 R、L 并联的正弦交流电路中，$R = 40$Ω，$X_L = 30$Ω，电路的无功功率 $Q = 480$var，则视在功率 S 为（　　）。

（a）866V·A　　　　　　（b）800V·A

（c）600V·A

3.15　图 3-41 所示正弦电路中，$R = X_C = 5$Ω，$U_{AB} = U_{BC}$，且电路处于谐振状态，则复阻抗 Z 为（　　）。

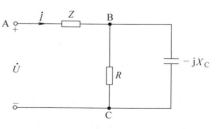

图 3-41　自测题 3.15 图

(a) $(2.5 + j2.5)\ \Omega$ (b) $(2.5 - j2.5)\ \Omega$ (c) $5\underline{/45°}\Omega$

3.16 图 3-42 所示的各电路具有低通频率特性的是（   ）。

(a)（1）和（2）   (b)（1）和（3）   (c)（2）和（4）

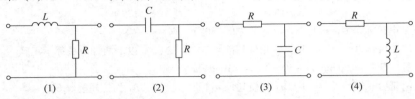

(1)   (2)   (3)   (4)

图 3-42   自测题 3.16 图

3.17 图 3-43 所示的各电路具有高通频率特性的是（   ）。

(a)（1）和（2）   (b)（1）和（3）   (c)（2）和（4）

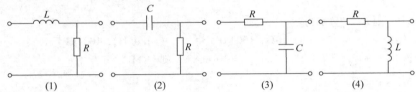

(1)   (2)   (3)   (4)

图 3-43   自测题 3.17 图

习   题

3.1 已知 $i = I_{\mathrm{m}}\cos\left(\omega t + \dfrac{\pi}{3}\right)$，当 $t = \dfrac{1}{500}$s 时，第一次出现零值，求电流频率 f。

3.2 已知正弦电流 $i = 20\cos(314t + 60°)$A，电压 $u = 10\sqrt{2}\sin(314t - 30°)$V，试分别画出它们的波形图，求出它们的有效值、频率及相位差。

3.3 已知 $u_1 = \sqrt{2}U_1\sin(\omega t + \varphi_1), u_2 = \sqrt{2}U_2\sin(\omega t + \varphi_2)$，试讨论两个电压在什么情况下会出现超前、滞后、同相、反相的情况。

3.4 已知某正弦电压 $u = 10\sin(100\pi t + \varphi_{\mathrm{u}})$V，当 $t = \dfrac{1}{300}$s 时，

$u\left(\dfrac{1}{300}\right) = 5$V，求该正弦电压的有效值相量 $\dot{U}$。

3.5 在 R、L、C 串联正弦电路中，端口电压 $U = 10$V，$I = 4$A，$U_R = 8$V，$U_L = 12$V，已知 $\omega = 1000$rad/s，试求 R、L、C。

3.6 图 3-44 所示电路中已知 $u = 36\sqrt{2}\sin(314t + 45°)$V，$I = 0.36$A，$R = 60\Omega$，$L = 0.319$H，试确定未知元件值，并写出电流的瞬时表达式。

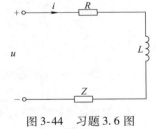

图 3-44   习题 3.6 图

3.7 一电感线圈接到 120V 的直流电源上，电流为 20A；若接到 50Hz，220V 的交流电源上，则电流为 28.2A。求该线圈的电阻和电感。

3.8 实际电感线圈可以用 R、L 串联电路等效，现有一线圈接在 56V 直流电源上时，电流为 7A；将它改接于 50Hz、220V 的交流电源上时，电流为 22A。试求线圈的电阻和电感。

3.9 在 $L = 100$mH 的电感上通有 $i = 10\sqrt{2}\sin(314t)$ mA 的电流，求此时电感的感抗 X_{L}、电感两端的电压相量形式 $\dot{U}_{\mathrm{L}}$、电路的无功功率 Q_{L}；若电源频率增加 5 倍，则以上量值有何变化？

3.10 一个纯电感线圈和一个 30Ω 的电阻串联后，接到 220V、50Hz 的交流电源上，这时电路中的电

流为 2.5A，求电路的阻抗 Z、电感 L 以及 U_R、U_L、S、P、Q。

3.11　在一个 $10\mu F$ 的电容器上加有 60V、50Hz 的正弦电压，问此时的容抗 X_C 有多大？写出该电容上电压、电流的瞬时值表达式及相量表达式，画出相量图，求电容电路的无功功率 Q_C。

3.12　在图 3-45 所示电路中，电流有效值 $I = 5A$，$I_2 = 3A$，$R = 25\Omega$，求电路的阻抗模 $|Z|$ 为多少？

3.13　有 $R = 100\Omega$，$L = 1H$，$C = 1\mu F$ 的串联电路接于 50Hz 的正弦电源上，端口电压 $\dot{U} = 220\underline{/30°}$V，求端口上的输入阻抗、电路中的电流及各元件电压。

3.14　图 3-46 所示为荧光灯电路示意图，已知灯管电阻 $R = 530\Omega$，镇流器电感 $L = 1.9H$，镇流器电阻 $R_0 = 120\Omega$，电源电压为 220V，求电路的电流、镇流器两端的电压及灯管两端的电压。

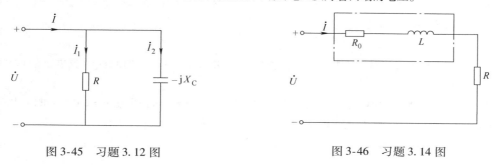

图 3-45　习题 3.12 图　　　　　图 3-46　习题 3.14 图

3.15　在图 3-47a 所示电路中，求 $\dot{U}_C$ 与 $\dot{U}$ 的相位差；图 b 所示电路中，求 $\dot{I}_L$ 与 $\dot{I}$ 的相位差。

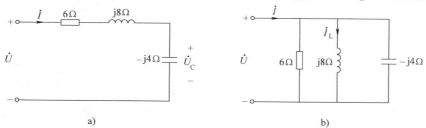

a)　　　　　　　　　b)

图 3-47　习题 3.15 图

3.16　在图 3-48 所示电路中，已知 $u = 2\sqrt{2}\cos\omega t$ V，$R = \omega L = 1/(\omega C)$，求电压表的读数。

3.17　图 3-49 所示为两个二端网络，在 $\omega = 10$rad/s 时互为等效，已知 $R = 10\Omega$，$R' = 12.5\Omega$，求 L 及 L'。

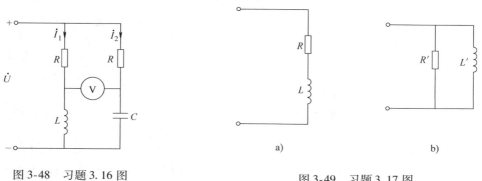

图 3-48　习题 3.16 图　　　　　a)　　　　b)

图 3-49　习题 3.17 图

3.18　在图 3-50 所示电路中，已知 $\omega = 10\text{rad/s}$，$U = 12\text{V}$，$I = 5\text{A}$，电路功率为 $P = 48\text{W}$，求 R 和 C。

3.19　在图 3-51 所示电路中，已知 $\dot{U}_S = 100\underline{/-30°}\text{V}$，$Z_1 = Z_3 = -\text{j}40\Omega$，$Z_2 = 30\Omega$，$Z_4 = -\text{j}50\Omega$，试分别用节点电压法和戴维南定理求 Z_4 的电流 $\dot{I}_4$、电压 $\dot{U}_4$。

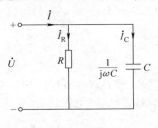

图 3-50　习题 3.18 图

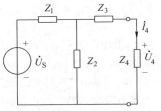

图 3-51　习题 3.19 图

3.20　在图 3-52 所示正弦交流电路中，电源频率 $f = 50\text{Hz}$，$R = 60\Omega$，为使电容支路电流 i_C 超前总电流 i 60°，求电容 C。

3.21　在图 3-53 所示电路中，$R = 11\Omega$，$L = 211\text{mH}$，$C = 65\mu\text{F}$，电源电压 $u = 220\sqrt{2}\sin314t\text{ V}$。试求：（1）各元件的瞬时电压，并作相量图；（2）电路的有功功率 P 及功率因数 λ。

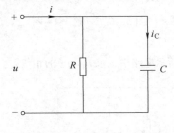

图 3-52　习题 3.20 图

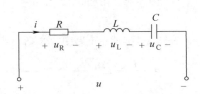

图 3-53　习题 3.21 图

3.22　在图 3-54 所示电路中，$u = 220\sqrt{2}\sin\omega t\text{ V}$，$R = X_L = 22\Omega$，$X_C = 11\Omega$，求电流 i_R、i_C、i_L、i 及有功功率 P 并画出相量图。

3.23　某 R、L 串联电路，施加正弦交流电压 $u = 220\sqrt{2}\sin314t$，测得有功功率 $P = 40\text{W}$，电阻上电压 $U_R = 110\text{V}$，试求电路的功率因数？若将电路的功率因数提高到 0.85，则应并联多大电容？

3.24　在图 3-55 所示电路中，已知 $u = 100\sqrt{2}\sin314t\text{ V}$，调节电容 C，使电流 i 与电压 u 同相，并测得电容电压 $U_C = 180\text{V}$，电流 $I = 1\text{A}$。（1）求参数 R、L、C；（2）若 R、L、C 的参数及电压 u 的有效值均不变，但将电压 u 的频率变为 $f = 100\text{Hz}$，求电路中的电流 i 及有功功率 P，此时电路呈何性质？

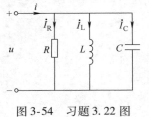

图 3-54　习题 3.22 图

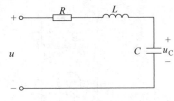

图 3-55　习题 3.24 图

3.25　在图 3-56 所示电路中，$R = R_1 = 10\Omega$，$R_2 = 6\Omega$，$L_1 = 1\text{mH}$，$C_1 = 10\mu\text{F}$，$C_2 = 12.5\mu\text{F}$，$i_2 = \sqrt{2}\sin\omega t\text{ A}$，若 i_1 与 u_1 同相位，求总电流的有效值 I，电源电压有效值 U 及电路的有功功率 P。

3.26　3 个负载 Z_A、Z_B、Z_C 并联接在 $U = 100\text{V}$ 的交流电源上。已知负载 Z_A 的电流为 10A，功率因数

为 0.8（滞后）；负载 Z_B 的电流为 2A，功率因数为 0.6（超前）；负载 Z_C 的电流为 4A，功率因数为 1。试求整个电路的有功功率、无功功率、视在功率及电路的总电流。

3.27 一个负载由电压源供电，已知视在功率为 6V·A 时，负载的功率因数为 0.8（滞后）。现在并联上一个电阻负载，其吸收功率为 4W。求并联电阻后，电路的总视在功率和功率因数。

3.28 图 3-57 所示电路中，$Z_1 = 5\underline{/30°}\,\Omega$，$Z_2 = 8\underline{/-45°}\,\Omega$，$Z_3 = 10\underline{/60°}\,\Omega$，$\dot{U}_S = 100\underline{/0°}\,V$，$Z_L$ 取何值时可获得最大功率？并求最大功率。

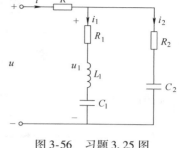

图 3-56 习题 3.25 图

3.29 图 3-58 所示电路在频率 $f = 500$Hz 时发生谐振，且谐振时电流有效值 $I = 0.2$A，$X_C = 314\,\Omega$，电容上的电压为外加电压的 20 倍。（1）求 R、L；（2）若将频率 f 变为 250Hz 而 R、L、C 及电源电压有效值不变，求电流 I，此时电路呈何性质？

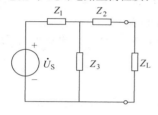

图 3-57 习题 3.28 图

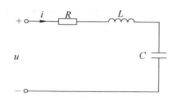

图 3-58 习题 3.29 图

3.30 试证明图 3-59 所示电路中当 $R > \sqrt{L/C}$ 时，电路将不会发生谐振。

3.31 R、L、C 串联电路，谐振时测得 $U_R = 20$V，$U_C = 200$V，求电源电压 U_S 及电路的品质因数 Q。

3.32 R、L、C 串联电路中，已知端电压 $u = 5\sqrt{2}\cos(2500t)$ V，当电容 $C = 10\mu$F 时，电路吸收的功率 P 达到最大值 $P_{max} = 150$W，求电感 L 和电阻 R 以及电路的 Q 值。

3.33 在图 3-60 所示 R、L、C 并联电路中，$i_S = 5\sqrt{2}\cos(2500t + 60°)$ A，$R = 5\,\Omega$，$L = 30$mH，问电容 C 取何值时，电流表的读数为零？求此时的 $\dot{U}$、$\dot{I}_R$、$\dot{I}_L$ 及 $\dot{I}_C$。

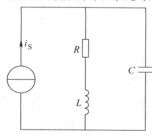

图 3-59 习题 3.30 图

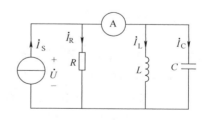

图 3-60 习题 3.33 图

第4章

三 相 电 路

🛈 知识单元目标

● 能够区分三相电源和三相负载的连接方式，能够识别相电压（相电流）和线电压（线电流）并计算对称三相电路中它们之间相应的数值关系和相位关系。

● 具备分析和计算对称三相电路电压、电流和功率的能力。

● 具备分析和计算三相四线制不对称电路的能力，并能够准确表述中线的作用和意义。

🎤 讨论问题

● 什么是三相电源的相序？相序对电气设备的工作状况有何影响？

● 如何理解线电压和相电压，线电流和相电流相位关系中的对应？

● 负载不对称的情况下采用三相四线制供电时为什么中性线上不允许安装熔断器和开关？如何理解中性线的作用和意义？

● 怎么理解对称三相电路功率计算的统一公式以及公式中各变量的意义？

电线杆、配电柜、变压器以及一些电工成套设备上经常采用黄、绿、红三种颜色表示和区分不同的电缆，这种表示有什么特定的意义？如果不按照规定的颜色标识使用电缆会发生什么问题？本章将系统学习关于三相交流电的基本知识以及三相交流电路的分析方法和工程应用。

4.1 三相电源

三相电源是由 3 个同频率、等幅值、相位互差 120°的单相电源按照某种特定的方式连接而成的，由三相电源供电的电路称为三相电路。电力系统中把频率相同、相位不同的电源称为多相电源，如三相、六相、十二相等。目前电能的产生、传输和分配几乎全部采用三相电源，这是因为三相电源和单相或其他多相电源相比具有很大的优势，比如在距离相等、电压和功率相同的情况下三相输电所需导线材料最少，仅为单相输电的 75%；三相发电机结构简单，性能优越，相同容量下制造成本低等。

4.1.1 三相电源的产生

三相电源是由三相交流发电机产生的，三相交流发电机主要由定子和转子两部分构成，图 4-1 是三相交流发电机的结构示意图。三相绕组 AX、BY、CZ 完全相同，每一组称为一相，简称 A 相绕组、B 相绕组和 C 相绕组。三相绕组嵌在定子内圆上的槽中，在空间依次相隔120°。转子铁心上的励磁绕组由直流电提供激励，在磁极形状和励磁绕组满足一定的条件下，便可使空气隙中产生按正弦规律分布的磁场。

当转子在原动机拖动下旋转时，每相绕组依次被磁力线切割，由于切割速度相同加之定子绕组匝数相等、在空间依次相隔120°，所以三相绕组中产生的正弦电压 u_A、u_B、u_C 幅值和频率相等、相位互差120°，这种电源称为三相对称电源，简称三相电源，波形如图4-2所示。

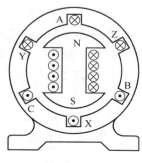

图 4-1　三相交流发电机
结构示意图

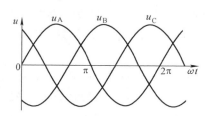

图 4-2　三相电源波形图

设每相电压的有效值为 U，角频率为 ω，以 u_A 为参考正弦量，则三相正弦交流电压的表达式为

$$\left.\begin{aligned} u_A &= \sqrt{2}\,U\sin\omega t \\ u_B &= \sqrt{2}\,U\sin(\omega t - 120°) \\ u_C &= \sqrt{2}\,U\sin(\omega t + 120°) \end{aligned}\right\}$$

其相量形式为

$$\left.\begin{aligned} \dot{U}_A &= U\underline{/0°} \\ \dot{U}_B &= U\underline{/-120°} \\ \dot{U}_C &= U\underline{/120°} \end{aligned}\right\}$$

相量图如图4-3所示。显然，三相电压之和等于零，即

$$u_A + u_B + u_C = 0 \text{ 或 } \dot{U}_A + \dot{U}_B + \dot{U}_C = 0 \tag{4-1}$$

三相电源中各相电源经过同一值（比如最大值）的先后顺序称为三相电源的相序，上述三相电压的相序称为正相序，简称正序或顺序。反之，若 B 相超前 A 相120°，C 相超前 B 相120°，这种相序称为反相序或逆相序，简称反序或逆序。以后如果不加特别说明，都认为是正序。

相序是个很重要的概念。为了保证供电系统的可靠性、经济性，提高电源的利用率，发电厂生产的电能都要并网运行，在并入电网时必须同名相相连接。另外，相序还决定着某些电气设备的工作状态，比如三相异步电动机的旋转方向就由相序决定，若给三相异步电动机逆序供电，电动机将反向旋转。

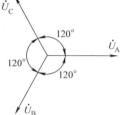

图 4-3　三相电源相量图

4.1.2　三相电源的供电方式

1. 三相电源的星形联结（Y 联结）　通常三相电源都是采用星形联结。把三相交流发电机 3 个绕组的尾端 X、Y、Z 连接在一起，从绕组首端 A、B、C 引出输电线的连接方式称为星形联结。3 个绕组的尾端接在一起的公共点称为中性点或零点，用字母 N 表示，从中性点 N 引出的线称为中性线（零线）。从首端 A、B、C 引出的输电线称为端线、相线（也称火线），通常用字母 L 表示，为了方便区分，通常把 A、B、C 三相分别用黄、绿、红 3 种颜色来标记。由 3 条端线和一条中性线组成的供电方式称为三相四线制供电方式；仅由 3 条端线向用户供电，称为三相三线制供电方式。星形联结的三相四线制电源如图 4-4 所示。星形联结的三相四线制供电方式通常用 Y_0 表示，星形联结无中性线的三相三线制供电方式通常用 Y 表示。

三相电源的每一条端线和中性线之间的电压称为相电压，即每相绕组上的电压，用瞬时值 u_A、u_B、u_C 表示，或用相量表示为 $\dot{U}_A$、$\dot{U}_B$、$\dot{U}_C$。任意两条端线之间的电压称为线电压，表示为 u_{AB}、u_{BC}、u_{CA} 或 $\dot{U}_{AB}$、$\dot{U}_{BC}$、$\dot{U}_{CA}$。设 $\dot{U}_A = U/\underline{0°}$，根据 KVL 有

$$\left.\begin{aligned}
\dot{U}_{AB} &= \dot{U}_A - \dot{U}_B = U/\underline{0°} - U/\underline{-120°} = \sqrt{3}\,U/\underline{30°} \\
\dot{U}_{BC} &= \dot{U}_B - \dot{U}_C = U/\underline{-120°} - U/\underline{120°} = \sqrt{3}\,U/\underline{-90°} \\
\dot{U}_{CA} &= \dot{U}_C - \dot{U}_A = U/\underline{120°} - U/\underline{0°} = \sqrt{3}\,U/\underline{150°}
\end{aligned}\right\} \tag{4-2}$$

根据式（4-2）可以作出相电压和线电压关系的相量图，如图 4-5 所示。

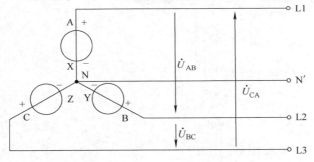

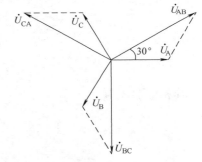

图 4-4　三相电源的星形联结

图 4-5　三相电源星形联结时相电压和线电压的相量图

由图 4-5 可知，当相电压对称时，线电压也是对称的，即同频率、等幅值、相位互差 120°。线电压大小为相电压大小的 $\sqrt{3}$ 倍，设相电压有效值为 U_p，线电压有效值为 U_1，有 $U_1 = \sqrt{3}\,U_p$。线电压的相位分别超前对应相电压 30° 角，即 $\dot{U}_{AB}$ 超前 $\dot{U}_A$ 30° 角，$\dot{U}_{BC}$ 超前 $\dot{U}_B$ 30° 角，$\dot{U}_{CA}$ 超前 $\dot{U}_C$ 30° 角。三相电源星形联结时相电压和线电压的关系可表示为

$$\left.\begin{aligned}
\dot{U}_{AB} &= \sqrt{3}\,\dot{U}_A/\underline{30°} \\
\dot{U}_{BC} &= \sqrt{3}\,\dot{U}_B/\underline{30°} \\
\dot{U}_{CA} &= \sqrt{3}\,\dot{U}_C/\underline{30°}
\end{aligned}\right\} \tag{4-3}$$

当采用三相四线制供电时，可提供线电压和相电压两种对称的电压。我国低压供电系统

标准电压规定：相电压为 220V，即日常生活中照明电路使用的电压；线电压为 220V × $\sqrt{3}$ = 380V，即低压动力电路使用的电压。电源星形联结的三相三线制供电系统只能提供 380V 的线电压。

2. 三相电源的三角形联结（△联结） 将三相电源一相绕组的尾端与另一相绕组的首端按顺序依次相连构成闭合的三角形，从连接端子引出三条端线的连接方式称为三相电源的三角形联结。显然三相电源的三角形联结属于三相三线制供电，如图 4-6 所示。

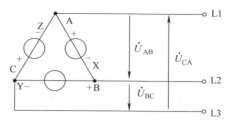

图 4-6 三相电源的三角形联结

由图 4-6 可知，当三相电源采用三角形联结时，线电压就是每相绕组上的相电压，即

$$\left.\begin{array}{l} \dot{U}_{AB} = \dot{U}_A \\ \dot{U}_{BC} = \dot{U}_B \\ \dot{U}_{CA} = \dot{U}_C \end{array}\right\}$$

对于三角形联结，发电机的三相绕组构成一个闭合的回路，三相绕组电压之和为零。由于回路内部阻抗很小，因而电源内部无环流。值得注意的是，当三相电源采用三角形联结时，如果误将其中某一相反接将会在绕组回路产生较大环流进而有可能烧毁电机。所以三相电源三角形联结时绝对不允许接错。因此，当将一组三相电源连成三角形时，应先不完全闭合，测量回路中的总电压是否为零。如果电压为零，说明连接正确，否则连接错误。

实际电源的三相电压不是理想的对称三相电压，它们之和并不一定绝对为零，故三相电源通常都作星形联结。

思 考 题

1. 已知对称三相电源的 B 相电压为 $u_B = 220\sqrt{2}\sin(\omega t + 30°)$ V，试写出其余两相的电压表达式。
2. 证明当三相电源作三角形联结时 3 个线电压之和等于零。这在工程上有何意义？
3. 三相电源三角形联结时，如果其中一相绕组接反会出现什么现象？

4.2 三相负载的连接

三相负载可以分为对称三相负载和不对称三相负载。对称三相负载是指各相负载的大小相等、性质相同，即 $Z_A = Z_B = Z_C$，如三相电动机、三相电炉、三相变压器等；三相负载复阻抗彼此不完全相等即为三相不对称负载，如三相照明电路。由对称三相电源和对称三相负载构成的电路称为对称三相电路。

三相负载的连接方式同样可以分为星形联结和三角形联结两种。无论采用什么样的连接方式均要求加在负载上的电压必须等于负载的额定电压，同时要求尽可能使各相的负荷均匀。

三相电路中各相负载两端的电压叫作负载的相电压，任意两条端线之间的电压叫作线电压；通过各相负载上的电流称为相电流，端线上的电流称为线电流，流过中性线的电流称为中性线电流。

4.2.1　三相负载的星形联结

把各相负载接在电源端线和中性线之间的接法称为三相负载的星形联结，负载的公共接点称为负载的中性线点，用 N′ 表示，如图4-7所示。

由图4-7可知，当三相负载做有中性线的星形联结（Y_0 联结）时，无论负载对称与否，负载的相电压始终等于电源的相电压，各相电压对称。线电压等于相电压的 $\sqrt{3}$ 倍，即 $U_1 = \sqrt{3}\,U_p$，线电压的相位超前对应相电压30°。负载的相电流等于线电流，即 $\dot{I}_1 = \dot{I}_p$。

由于

$$\dot{I}_A = \frac{\dot{U}_A}{Z_A}, \dot{I}_B = \frac{\dot{U}_B}{Z_B}, \dot{I}_C = \frac{\dot{U}_C}{Z_C}$$

根据 KCL 有

$$\dot{I}_N = \dot{I}_A + \dot{I}_B + \dot{I}_C$$

当负载对称时，由于负载的相电压对称、相电流等于线电流，所以相电流和线电流也一定对称，此时中性线电流 $\dot{I}_N = \dot{I}_A + \dot{I}_B + \dot{I}_C = 0$，中性线相当于断开，可以省掉。

当三相负载不对称并且假设中性线断开时，即 Y 形接法，电路如图4-8所示。

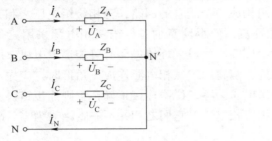

图4-7　三相负载的星形联结

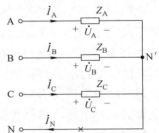

图4-8　三相负载不对称的 Y 形接法

由于电路中只有两个节点 N 和 N′，选择电源中性点 N 为参考点，负载中性点 N′ 对参考点的电压记作 $\dot{U}_{N'N}$，根据节点电压法有

$$\dot{U}_{N'N} = \frac{\dfrac{\dot{U}_{AN}}{Z_A} + \dfrac{\dot{U}_{BN}}{Z_B} + \dfrac{\dot{U}_{CN}}{Z_C}}{\dfrac{1}{Z_A} + \dfrac{1}{Z_B} + \dfrac{1}{Z_C}} \neq 0 \tag{4-4}$$

各相负载的相电压为

$$\dot{U}_A = \dot{U}_{AN} - \dot{U}_{N'N}$$
$$\dot{U}_B = \dot{U}_{BN} - \dot{U}_{N'N}$$
$$\dot{U}_C = \dot{U}_{CN} - \dot{U}_{N'N}$$

此时电源的相电压虽然是对称的，但各相负载的相电压将不再对称，有的负载的相电压高于额定电压，有的负载的相电压低于额定电压，负载不能正常工作甚至于被损坏。此时如果中性线存在，将强行使得 $\dot{U}_{N'N} = 0$，于是各相负载独立工作，互不影响。因此在实际工作中，在负载不对称的情况下应该采用三相四线制供电，中性线的存在将使负载的相电压和电

源的相电压相等，保证了每相负载的正常工作。例如，照明电路就必须采用三相四线制供电，而且为了防止中性线断开，中性线上不允许安装熔断器和开关，工程上一般采用机械强度较好的导线作为中性线。

4.2.2　三相负载的三角形联结

三相负载的首、尾端依次相连，连接端子接在 3 条端线上即为三相负载的三角形联结，如图 4-9 所示。

由图 4-9 显然有负载的相电压等于线电压，即 $\dot{U}_l = \dot{U}_p$。当负载对称时，由于负载的相电压对称，根据欧姆定律相电流也对称。

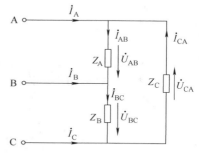

图 4-9　三相负载的三角形联结

设 $Z_A = Z_B = Z_C = |Z| \underline{/\varphi}\ (\varphi > 0)$，$\dot{U}_{AB} = U \underline{/0°}$，则

$$\dot{I}_{AB} = \frac{\dot{U}_{AB}}{Z_A} = \frac{\dot{U}_{AB}}{|Z| \underline{/\varphi}} = \frac{U}{|Z|} \underline{/-\varphi}$$

$$\dot{I}_{BC} = \frac{\dot{U}_{BC}}{Z_B} = \frac{\dot{U}_{BC}}{|Z| \underline{/\varphi}} = \frac{U}{|Z|} \underline{/-120° - \varphi}$$

$$\dot{I}_{CA} = \frac{\dot{U}_{CA}}{Z_C} = \frac{\dot{U}_{CA}}{|Z| \underline{/\varphi}} = \frac{U}{|Z|} \underline{/120° - \varphi}$$

对各节点列写 KCL 方程有

$$\left.\begin{aligned}
\dot{I}_A &= \dot{I}_{AB} - \dot{I}_{CA} = \sqrt{3}\,\frac{U}{|Z|} \underline{/-\varphi - 30°} = \sqrt{3}\,\dot{I}_{AB} \underline{/-30°} \\
\dot{I}_B &= \dot{I}_{BC} - \dot{I}_{AB} = \sqrt{3}\,\frac{U}{|Z|} \underline{/-\varphi - 150°} = \sqrt{3}\,\dot{I}_{BC} \underline{/-30°} \\
\dot{I}_C &= \dot{I}_{CA} - \dot{I}_{BC} = \sqrt{3}\,\frac{U}{|Z|} \underline{/-\varphi + 90°} = \sqrt{3}\,\dot{I}_{CA} \underline{/-30°}
\end{aligned}\right\} \tag{4-5}$$

由式（4-5）可知，当负载为对称三角形联结时，线电流对称，其大小为相电流的 $\sqrt{3}$ 倍，即 $I_l = \sqrt{3} I_p$，线电流的相位滞后对应的相电流 30°。

思　考　题

1. 如何理解线电压和相电压、线电流和相电流相位关系中的对应？
2. 负载不对称采用三相四线制接法时，中性线的作用是什么？如果中性线断开会发生什么后果？

4.3　对称三相电路的计算

三相电路实际是正弦交流电路的一种特殊类型，前面对正弦交流电路的分析方法对三相电路完全适用。

对称三相电路由于电源对称、负载对称、线路对称，根据对称关系可以简化计算。只需先计算三相中的任一相，其余两相根据对称关系即可写出。如果采用三相四线制供电，即使负载不对称，由于中性线的存在，各相负载依然独立工作，可按 3 个单相交流电路来计算。

【例 4-1】 如图 4-10 所示的星形联结三相电路，电源电压对称，线电压 $u_{AB} = 380\sqrt{2}\sin$ $(314t + 30°)\mathrm{V}$，负载为灯泡组，若 $R_1 = R_2 = R_3 = 5\Omega$，（1）试求线电流及中性线电流；（2）若 $R_1 = 5\Omega$，$R_2 = 10\Omega$，$R_3 = 20\Omega$，再求线电流及中性线电流。

解：（1）由题目可知三相电路对称，故只需计算一相情况，其余可以根据对称关系写出。

设 $\dot{U}_{AB} = 380\underline{/30°}\mathrm{V}$，则 $\dot{U}_A = 220\underline{/0°}\mathrm{V}$。

线电流为
$$\dot{I}_A = \frac{\dot{U}_A}{R_1} = \frac{220\underline{/0°}}{5}\mathrm{A} = 44\underline{/0°}\mathrm{A}$$

所以
$$\dot{I}_B = 44\underline{/-120°}\mathrm{A}, \dot{I}_C = 44\underline{/120°}\mathrm{A}$$

中性线电流为
$$\dot{I}_N = \dot{I}_A + \dot{I}_B + \dot{I}_C = 0$$

（2）此时三相电路不对称，应分别计算各相的工作情况。

线电流为
$$\dot{I}_A = \frac{\dot{U}_A}{R_1} = \frac{220\underline{/0°}}{5}\mathrm{A} = 44\underline{/0°}\mathrm{A} \left.\begin{array}{l}\\[3em]\end{array}\right\}$$
$$\dot{I}_B = \frac{\dot{U}_B}{R_2} = \frac{220\underline{/-120°}}{10}\mathrm{A} = 22\underline{/-120°}\mathrm{A}$$
$$\dot{I}_A = \frac{\dot{U}_C}{R_3} = \frac{220\underline{/120°}}{20}\mathrm{A} = 11\underline{/120°}\mathrm{A}$$

中性线电流为
$$\dot{I}_N = \dot{I}_A + \dot{I}_B + \dot{I}_C = (44\underline{/0°} + 22\underline{/-120°} + 11\underline{/120°})\mathrm{A} = 29\underline{/-19°}\mathrm{A}$$

【例 4-2】 如图 4-11 所示电路，设三相电源线电压为 380V，三角形联结的对称三相负载每相阻抗 $Z = (4 + \mathrm{j}3)\Omega$，求各相电流和线电流。

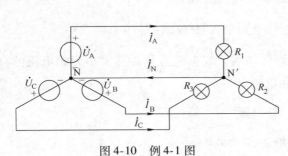

图 4-10　例 4-1 图　　　　　　　　图 4-11　例 4-2 图

解：设 $\dot{U}_{AB} = 380\underline{/0°}\mathrm{V}$，则
$$\dot{I}_{AB} = \frac{\dot{U}_{AB}}{Z} = \frac{380\underline{/0°}}{4 + \mathrm{j}3}\mathrm{A} = 76\underline{/-36.9°}\mathrm{A}$$

根据对称三相电路的特点可以直接写出其余两相电流为
$$\dot{I}_{BC} = 76\underline{/-156.9°}\mathrm{A}, \dot{I}_{CA} = 76\underline{/83.1°}\mathrm{A}$$

根据对称负载三角形联结时线电流和相电流的关系有
$$\dot{I}_A = \sqrt{3}\dot{I}_{AB}\underline{/-30°} = 131.6\underline{/-66.9°}\mathrm{A}$$

同理，有

$$\dot{I}_B = \sqrt{3}\dot{I}_{BC}\underline{/-30°} = 131.6\underline{/-186.9°}\text{A} = 31.6\underline{/173.1°}\text{A}$$

$$\dot{I}_C = \sqrt{3}\dot{I}_{CA}\underline{/-30°} = 131.6\underline{/53.1°}\text{A}$$

本例题也可以利用前面所学的 △-Y 变换来求解。在负载对称情况下，利用关系式 $Z_Y = Z_\triangle/3$ 变换负载为星形联结，然后化三相为一相进行计算。

思 考 题

1. 对称三相电路的计算有什么特点？
2. 不对称三相电路能否采用化三相为一相的计算方法？

4.4 三相电路的功率

在三相电路中负载消耗的总功率等于各相负载消耗的功率之和，即

$$P = P_A + P_B + P_C = U_{pA}I_{pA}\cos\varphi_A + U_{pB}I_{pB}\cos\varphi_B + U_{pC}I_{pC}\cos\varphi_C$$

负载对称时，各相负载消耗的功率相等，有

$$P = 3U_pI_p\cos\varphi \tag{4-6}$$

式中，φ 角是负载相电压和相电流的相位差。

当对称负载星形联结时，由于 $U_1 = \sqrt{3}U_p$，$I_1 = I_p$，代入式（4-6）有

$$P = 3U_pI_p\cos\varphi = 3\frac{U_1}{\sqrt{3}}I_1\cos\varphi = \sqrt{3}U_1I_1\cos\varphi \tag{4-7}$$

当对称负载三角形联结时，由于 $U_1 = U_p$，$I_1 = \sqrt{3}I_p$，代入式（4-6）有

$$P = 3U_pI_p\cos\varphi = 3U_1\frac{I_1}{\sqrt{3}}\cos\varphi = \sqrt{3}U_1I_1\cos\varphi \tag{4-8}$$

综合式（4-7）和式（4-8）可得到计算对称三相电路有功功率的统一表达式，即

$$P = \sqrt{3}U_1I_1\cos\varphi \tag{4-9}$$

同理，对称三相电路计算无功功率的统一表达式为

$$Q = 3U_pI_p\sin\varphi = \sqrt{3}U_1I_1\sin\varphi \tag{4-10}$$

特别强调：式（4-9）和式（4-10）中的 φ 角均是指负载相电压和相电流的相位差，不是线电压和线电流的相位差。

对称三相电路总的视在功率为

$$S = \sqrt{P^2 + Q^2} = 3U_pI_p = \sqrt{3}U_1I_1 \tag{4-11}$$

可以证明，对称三相电路的瞬时功率是一个常数，等于平均功率，即

$$p = p_A + p_B + p_C = 3U_pI_p\cos\varphi \tag{4-12}$$

这是对称三相电路的一个突出优点，它可以使三相异步电动机上得到稳定的电磁转矩，避免了机械振动，这是单相电动机所不具备的。

在三相四线制电路中，如果负载不对称，可以采用 3 只功率表同时测量三相电路的功率，它们的读数之和即为三相电路的总功率。在对称三相电路中，可用一个功率表测量任意

一相的功率，然后乘以3就得到了三相电路的总功率。

【例4-3】　设三相电动机每个绕组的额定电压为220V，要使该电动机分别接在线电压为380V 和220V 的电源上，均能正常工作，问电动机的三相绕组应采用何种接法？设电动机每一相的等效阻抗为 $R = 29.7\Omega$，$X = 20.6\Omega$，求在两种情况下电动机的线电流、相电流以及电源输入功率为多少？

解：（1）由于电动机每一相绕组的额定电压为220V，所以当电源线电压为380V 时，三相绕组应该作星形联结。此时线电流和相电流相等，阻抗模和功率因数分别为

$$|Z| = \sqrt{29.7^2 + 20.6^2}\,\Omega \approx 36\Omega$$

$$\cos\varphi = \frac{R}{|Z|} = \frac{29.7}{36} = 0.825$$

所以

$$I_1 = I_p = \frac{U_p}{|Z|} = \frac{220}{36}A \approx 6.1A$$

$$P = \sqrt{3}\,U_1 I_1 \cos\varphi = \sqrt{3} \times 380 \times 6.1 \times 0.825W \approx 3300W = 3.3kW$$

（2）如果将电动机接在线电压为220V 的电源上，三相绕组应采用三角形联结，此时线电压等于相电压，线电流等于相电流的 $\sqrt{3}$ 倍。

$$I_p = \frac{U_p}{|Z|} = \frac{220}{36}A \approx 6.1A$$

$$I_1 = \sqrt{3}\,I_p = \sqrt{3} \times 6.1A \approx 10.5A$$

$$P = \sqrt{3}\,U_1 I_1 \cos\varphi = \sqrt{3} \times 220 \times 10.5 \times 0.825kW \approx 3.3kW$$

思　考　题

1. 如何理解对称三相电路有功功率计算公式中的 φ 角？它和线电压、线电流的相位差有什么关系？
2. 对称三相电路的瞬时功率等于常数具有什么工程意义？
3. 三相电路的功率测量方法有哪些？

4.5　应用 Multisim 进行三相电路仿真分析

1. 对称三相负载星形联结线电压、相电压关系仿真　当对称三相负载采用星形联结时，可用图 4-12 所示电路分析负载线电压和相电压的数值关系。三相电源选用电源库中的 THREE_PHASE_WYE，开关调用基础元件库 SWITCH 中的 DIPSW1，万用表 XMM1 ~ 3 用来测量三相负载的相电压，万用表 XMM4 ~ 6 用来测量三相负载的线电压。仿真结果如图 4-13 所示。

在图 4-12 中，还可以通过开关分别控制任意一相负载是否接入电路，验证负载不对称时中性线在三相四线制供电系统中的作用。

2. 对称三相负载三角形联结线电流、相电流关系仿真　图 4-14 所示为对称三相负载的三角形联结，三相电源选用电源库中的 THREE_PHASE_DELTA，万用表 XMM1 ~ 3 用来测量三相负载的相电流，万用表 XMM4 ~ 6 用来测量三相负载的线电流。仿真结果如图 4-15 所示。

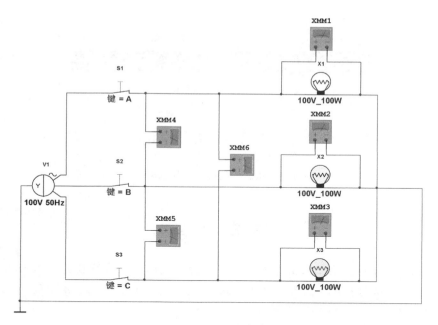

图 4-12 对称三相负载星形联结

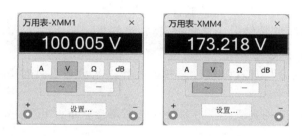

图 4-13 对称三相负载星形联结相电压和线电压示值

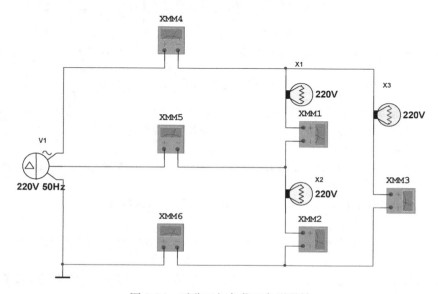

图 4-14 对称三相负载三角形联结

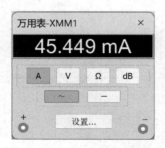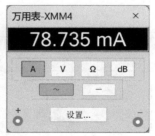

图 4-15　对称三相负载三角形联结相电流和线电流示值

本 章 小 结

1. 三相正弦交流电是由三相交流发电机产生的。我国低压系统普遍采用 380/220V 的三相四线制电源，可以向用户提供两种电压：380V 的线电压和 220V 的相电压。

2. 三相电源分为星形联结和三角形联结两种方式。

3. 三相负载作星形联结时，线电流等于相电流，即 $\dot{I}_1 = \dot{I}_p$；当负载对称时或不对称作四线制 Y_0 联结时，$U_1 = \sqrt{3}\,U_p$，线电压超前对应相电压 30°。

4. 三相负载作三角形联结时，线电压等于相电压，即 $\dot{U}_1 = \dot{U}_p$；当负载对称时，$I_1 = \sqrt{3}\,I_p$，线电流滞后对应相电流 30°。

5. 对称三相电路的分析可以归结为一相的计算，然后利用对称关系得出其余的电压或电流表达式。

6. 对称三相电路，无论负载是星形联结还是三角形联结，其

$$有功功率\ P = 3U_p I_p \cos\varphi = \sqrt{3}\,U_1 I_1 \cos\varphi$$

$$无功功率\ Q = 3U_p I_p \sin\varphi = \sqrt{3}\,U_1 I_1 \sin\varphi$$

$$视在功率\ S = \sqrt{P^2 + Q^2} = 3U_p I_p = \sqrt{3}\,U_1 I_1$$

特别强调 φ 角是负载相电压和相电流的相位差。

自 测 题

4.1　三相四线制供电系统中，电源线电压和相电压的相位关系为（　　）。
（a）线电压超前对应相电压 120°　　　　（b）线电压滞后对应相电压 30°
（c）线电压超前对应相电压 30°

4.2　某三角形联结的三相对称负载接于三相对称电源，线电流与其对应的相电流的相位关系是（　　）。
（a）线电流超前对应相电流 30°　　　　（b）线电流滞后对应相电流 30°
（c）线电流和相电流同相

4.3　三角形联结的三相对称负载，接于三相对称电源上，线电流与相电流之比为（　　）。
（a）$\sqrt{3}$　　　　　　　　（b）$\sqrt{2}$　　　　　　　　（c）1

4.4　某三相负载的额定电压为 220V，电源的线电压为 380V，为了保证三相负载的正常工作，此三相负载应该接成（　　）。

（a）Y　　　　　　　（b）△　　　　　　　（c）Y₀

4.5 对称三相负载是指（　　）。

（a）$Z_1 = Z_2 = Z_3$　　　（b）$|Z_1| = |Z_2| = |Z_3|$　　　（c）$R_1 = X_L = X_C$

4.6 星形联结对称三相负载，每一相电阻为10Ω，电流为20A，则三相负载的线电压为（　　）。

（a）20×10V　　　（b）$\sqrt{2} \times 20 \times 10$V　　　（c）$\sqrt{3} \times 20 \times 10$V

4.7 已知某三相四线制电路的线电压 $\dot{U}_{AB} = 380\underline{/10°}$V，$\dot{U}_{BC} = 380\underline{/-110°}$V，$\dot{U}_{CA} = 380\underline{/130°}$V，当 $t = 10$s 时，三个相电压之和为（　　）。

（a）380V　　　（b）0V　　　（c）$380\sqrt{2}$V

4.8 作星形联结有中性线的三相不对称负载，接于对称的三相四线制电源上，则各相负载的电压（　　）。

（a）不对称　　　　　　（b）对称　　　　　　（c）不一定对称

4.9 对称三相电路的有功功率 $P = \sqrt{3} U_l I_l \cos\varphi$，其中 φ 角为（　　）。

（a）线电压与线电流的相位差　　　（b）相电压与相电流的相位差

（c）线电压与相电压的相位差

4.10 某三相电路中 A、B、C 三相的有功功率分别为 P_A、P_B、P_C，则该三相电路总有功功率 P 为（　　）。

（a）$P_A + P_B + P_C$　　　（b）$\sqrt{P_A^2 + P_B^2 + P_C^2}$　　　（c）$\sqrt{P_A + P_B + P_C}$

习　题

4.1 已知对称三相电路的星形负载每相阻抗 $Z = (169 + j80)$Ω，线电压 $U_l = 380$V，端线阻抗可以忽略不计，无中性线，求负载电流，并作电路的相量图。

4.2 已知对称三相电路的三角形负载每相阻抗 $Z = (50 + j36)$Ω，线电压 $U_l = 380$V，端线阻抗可以忽略不计，求线电流和相电流，并作电路的相量图。

4.3 已知对称三相电路的星形负载阻抗 $Z = 68\underline{/53.13°}$Ω，端线阻抗 $Z_L = (2 + j)$Ω，中性线阻抗 $Z_N = (1 + j)$Ω，电源线电压 $U_l = 380$V，求负载电流和线电压。

4.4 在图 4-16 所示电路中，对称三相电源 $\dot{U}_{AB} = 380\underline{/0°}$V，试计算各相电流及中性线电流。

4.5 在图 4-17 所示对称三相电路中，已知负载端线电压 $\dot{U}_{A'B'} = 1143.16\underline{/0°}$V，$Z = 36\underline{/60°}$Ω，$Z_L = 2.236\underline{/63.435°}$Ω，求 $\dot{I}_A$ 及 $\dot{U}_{AB}$。

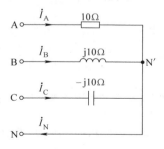

图 4-16　习题 4.4 图

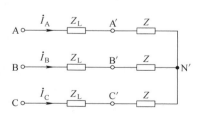

图 4-17　习题 4.5 图

4.6 已知对称三相电路的电源线电压 $U_l = 380$V，三角形负载阻抗 $Z = 20\underline{/36.87°}$Ω，端线阻抗 $Z_L = (1 + j2)$Ω，求线电流、负载的相电流和负载端线电压。

4.7 对称三相电路的线电压为 $U_l = 380$V，负载阻抗 $Z = (12 + j16)$Ω，无线路阻抗，试求：（1）当负载星形联结时的线电流及吸收的功率；（2）当负载三角形联结时的线电流、相电流和吸收的功率；（3）比较（1）和（2）结果，能得到什么结论？

4.8　在三相四线制电路中，已知对称电源线电压 $\dot{U}_{AB} = 380\underline{/0°}$V，线路阻抗相等为 $Z_l = (1 + j)\Omega$，中性线阻抗为 $Z_N = (1.2 + j2)\Omega$，不对称三相负载为 $Z_A = 10\underline{/26°}\Omega$，$Z_B = 15\underline{/48°}\Omega$，$Z_C = 20\underline{/-32°}\Omega$，求电路的线电流、负载端线电压、中性线电流。

4.9　图 4-18 所示对称三相电路中，已知负载相电流 $\dot{I}_{A'B'} = 14.14\underline{/0°}$A，$Z = 20\underline{/30°}\Omega$，$Z_L = (1.2 + j)\Omega$，求 $\dot{I}_C$ 及 $\dot{U}_{BC}$。

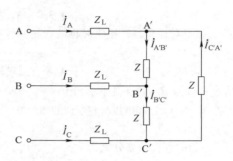

图 4-18　习题 4.9 图

4.10　已知对称三相电路星形无中性线负载 $Z = (5 + j8.66)\Omega$，负载相电压等于 220V，试求线电流、每相有功功率和无功功率以及功率因数。

4.11　在三相四线制供电系统中，电源线电压等于 400V，对称负载 $Z = (5 + j8.66)\Omega$，线路阻抗 $Z_L = (1 + j1)\Omega$，$Z_N = (2 + j1)\Omega$，求线电流及负载端电压。

4.12　图 4-19 所示 $U_1 = 380$V 的三相电路中，已知 $Z_1 = (8 + j6)\Omega$，$Z_2 = (5 + j5)\Omega$，$Z_3 = 10\Omega$，求各相线电流。

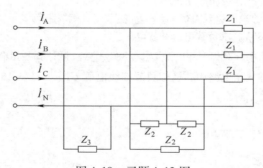

图 4-19　习题 4.12 图

4.13　对称三相电路，三角形负载，已知电源线电压 $U_1 = 380$V，负载功率因数等于 0.8（感性），三相负载总功率 $P = 3000$W，求负载阻抗 Z。

4.14　对称三相电路中，已知三角形联结负载阻抗 $Z = (18 + j24)\Omega$，三相负载功率 $P = 3000$W，试求线电流及线电压。

4.15　对称三相三角形负载 $Z_L = (5 + j8.66)\Omega$，$U_1 = 380$V，试求相电流和线电流、三相总功率，并画出相量图。欲把功率因数提高到 0.9 应并多大电容器？

4.16　三相星形对称负载 $Z = (5 + j5)\Omega$，$U_1 = 380$V，欲把功率因数提高到 0.9，应接入多大的电容器（采用三角形联结）。

4.17　接于线电压为 220V 的三角形联结三相对称负载，后改成星形联结接于线电压为 380V 的三相电源上，求负载在这两种情况下的相电流、线电流及有功功率的比值$\dfrac{I_{\triangle\mathrm{p}}}{I_{\mathrm{Yp}}}$，$\dfrac{I_{\triangle\mathrm{l}}}{I_{\mathrm{Yl}}}$，$\dfrac{P_{\triangle}}{P_{\mathrm{Y}}}$。

4.18　三相感应电动机额定功率40kW，额定电压380V($\triangle$)，效率为0.9，满载时的功率因数为0.85，试求：（1）当线电压为$U_1 = 380$V时电动机应如何连接，试计算满载时线电流和相电流；（2）计算星形联结时线电流、相电流和功率有何变化？

4.19　一台额定相电压为380V、额定功率为4kW、额定功率因数为0.84、效率为0.89的三相感应电动机由线电压$U_1 = 380$V的三相四线制电源供电，另外在C相端线和中性线之间接有一个220V、6kW的单相电阻炉。（1）电动机的接法是星形还是三角形？（2）画出电路图；（3）计算C相线电流$\dot{I}_{\mathrm{C}}$。

4.20　某工厂有3个车间，每一个车间装有10盏220V、100W的白炽灯，用380V的三相四线制供电。（1）画出合理的配电接线图；（2）若各车间的灯同时工作，求电路的线电流和中性线电流；（3）若只有两个车间用灯，再求电路的线电流和中性线电流。

第5章

非正弦周期电流电路

📖 **知识单元目标**

- 能够理解用傅里叶级数将非正弦周期信号分解为谐波的方法。
- 具备分析计算非正弦周期电流电路的有效值、平均值和平均功率的能力。
- 能够熟练掌握应用叠加定理计算非正弦周期电流电路的方法和步骤。

🎤 **讨论问题**

- 非正弦周期信号的变化规律有什么特点?
- 非正弦周期信号分解为傅里叶级数需要满足什么条件?
- 采用谐波分析法对所要分析的电路有什么要求?

在电力电子电路中及通信工程上,经常会遇到非正弦周期电流和电压,主要有以下两种情况:①当电路为非线性电路时,即使电源是正弦量,在电路中产生的电压和电流也将是非正弦周期函数,如二极管半波整流电路中的电流或电压、铁心线圈和变压器的励磁电流,如图 5-1a 和 b 所示;②实际发电机或信号源发出的就是非正弦周期电压或电流,如脉冲信号、示波器扫描用的锯齿波信号等,如图 5-1c 和 d 所示。

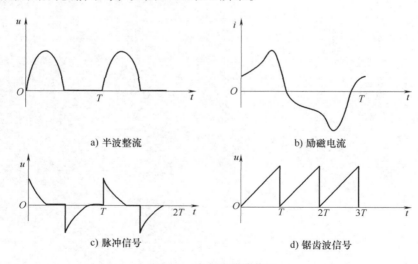

a) 半波整流　　　　　　　　　　　　b) 励磁电流

c) 脉冲信号　　　　　　　　　　　　d) 锯齿波信号

图 5-1　非正弦周期信号

5.1　非正弦周期量的分解

根据高等数学的理论,对于任何一个非正弦周期函数 $f(t)$,只要满足狄里赫利条件

（周期函数在有限的区间内，只有有限个第一类间断点和有限个极大值、极小值），都可以展开成一个收敛的无穷三角级数，即傅里叶级数。通常在电工技术中所遇到的各种非正弦周期量都满足上述条件，因此都可以展开成傅里叶级数。

设周期性函数 $f(t)$，其周期为 T，则可分解为

$$f(t) = A_0 + A_{1\mathrm{m}}\sin(\omega t + \varphi_1) + A_{2\mathrm{m}}\sin(2\omega t + \varphi_2) + \cdots + A_{k\mathrm{m}}\sin(k\omega t + \varphi_k) + \cdots$$

$$= A_0 + \sum_{k=1}^{\infty} A_{k\mathrm{m}}\sin(k\omega t + \varphi_k) \tag{5-1}$$

$$= A_0 + \sum_{k=1}^{\infty} (A_{k\mathrm{m}}\sin k\omega t\cos\varphi_k + A_{k\mathrm{m}}\cos k\omega t\sin\varphi_k) \tag{5-2}$$

或写成另一种形式：

$$f(t) = a_0 + a_1\cos\omega t + a_2\cos2\omega t + a_3\cos3\omega t + \cdots + a_k\cos k\omega t + \cdots +$$
$$b_1\sin\omega t + b_2\sin2\omega t + b_3\sin3\omega t + \cdots + b_k\sin k\omega t + \cdots$$

$$= a_0 + \sum_{k=1}^{\infty} (a_k\cos k\omega t + b_k\sin k\omega t) \tag{5-3}$$

式中，$\omega = 2\pi/T$；T 为 $f(t)$ 的周期；a_0、a_k、b_k 为傅里叶系数，它们可由下述公式计算：

$$a_0 = \frac{1}{T}\int_0^T f(t)\,\mathrm{d}t$$

$$a_k = \frac{2}{T}\int_0^T f(t)\cos k\omega t\mathrm{d}t$$

$$b_k = \frac{2}{T}\int_0^T f(t)\sin k\omega t\mathrm{d}t$$

把式（5-2）与式（5-3）比较可得下列关系：

$$\left.\begin{array}{l} A_0 = a_0 \\ A_{k\mathrm{m}}\sin\varphi_k = a_k \\ A_{k\mathrm{m}}\cos\varphi_k = b_k \\ A_{k\mathrm{m}} = \sqrt{a_k^2 + b_k^2} \\ \varphi_k = \arctan\dfrac{a_k}{b_k} \end{array}\right\} \tag{5-4}$$

A_0 项为常数项，是非正弦量 $f(t)$ 在一周期内的平均值，这个平均值可以理解为电路中受到等量的直流电源的作用，也称为直流分量或恒定分量。其余谐波分量中 $k=1$ 的分量叫作基波或一次谐波分量，$A_{1\mathrm{m}}$ 为基波的振幅，φ_1 为基波的初相位。基波的频率等于非正弦量的频率，即基波角频率 $\omega = 2\pi/T$。$k \geq 2$ 的谐波分量叫作高次谐波，有 2 次谐波、3 次谐波等。$A_{k\mathrm{m}}$ 及 φ_k 为 k 次谐波的振幅及初相位。k 为奇数时对应的谐波分量叫作奇次谐波；k 为偶数时对应的谐波分量叫作偶次谐波。

把一个非正弦周期函数分解为具有一系列谐波分量的傅里叶级数，称为谐波分析。

傅里叶级数是一个收敛级数，理论上应取无穷多项方能准确表示原非正弦周期函数，但实际计算时要根据级数的收敛情况和对求解结果准确度高低的需求选取有限项。根据周期性函数性质的不同，傅里叶级数的展开式是不相同的。有的展开式中各次谐波都存在；有的展开式中仅存在偶次谐波；有的展开式中仅存在奇次谐波。展开式总体上是收敛的。图 5-1a

是矩形波电压，其傅里叶级数展开式为

$$u = \frac{4U_{\mathrm{m}}}{\pi}\left(\sin\omega t + \frac{1}{3}\sin 3\omega t + \frac{1}{5}\sin 5\omega t + \cdots + \frac{1}{2n-1}\sin(2n-1)\omega t \right)$$

这里把前 3 项在图 5-2 中叠加一下，由其所得结果不难想到当谐波次数无限增加时，叠加的结果将是周期为 T 的矩形波。图 5-1b 所示的锯齿波信号，其傅里叶级数展开式为

$$u = U_{\mathrm{m}}\left[\frac{1}{2} - \frac{1}{\pi}\left(\sin\omega t + \frac{1}{2}\sin 2\omega t + \frac{1}{3}\sin 3\omega t + \cdots + \frac{1}{k}\sin k\omega t + \cdots \right) \right]$$

这个展开式中包含了平均值和各次谐波。它与矩形波的展开式不同。

　　由上分析可知，当非正弦周期信号的波形不同时，傅里叶级数展开式中所包含的谐波成分不同，且收敛的快慢也不同。为了把这种情况形象地表达出来，特别定义了频谱线图，即用二维坐标的横轴表示谐波成分，在谐波存在之处画一条直线段，其高度正比于该谐波的幅度或初相角。这样就得到了一组离散、高度不等的线段，这就是所谓的频谱线图。若直线段高度正比于谐波的幅度大小，则得到的就是振幅频谱图；若直线段高度正比于谐波的初相角大小，则得到的就是相位频谱图。图 5-3 画出了矩形波的频谱线图，由于这种频谱只表示各次谐波的振幅，所以称为振幅频谱图。由此可以直观地表示出矩形波所含的谐波成分和收敛快慢。

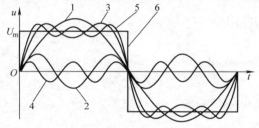

图 5-2　矩形波的谐波合成
1—基波　2—3 次谐波　3—基波和 3 次谐波合成
4—5 次谐波　5—1、3、5 次谐波合成
6—无限次谐波合成

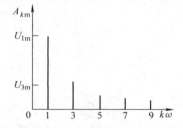

图 5-3　矩形波的频谱线图

非正弦周期量的频谱图是由一系列不连续的线段组成的，故也称为离散频谱图。

5.2　非正弦周期电流电路中的有效值、平均值和平均功率

5.2.1　有效值

　　非正弦电流电压通过电阻同样要做功，同正弦电流电压定义有效值的方法一样，定义了非正弦量的有效值：

$$\left. \begin{aligned} I &= \sqrt{\frac{1}{T}\int_0^T i^2\,\mathrm{d}t} \\ U &= \sqrt{\frac{1}{T}\int_0^T u^2\,\mathrm{d}t} \end{aligned} \right\} \tag{5-5}$$

可以证明它与各次谐波有效值之间的关系为

$$I = \sqrt{I_0^2 + I_1^2 + I_2^2 + I_3^2 + \cdots} \tag{5-6}$$

$$U = \sqrt{U_0^2 + U_1^2 + U_2^2 + U_3^2 + \cdots} \tag{5-7}$$

式中，I_0、U_0 为直流分量；I_1、U_1 为基波有效值；I_2、U_2 为 2 次谐波有效值，依次类推。

从分析可以看出按式（5-6）及式（5-7）计算只能得到近似结果，而按式（5-5）计算是准确的。以上结果表明，非正弦周期量的有效值等于直流分量和各次谐波分量有效值的平方和再开方，而与各次谐波分量的初相角无关。

【例 5-1】　试求周期电压 $u = \left[40 + 180\sin\omega t + 60\sin(3\omega t + 45°) \right]$ V 的有效值。

解： u 的有效值为

$$U = \sqrt{U_0^2 + U_1^2 + U_3^2} = \sqrt{40^2 + \left(\frac{180}{\sqrt{2}}\right)^2 + \left(\frac{60}{\sqrt{2}}\right)^2}\, V = 140V$$

5.2.2　平均值

非正弦周期电流、电压的平均值分别为

$$I_{av} = \frac{1}{T}\int_0^T i\,dt \tag{5-8}$$

$$U_{av} = \frac{1}{T}\int_0^T u\,dt \tag{5-9}$$

非正弦周期量的平均值就是其直流分量，且非正弦周期信号的平均值、最大值和有效值之间的关系随波形的不同而不同。

5.2.3　平均功率

设某无源二端网络端口处的电压、电流取关联的参考方向，并设其电压、电流为

$$u = U_0 + \sum_{k=1}^{\infty} U_{km}\sin(k\omega t + \varphi_{ku})$$

$$i = I_0 + \sum_{k=1}^{\infty} I_{km}\sin(k\omega t + \varphi_{ki})$$

则该二端网络吸收的瞬时功率为

$$p = ui = \left[U_0 + \sum_{k=1}^{\infty} U_{km}\sin(k\omega t + \varphi_{ku}) \right] \times \left[I_0 + \sum_{k=1}^{\infty} I_{km}\sin(k\omega t + \varphi_{ki}) \right] \tag{5-10}$$

代入平均功率的定义式可得平均功率为

$$\begin{aligned} P &= \frac{1}{T}\int_0^T p\,dt = \frac{1}{T}\int_0^T ui\,dt \\ &= \frac{1}{T}\int_0^T \left[U_0 + \sum_{k=1}^{\infty} U_{km}\sin(k\omega t + \varphi_{ku}) \right] \times \left[I_0 + \sum_{k=1}^{\infty} I_{km}\sin(k\omega t + \varphi_{ki}) \right] dt \\ &= U_0 I_0 + \sum_{k=1}^{\infty} U_k I_k \cos\varphi_k \\ &= P_0 + P_1 + P_2 + \cdots + P_k \end{aligned} \tag{5-11}$$

式中，φ_k 为 k 次谐波电压与电流的相位差，$\varphi_k = \varphi_{ku} - \varphi_{ki}$。

式（5-11）结果表明，非正弦周期性电流电路中，不同次谐波电压、电流虽然构成瞬时功率，但不构成平均功率，只有同次谐波电压、电流才构成平均功率，这是由三角函数的

正交性所决定的，且电路的平均功率等于各次谐波单独作用时所产生的平均功率的总和。

【例5-2】　设二端网络的端口电压、电流为关联的参考方向，已知：

$$u = \left[10 + 141.4\sin\omega t + 50\sin(3\omega t + 60°) \right] \text{V}$$

$$i = \left[\sin(\omega t - 70°) + 0.3\sin(3\omega t + 60°) \right] \text{A}$$

求二端网络的平均功率 P。

解：
$$P = U_0 I_0 + U_1 I_1 \cos\varphi_1 + U_3 I_3 \cos\varphi_3$$

$$= U_0 I_0 + \frac{U_{1m}}{\sqrt{2}}\frac{I_{1m}}{\sqrt{2}}\cos\varphi_1 + \frac{U_{3m}}{\sqrt{2}}\frac{I_{3m}}{\sqrt{2}}\cos\varphi_3$$

$$= 0 + \frac{141.4}{\sqrt{2}} \times \frac{1}{\sqrt{2}}\cos\left[0° - (-70°) \right] \text{W} + \frac{50}{\sqrt{2}} \times \frac{0.3}{\sqrt{2}}\cos(60° - 60°)\text{W}$$

$$= (24.2 + 7.5)\text{W} = 31.7\text{W}$$

5.3　线性电路在非正弦激励下的计算

正弦周期信号作用于线性稳态电路时，电路中的响应也是同频率的正弦量，正弦交流电路的分析可采用相量法。当电路受到非正弦周期性信号源激励时，可以认为有无穷多个不同频率的正弦信号同时作用在该电路，如图5-4所示。根据叠加定理，对各次谐波的激励进行单独分析计算，而后进行叠加得到总的响应，这是非正弦周期电流电路谐波分析计算的基本思想。具体的分析方法与步骤如下：

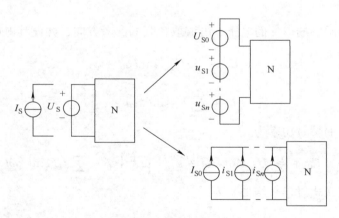

图5-4　非正弦信号激励的分解计算

1）应用数学中的傅里叶级数对激励信号进行谐波分析。谐波取的项数要根据计算精度的要求而定。

2）分别求各次谐波单独作用下的响应。对直流分量，电感元件相当于短路，电容元件相当于开路，此时为电阻性电路。而当各次谐波分别作用时，电路成为正弦电流电路。此时，电感元件、电容元件对不同频率的谐波的感抗、容抗是不同的，其中感抗为 $X_{kL} = k\omega L$，容抗为 $X_{kC} = \dfrac{1}{k\omega C}$，$\omega$ 为基波的角频率。

3）应用线性电路的叠加定理，将各次谐波分量单独作用时所产生的响应分量进行叠加，即得到激励信号的响应。应当注意的是，不能将代表不同频率的电流、电压相量直接相加减，必须先将它们变为瞬时值后方可求其代数和。因为不同频率的相量叠加在电路中是没有任何实际物理意义的。

【例 5-3】　如图 5-5a 所示电路，$R = 100\Omega$，$C = 1\mu\text{F}$；图 5-5b 为激励源 u_{S} 为矩形波；图 5-5c 为响应曲线，$U_{\text{m}} = 11\text{V}$，$T = 1\text{ms}$，求输出电压 u_{o}。

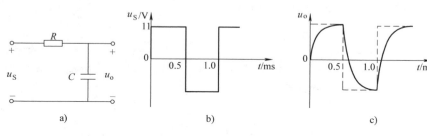

图 5-5　例 5-3 图

解： 由已知条件可得基波角频率为

$$\omega_1 = \frac{2\pi}{T} = \frac{2\pi}{1 \times 10^{-3}}\text{rad/s} = 6283\text{rad/s}$$

所以

$$u_{\text{S}} = \frac{4U_{\text{m}}}{\pi}\left(\sin\omega_1 t + \frac{1}{3}\sin3\omega_1 t + \frac{1}{5}\sin5\omega_1 t + \cdots\right)$$

$$= \left[14\sin6283t + \frac{14}{3}\sin18849t + \frac{14}{5}\sin31415t + \cdots\right]\text{V}$$

用相量法对各次谐波进行计算：

（1）基波分量

$$\dot{U}_{\text{om}(1)} = \frac{-\text{j}1/(\omega_1 C)}{R - \text{j}1/(\omega_1 C)}\dot{U}_{\text{S}1} = \frac{-\text{j}1/(6283 \times 1 \times 10^{-6})}{100 - \text{j}1/(6283 \times 10^{-6})} \times 14 \underline{/0^\circ}\ \text{V}$$

$$= \frac{-\text{j}159.16}{100 - \text{j}159.16} \times 14 \underline{/0^\circ}\ \text{V} = 11.85 \underline{/-32.14^\circ}\ \text{V}$$

（2）3 次谐波分量

$$\dot{U}_{\text{om}(3)} = \frac{-\text{j}1/(3\omega_1 C)}{R - \text{j}1/(3\omega_1 C)}\dot{U}_{\text{S}3} = \frac{-\text{j}1/(3 \times 6283 \times 10^{-6})}{100 - \text{j}1/(3 \times 6283 \times 10^{-6})} \times \frac{14}{3}\underline{/0^\circ}\ \text{V}$$

$$= \frac{-\text{j}53.05}{100 - \text{j}53.05} \times \frac{14}{3}\underline{/0^\circ}\ \text{V} = 2.19 \underline{/-62.05^\circ}\text{V}$$

（3）5 次谐波分量

$$\dot{U}_{\text{om}(5)} = \frac{-\text{j}1/(5\omega_1 C)}{R - \text{j}1/(5\omega_1 C)}\dot{U}_{\text{S}5} = \frac{-\text{j}1/(5 \times 6283 \times 10^{-6})}{100 - \text{j}1/(5 \times 6283 \times 10^{-6})} \times \frac{14}{5}\underline{/0^\circ}\ \text{V}$$

$$= \frac{-\text{j}31.83}{100 - \text{j}31.83} \times \frac{14}{5}\underline{/0^\circ}\ \text{V} = 0.85 \underline{/-72.34^\circ}\ \text{V}$$

（4）写成时域函数后叠加

$$u_{\text{o}} = U_{\text{om}(1)}\sin(\omega_1 t + \varphi_1) + U_{\text{om}(3)}\sin(3\omega_1 t + \varphi_3) + U_{\text{om}(5)}\sin(5\omega_1 t + \varphi_5)$$

$$= 11.85\sin(6283t - 32.14°) + 2.19\sin(18849t - 62.05°) +$$
$$0.85\sin(31415t - 72.34°)\,V$$

【例5-4】 图5-6所示电路中，已知 $u_S = \sqrt{2}\,U_1\sin1000t + \sqrt{2}\,U_3\sin3000t$，$C_2 = 0.15\mu F$，欲使负载 R_L 中无3次谐波而只保留基波成分，试求 L、C_1。

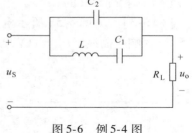

图5-6　例5-4图

解： 由电路结构可知，当 LC_1 支路与基波成分发生串联谐振时，则基波电流无阻地通过。应满足

$$\frac{1}{\sqrt{LC_1}} = 1000\text{rad/s}$$

此时 L、C_1 串联电路对3次谐波表现出感性，则能与 C_2 支路发生并联谐振，这样能阻止3次谐波通过。这时容抗为

$$X_{C2} = \frac{1}{\omega_3 C_2} = \frac{1}{3000 \times 0.15 \times 10^{-6}}\Omega = \frac{1}{450} \times 10^6\,\Omega$$

此时在 LC_1 支路应满足

$$\omega_3 L - \frac{1}{\omega_3 C_1} = \frac{1}{450} \times 10^6\,\Omega$$

将式 $1/\sqrt{LC_1} = 1000\text{rad/s}$ 变换得 $L = 10^{-6}/C_1$ 代入上式有

$$\frac{\omega_3 \times 10^{-6}}{C_1} - \frac{\omega_3^{-1}}{C_1} = \frac{1}{450} \times 10^6\,\Omega$$

$$C_1 = \frac{(3000 \times 10^{-6} - 1/3000)450}{10^6}\mu F = 1.2\mu F$$

$$L = \frac{1}{C_1 \times 10^6} = \frac{1}{1.2}H = 0.83H$$

由此例可知，谐波信号中任何一个谐波成分都可以提取出来，也可以抑制掉。

思 考 题

1. 一台示波器，其通频带为 0～15MHz，能否用来观察频率为5MHz的矩形波信号？为什么？
2. 图5-7是脉冲分压器，试证明网络函数 $H(j\omega) = \dot{U}_o/\dot{U}_S$ 与频率无关的条件。

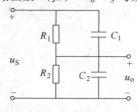

图5-7　脉冲分压器

本 章 小 结

1. 电工技术中常见的非正弦周期信号一般都满足狄里赫利条件，通常都可以展开成一个收敛的傅里叶级数，即

$$f(t) = A_0 + \sum_{k=1}^{\infty} A_{km}\sin(k\omega t + \varphi_k)$$

2. 对任何非正弦周期电流、电压的有效值为

$$I = \sqrt{I_0^2 + I_1^2 + I_2^2 + I_3^2 + \cdots}$$

$$U = \sqrt{U_0^2 + U_1^2 + U_2^2 + U_3^2 + \cdots}$$

平均值为

$$I_{av} = \frac{1}{T}\int_0^T i\,\mathrm{d}t$$

$$U_{av} = \frac{1}{T}\int_0^T u\,\mathrm{d}t$$

3. 非正弦周期性电流电路的平均功率等于各次谐波单独作用时所产生的平均功率之总和，即

$$P = U_0 I_0 + \sum_{k=1}^{\infty} U_k I_k \cos\varphi_k = P_0 + P_1 + P_2 + \cdots + P_k$$

4. 非正弦周期电流电路谐波分析计算的分析方法与步骤如下：

（1）将周期性非正弦电压、电流展开成傅里叶级数。（2）分别计算恒定分量和各次谐波分量单独作用时所产生的响应分量。恒定分量作用于电路时，电感相当于短路，电容相当于开路。各次谐波作用于电路时，分别计算出各次谐波的电感和电容元件的谐波阻抗并用相量法求解。（3）应用叠加定理将各次谐波分量所产生的电压、电流分量的瞬时值进行叠加。特别注意不能将各次谐波分量响应的相量或有效值叠加。

自　测　题

5.1　某周期为 0.02s 的非正弦周期信号，分解成傅里叶级数时，角频率为 300π rad/s 的项称为（　　）。

（a）3 次谐波分量　　　　　　（b）6 次谐波分量　　　　　　（c）基波分量

5.2　一非正弦周期信号施加于感性电路，其基波感抗等于 100Ω，当 3 次谐波作用时，电路的感抗为（　　）。

（a）100Ω　　　　　　　　　（b）200Ω　　　　　　　　　（c）300Ω

5.3　一非正弦周期信号施加于容性电路，其 3 次谐波容抗等于 100Ω，当 2 次谐波作用时，电路的容抗为（　　）。

（a）50Ω　　　　　　　　　　（b）100Ω　　　　　　　　　（c）150Ω

5.4　应用叠加原理分析非正弦周期电流电路的方法适用于（　　）。

（a）线性电路　　　　　　　（b）非线性电路　　　　　　（c）线性和非线性电路均适用

5.5　某非正弦周期电流电路的电压 $u = [120 + 100\sqrt{2}\sin(\omega t + 30°) + 30\sqrt{2}\sin(3\omega t + 30°)]$ V，电流 $i = 13.9 + 10\sqrt{2}\sin(\omega t + 30°) + 1.73\sqrt{2}\sin(3\omega t - 30°)$ A，则其 3 次谐波的功率 P_3 为（　　）。

（a）25.95W　　　　　　　　（b）45W　　　　　　　　　　（c）51.9W

5.6　若一非正弦周期电流的 3 次谐波分量为 $i_3 = 30\sin(3\omega t + 60°)$ A，则其 3 次谐波分量的有效值 I_3 为（　　）A。

（a）$3\sqrt{2}$　　　　　　　　　（b）$7.5\sqrt{2}$　　　　　　　　　（c）$15\sqrt{2}$

习　题

5.1　求图 5-8 所示周期信号的傅里叶级数展开式。

5.2　一非正弦周期电流为 $i = [10 + 20\sin(\omega t + 30°) + 12\sin(2\omega t - 90°)]A$，求其有效值。

5.3　一非正弦周期电流为 $i = [10\sqrt{2}\sin\omega t + 3\sqrt{2}\sin(3\omega t + 30°)]A$，求其通过 5Ω 线性电阻时消耗的功率。

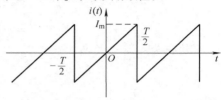

图 5-8　习题 5.1 图

5.4　有一 R、L 串联电路，已知 $I = 10A$ 时，电压 $U = 50V$，有功功率 $P = 100W$，$\omega = 314\text{rad/s}$，电压瞬时值 $u = U_{1m}\sin\omega t + 0.5U_{1m}\sin3\omega t$，求 R 和 L。

5.5　有一电感线圈和电容串联，已知外加电压 $u = (300\sin\omega t + 150\sin3\omega t)V$，电感线圈基波阻抗 $Z_L = (5 + j12)\Omega$，电容基波容抗 $X_C = 30\Omega$，求电路电流瞬时值及有效值。

5.6　一个 R、L、C 并联电路，已知 $R = 100\Omega$，$L = 0.05H$，$C = 120\mu F$，外加电流 $i(t) = [100 + 100\sqrt{2}\cos(800t) + 60\sqrt{2}\cos(1600t + 30°)]A$，试求电路两端的电压 $u(t)$ 及其有效值 U，并求电路消耗的功率。

5.7　一个 R、L、C 串联电路，已知 $R = 10\Omega$，$L = 0.016H$，$C = 80\mu F$，外加电压 $u(t) = [10 + 50\sqrt{2}\cos(1000t + 16°) + 20\sqrt{2}\cos(2000t + 39°)]V$，试求电路中的电流 $i(t)$ 及其有效值 I，并求电路消耗的功率。

5.8　图 5-9a 所示是一 LC 滤波器。已知 $R = 1\text{k}\Omega$，$L = 5H$，$C = 30\mu F$，输入电压 u 的波形如图 5-9b 所示，其中振幅 $U_m = 1512V$，基波角频率 $\omega = 314\text{rad/s}$，求 u_R。

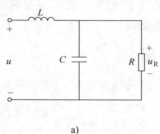

a)

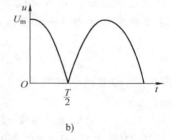

b)

图 5-9　习题 5.8 图

5.9　图 5-10 所示网络 N 的 $u(t) = [16 + 25\sqrt{2}\sin\omega t + 4\sqrt{2}\sin(3\omega t + 30°) + \sqrt{6}\sin(5\omega t + 50°)]V$，$i(t) = [3 + 10\sqrt{2}\sin(\omega t - 60°) + 4\sin(2\omega t + 20°) + 2\sqrt{2}\sin(4\omega t + 40°)]A$。试求：（1）端口电压、电流的有效值；（2）网络吸收的平均功率；（3）用电磁系电压表测端口电压的读数；（4）用磁电系电流表测端口电流的读数。

5.10　在图 5-11 所示电路中，已知 $u_S(t) = [1000\sin\omega t + 50\sin(3\omega t + 30°)]V$，$i(t) = [10\sin\omega t + \sin(3\omega t - \varphi_3)]A$，$\omega = 100\pi\text{rad/s}$，求 R、L、C 的值和电路消耗的功率。

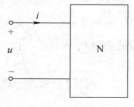

图 5-10　习题 5.9 图

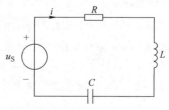

图 5-11　习题 5.10 图

5.11　在图 5-12 所示电路中，已知 $C_1 = 0.25\mu F$，端电压为 $u = [U_{m1}\cos(100t + \varphi_1) + U_{m3}\cos(300t + \varphi_3)]$，该电路能完全滤掉 3 次谐波，而基波能够畅通，求 L、C 的值。

5.12　图 5-13 所示电路中，要求负载中不含基波分量，但 4 次谐波分量能完全传送到负载。当 $\omega = 1000\text{rad/s}$、$C = 1\mu F$ 时，求 L_1 和 L_2 的值。

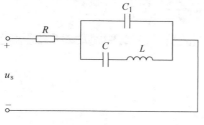

图 5-12　习题 5.11 图

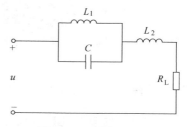

图 5-13　习题 5.12 图

第6章

电路的暂态分析

📥 **知识单元目标**

● 能够理解电路暂态过程的概念及其产生原因。

● 能够深刻理解"0_-""0_+"和换路定律，具备计算初始值的能力。

● 具备计算时间常数的能力，能够理解暂态、稳态以及时间常数的意义。

● 能够理解一阶电路的零输入响应、零状态响应和全响应的概念，具备运用三要素法分析、计算一阶电路的能力。

● 能够理解 RC 一阶电路的矩形脉冲响应。

🎤 **讨论问题**

● 电路产生暂态过程的原因是什么？电路的暂态和稳态各有什么特点？

● 含电容或电感的电路在换路时是否一定会产生过渡过程？

● 全响应有哪两种分解形式？

● 如何求解时间常数？时间常数对电路暂态过程有何影响？

在日常生活中常常会听到救护车的声音，它是一个双频音响电路，还有警车的音响效果电路，除此之外还会在很多场合用到闪光灯等，这些功能的实现基本都会用到积分、微分及多谐振荡器等电路，而这些电路的实现方法将是本章讨论的问题。

6.1 概述

前面章节曾介绍的电路，不论是直流电路还是交流电路，认为电路早已接通，其工作状态都是稳定的。所谓电路的稳定状态，是指在直流电路中，电压和电流等物理量都是不随时间变化的恒定量，而在正弦交流电路中，电压和电流都是时间的正弦函数，它们都按周期性规律变化。电路的这些状态称为稳定状态，简称稳态。

然而在实际电路中，当电路接通、断开或电路的参数、结构、电源等发生变化时，电路中的各部分电压和电流等要经过一段短暂的时间才能从原先的稳定值变化到新的稳定值。电路中为什么会发生这样的现象呢？这是因为电路中存在着惯性的储能元件：电感 L 和电容 C。能量只能从一种形式转换成另一种形式，从一个储能元件传递到另一个储能元件。而能量的传递、转换都必须经过一个过程，不可能发生突变，因为能量的突变意味着功率趋向无穷大，即 $p = \mathrm{d}W/\mathrm{d}t = \infty$，这在客观上是不可能的。所以含有储能元件的电路从一种稳定状态变化到另外一种新的稳定状态时，需要一个过渡的时间，电路在这段时间内所发生的物理过程就叫作电路的过渡过程。相对于稳态而言，电路的过渡状态又称为暂态，所以过渡过程也称为暂态过程或瞬态过程。

从理论上讲，电路的过渡状态持续的时间很长。而实际上暂态时间可能很短，比如只有几秒，甚于若干微秒或更短。但在某些情况下电路过渡过程所产生的作用和影响却是不可忽视的。例如，电路在开关突然接通或断开的瞬间，电路中某些部分会产生过电压或过电流现象，从而将电路的元器件或电气设备损伤或毁坏。暂态过程也有有利的一面，如在现代电子电路中经常利用暂态现象产生脉冲信号、阶跃信号等，还可以利用暂态过程构成各种延时电路、滤波电路等。所以，对电路暂态过程的分析非常重要。

电感、电容上电压与电流的基本关系是一阶导数或积分的关系，在直流情况下电感相当于短路，电容相当于开路，所以它们称为动态元件，又称为储能元件。当电路中激励源为时变量时，电感和电容的影响才表现出来。此种情况下根据 KVL 和 KCL 以及元件的 VCR 关系建立的电路方程是以电流和电压为变量的微分方程。当电路中只含有一个（或等效为一个）动态元件时，此电路就可以用一个线性常系数一阶微分方程来描述，这样的电路称为一阶电路。相应地，含有多个独立储能元件的电路称为高阶电路，此时电路的状态需要用高阶微分方程来描述。没有储能元件的电路没有暂态过程，所列出的方程是代数方程，所以电路暂态分析的基本方法是列微分方程和解微分方程。

电路暂态分析的方法有多种，其中最基本的方法是经典法。所谓经典法就是根据 KVL 和 KCL 以及元件的 VCR 关系列出表征该电路运行状态的以时间 t 为自变量的微分方程式，再利用初始已知条件求解。本章将介绍利用经典法来分析电路的暂态过程，用三要素法求解一阶电路的全响应。

6.2　换路定律及初始值的确定

6.2.1　换路定律

电路的工作状态发生变化，如电路的接通、断开、短路、电路参数或电源的突然改变以及电路连接方式的其他改变统称为换路，并认为换路是即时完成的。

在换路瞬间，电容元件中的电流值有限时，其电压 u_C 不能发生跃变；电感元件上的电压值有限时，其电流 i_L 不能发生跃变，这就是换路定律。设 $t=0$ 是电路进行换路的时刻，用 $t=0_-$ 表示换路前的终了瞬间，它和 $t=0$ 之间的间隔趋近于零；用 $t=0_+$ 表示换路后的初始瞬间，它和 $t=0$ 之间的间隔也趋近于零。以开关 S 断开换路为例，$t=0_-$ 就是开关触头断开前的最后瞬间，此时开关仍处于闭合状态；$t=0_+$ 就是开关触头断开后的最初瞬间，此时开关处于刚断开的状态；而 $t=0$ 则表示从 $t=0_- \sim t=0_+$ 之间的整个换路时刻。这里若用 $u_C(0_-)$ 和 $u_C(0_+)$ 分别表示换路前和换路后的瞬间电容元件上的电压，用 $i_L(0_-)$ 和 $i_L(0_+)$ 分别表示换路前和换路后的瞬间电感元件中的电流，则换路定律的数学表达形式可表示为

$$\left. \begin{array}{l} u_C(0_+) = u_C(0_-) \\ i_L(0_+) = i_L(0_-) \end{array} \right\} \tag{6-1}$$

除了电容电压及其电荷量以及电感电流及其磁链以外，其余的电容电流、电感电压、电阻的电压和电流、电压源的电流以及电流源的电压等在换路的瞬间都是可以跃变的。由于这

些量的跃变不会引起能量的跃变，因而也就不会出现无穷大的功率。

换路定律仅适用于换路瞬间，可根据它来确定 $t = 0_+$ 时电路中电压和电流的初始值，即暂态过程的初始值。

6.2.2　初始值的计算

电路发生换路后瞬间（即 0_+ 时），电路中各元件的电压、电流值称为初始值。分析动态电路初始值的计算是十分重要的问题。因为在求解描述动态电路性能的微分方程时，必须根据初始条件来确定方程中的积分常数。因此，有必要讨论它的求法。

【例 6-1】　在图 6-1a 所示电路中，直流电压源的电压 $U_S = 50\text{V}$，$R_1 = R_2 = 5\Omega$，$R_3 = 20\Omega$，换路前电路原已达稳态，在 $t = 0$ 时断开开关 S，试求 $t = 0_+$ 时的 i_L、u_C、u_{R2}、u_{R3}、i_C、u_L。

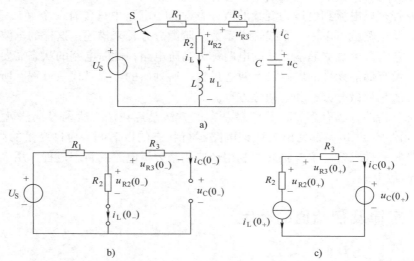

图 6-1　例 6-1 图

解：（1）确定独立初始值 $u_C(0_+)$ 及 $i_L(0_+)$。因为开关 S 打开前，电路已处于稳态，作出 $t = 0_-$ 时刻的等效电路如图 6-1b 所示。此时易求出换路前 $t = 0_-$ 时刻的电感电流 $i_L(0_-)$ 和电容电压 $u_C(0_-)$ 为

$$i_L(0_-) = \frac{U_S}{R_1 + R_2} = \frac{50}{5 + 5}\text{A} = 5\text{A}$$

$$u_C(0_-) = R_2 i_L(0_-) = 5 \times 5\text{V} = 25\text{V}$$

由换路定律可知换路后瞬间电感电流和电容电压分别为

$$i_L(0_+) = i_L(0_-) = 5\text{A}$$

$$u_C(0_-) = R_2 i_L(0_-) = 5 \times 5\text{V} = 25\text{V}$$

（2）确定其他相关初始值。将图 6-1a 中的电容 C 及电感 L 分别用等效电压源 $u_C(0_+)$ 及等效电流源 $i_L(0_+)$ 代替，即得到 $t = 0_+$ 时刻的等效电路如图 6-1c 所示，根据此图可以算出相关的初始值如下：

$$u_{R2}(0_+) = R_2 i_L(0_+) = 5 \times 5\text{V} = 25\text{V}$$

$$i_C(0_+) = -i_L(0_+) = -5\text{A}$$

$$u_{R3}(0_+) = R_3 i_C(0_+) = 20 \times (-5)\text{V} = -100\text{V}$$

$$u_L(0_+) = -u_{R2}(0_+) + u_{R2}(0_+) + u_C(0_+) = [-25 + (-100) + 25]\text{V} = -100\text{V}$$

由计算结果可以看出，除电容电压及电感电流之外的其他初始值可能跃变也可能不跃变。例如，电感电压由原来的 0 跃变到 -100V，电容电流也由 0 跃变到 -5A 等，但电阻 R_2 两端的电压却没有跃变，电阻 R_3 两端的电压也跃变了。

由上述例题的分析计算可得出求电路初始值的步骤为：

1）根据换路前 $t = 0_-$ 时刻的电路，求出 $u_C(0_-)$ 及 $i_L(0_-)$。如果换路前电路处于稳定状态，若是直流电路，则电路中电容相当于开路，电感相当于短路，此时可画出 $t = 0_-$ 时的等效电路，然后根据 KVL 和 KCL 以及欧姆定律求解出 $u_C(0_-)$ 及 $i_L(0_-)$ 的值。

2）由换路定律直接确定换路后 $t = 0_+$ 时刻的电容电压 $u_C(0_+)$ 及电感电流 $i_L(0_+)$。然后，电容元件用值为 $u_C(0_+)$ 的电压源代替（若 $u_C(0_+) = 0$ 则用短路代替），电感元件用值为 $i_L(0_+)$ 的电流源代替（若 $i_L(0_+) = 0$ 则用开路代替），电压源的极性及电流源的方向分别与原电路中 u_C、i_L 参考方向一致。这样得到的电路是 $t = 0_+$ 时的等效电路。

3）用 $t = 0_+$ 时的等效电路，根据 KVL 和 KCL 以及欧姆定律求出其他相关初始值。

思 考 题

1. 电路发生暂态过程的条件是什么？

2. 电路发生换路瞬间，电容电压及电感电流为什么不能发生跃变？

3. 换路定律的内容是什么？

4. 什么叫初始值？如何求解电路的初始值？在求解初始值时，什么情况下电容元件可以看作开路，电感元件看作短路？

6.3 一阶电路的零输入响应

用一阶微分方程式描述其性态的电路叫作一阶电路。如果电路中没有外激励，其响应仅由电路内储能元件的初始储能引起的，这种电路响应叫作零输入响应。本节将讨论 RC 和 RL 一阶电路的零输入响应。

6.3.1 一阶 RC 电路的零输入响应

电容器在充电状态下通过电阻放电的过程就是零输入响应。图 6-2a 为一阶 RC 电路，开关 S 原在"1"位置时电路达到了稳态，电容上电压 $u_C(0_-) = U_S$。设在 $t = 0$ 的瞬间换路，即开关 S 在 $t = 0$ 时从"1"打到"2"的位置，由换路定律可知电容器的电压 $u_C(0_+) = u_C(0_-) = U_S$。换路后电容的初始储能为 $\frac{1}{2}CU_S^2$，其工作状态等效为图 6-2b。

1. 电容器的电压响应 由图 6-2b 所示电容的电压电流取关联的参考方向，根据 KVL，换路后即 $t \geqslant 0_+$ 时的约束方程为

$$u_R + u_C = 0 \tag{6-2}$$

根据电容元件电压、电流的微分关系，将 $i_C = C\dfrac{du_C}{dt}$ 代入式（6-2）得微分方程如下：

$$RC \frac{\mathrm{d}u_C}{\mathrm{d}t} + u_C = 0 \tag{6-3}$$

这是一个一阶线性常系数齐次微分方程，这个方程的通解是一个指数函数：

$$u_C = A\mathrm{e}^{pt} \tag{6-4}$$

式中，A 和 p 是待定系数，且 p 为齐次式的特征方程的根。

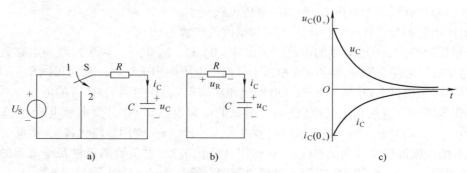

图 6-2　RC 电路的零输入响应

把通解代入式（6-3），便能得到特征方程：

$$RCp + 1 = 0 \tag{6-5}$$

特征根：

$$p = -\frac{1}{RC} \tag{6-6}$$

令

$$\tau = RC \tag{6-7}$$

该参数 τ 称为时间常数，具有时间量纲，其单位为 $\Omega \cdot \mathrm{F} = (\mathrm{V/A})(\mathrm{C/V}) = (\mathrm{V/A})(\mathrm{A} \cdot \mathrm{s/V}) = \mathrm{s}$。所以

$$u_C = A\mathrm{e}^{-t/\tau} \tag{6-8}$$

待定系数 A 又称为积分常数，可由初始条件确定，令 $t = 0$ 可得到积分常数：

$$u_C(0_+) = U_S = A\mathrm{e}^{p0} = A \tag{6-9}$$

将 A 和 p 的结果代入式（6-4），则可得到满足初始条件的微分方程通解为

$$u_C = U_S\mathrm{e}^{-t/\tau} = u_C(0_+)\mathrm{e}^{-t/\tau} \tag{6-10}$$

式中的 $u_C(0_+)$ 为换路时电容电压的初始值。在图 6-2c 画出了电容电压变化的函数曲线。

2. 电容的电流　根据电容元件的电压、电流微分关系有

$$i_C = C\frac{\mathrm{d}u_C}{\mathrm{d}t} = C\frac{\mathrm{d}}{\mathrm{d}t}u_C(0_+)\mathrm{e}^{-t/\tau}$$

$$= -\frac{u_C(0_+)}{R}\mathrm{e}^{-t/\tau} = -i_C(0_+)\mathrm{e}^{-t/\tau} \tag{6-11}$$

式中负号表明，此时电容电流方向与参考方向相反而正在放电，电容器的初始电流是由当时的初始电压和放电路径的等效电阻确定的。电流 i_C 变化曲线见图 6-2c。

3. 放电规律的分析　由式（6-10）及式（6-11）可知：

1）电容元件放电的电压、电流均按照指数规律衰减，式中 $\mathrm{e}^{-t/\tau}$ 称为衰减因子。衰减的速度是由时间常数 τ 决定的，时间常数 τ 越大则衰减越慢，暂态过程越长。这是因为当电压一定时，C 越大电容元件所累积的电荷 Q 就越多，储存的电场能 W_C 也就越大，此时

将 Q 和 W_C 释放完所需要的时间也就越长。又因为电荷与电场能的释放是通过电流实现的，而电流又受电阻的限制，电阻大则放电电流小，要把所储存的能量释放完就需要更长的时间。

2）从理论上讲，只有经过 $t = \infty$ 时间，电路才能达到稳定状态，电容器的放电过程才能结束。由表 6-1 可以看出，当过了 $(3 \sim 5)\tau$ 后，电压 u_C 基本等于零，放电过程基本结束。所以在工程上只能近似考虑问题，经过 $(3 \sim 5)\tau$ 后就可近似认为放电过程已经结束。

表 6-1　u_C 的变化过程

t	$t = \tau$	$t = 2\tau$	$t = 3\tau$	$t = 4\tau$	$t = 5\tau$	$\cdots$	∞
u_C	$0.368U_S$	$0.135U_S$	$0.05U_S$	$0.018U_S$	$0.007U_S$	$\cdots$	0

3）从衰减过程来看，衰减速度是逐渐变缓的，其表达式为

$$\frac{\mathrm{d}u_C}{\mathrm{d}t} = \frac{\mathrm{d}}{\mathrm{d}t}u_C(0_+)\mathrm{e}^{-t/\tau} = -\frac{u_C(0_+)}{\tau}\mathrm{e}^{-t/\tau} \tag{6-12}$$

因为在曲线上某点的衰减速度是过该点作切线的斜率，如图 6-3 所示，故 $t = 0$ 时的衰减速度为

$$\frac{\mathrm{d}u_C}{\mathrm{d}t}\bigg|_{t=0} = -\frac{u_C(0_+)}{\tau}$$

这就是说，过 $u_C(0_+)$ 点作切线在横轴上的截距便是时间常数 τ。可见，经过一个时间常数时，衰减因子将衰减到记时起点值的 36.8%，即

$$\frac{u_C(0_+)\mathrm{e}^{-(t_0+\tau)/\tau}}{u_C(0_+)\mathrm{e}^{-t_0/\tau}} = \mathrm{e}^{-1} = 0.368$$

4）在同一电路中所有响应的时间常数都相同。

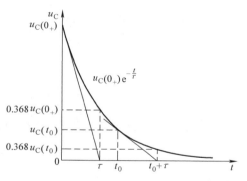

图 6-3　衰减因子的衰减速度

【例 6-2】　在图 6-2a 所示的电路中，$R = 1\mathrm{k}\Omega$，$C = 1\mu\mathrm{F}$，$U_S = 36\mathrm{V}$，开关在"1"时电路已经稳定。试求：（1）开关打向"2"后 $t = 3.5\mathrm{ms}$ 时电容的电压；（2）经过多少时间电压可以衰减到 18V；（3）开关打向"2"后 1s 时 u_C 下降不到 10%，问 R 最小应为多少？

解：（1）$t = 3.5\mathrm{ms}$ 时的 u_C

时间常数　　　　　　　　$\tau = RC = 10^3 \times 16^{-6}\mathrm{s} = 10^{-3}\mathrm{s}$

待求电压　　　　　　$u_C = u_C(0_+)\mathrm{e}^{-t/\tau} = 36\mathrm{e}^{-\frac{3.5\times10^{-3}}{10^{-3}}}\mathrm{V} = 1.09\mathrm{V}$

（2）衰减到 18V 需要的时间

根据　　　　　　　$u_C = u_C(0_+)\mathrm{e}^{-t/\tau} = 36\mathrm{e}^{-t/10^{-3}}\mathrm{V} = 18\mathrm{V}$

有　　　　　　　　　　　　$-\frac{t}{10^{-3}} = \ln\frac{18}{36}$

所以　　　　　　　　　　　$t = 0.693 \times 10^{-3}\mathrm{s}$

（3）开关打向 2 后 1s

$$u_C = u_C(0_+)\mathrm{e}^{-t/\tau} = 36\mathrm{e}^{-t/\tau} = 36 \times 0.9$$

$$-\frac{1}{\tau} = \ln\frac{36 \times 0.9}{36} = -0.10536$$

$$\tau = RC = \frac{1}{0.10536} = 9.49$$

$$R = \frac{9.49}{10^{-6}}\Omega \approx 9.5\text{M}\Omega$$

6.3.2　一阶 *RL* 电路的零输入响应

图 6-4a 所示电路开关在打开时原已稳定。在 $t=0$ 时开关闭合，则 $t \geqslant 0$ 后，电路的输入为零，其响应是由电感 L 的初始储能所引起的，故电感中的响应是零输入响应。换路后，其工作状态如图 6-4b 所示。

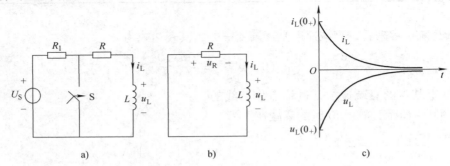

图 6-4　*RL* 电路的零输入响应

1. 电感中的电流响应　根据 KVL，换路后即 $t \geqslant 0_+$ 时的约束方程为

$$u_L + Ri_L = 0 \tag{6-13}$$

代入 $u_L = L\dfrac{\mathrm{d}i_L}{\mathrm{d}t}$ 即得

$$L\frac{\mathrm{d}i_L}{\mathrm{d}t} + Ri_L = 0 \tag{6-14}$$

这仍然是一阶线性常系数齐次微分方程，这个方程的通解也是一个指数函数：

$$i_L = Ae^{pt} \tag{6-15}$$

若把此式代入式（6-14），就可得到特征方程：

$$Lp + R = 0 \tag{6-16}$$

特征根：

$$p = -\frac{R}{L} \tag{6-17}$$

令

$$\tau = \frac{L}{R} \tag{6-18}$$

参数 τ 仍是时间常数，具有时间的量纲，其单位为 s。所以

$$i_L = Ae^{-t/\tau} \tag{6-19}$$

根据 i_L 的初始值，确定积分常数 A。令 $t=0$ 可得到积分常数为

$$A = i_L(0_+) \tag{6-20}$$

代入式（6-19）可得

$$i_L = i_L(0_+)e^{-t/\tau} \tag{6-21}$$

式中的 $i_L(0_+)$ 为换路时电感电流的初始值。在图 6-4c 画出了电感电流变化曲线。

2. 电感上的电压　根据电感元件的电压、电流微分关系有

$$u_L = L\frac{\mathrm{d}i_L}{\mathrm{d}t} = L\frac{\mathrm{d}}{\mathrm{d}t}i_L(0_+)\mathrm{e}^{-t/\tau} = -Ri_L(0_+)\mathrm{e}^{-t/\tau} = -u_L(0_+)\mathrm{e}^{-t/\tau} \tag{6-22}$$

式（6-22）表明，初始电压是由当时的初始电流和放电路径的电阻确定的，其负号表明极性变为负。这是因为电感在放电时电流方向维持不变，外电路中的电阻上电压极性发生改变。该电感电压的变化曲线如图 6-4c 所示。通过以上分析可知，一阶 RL 放电电路具有如下特点：

1）电路中各项响应均按指数规律衰减，衰减的快慢是由时间常数 τ 决定的，时间常数 τ 越大则衰减越慢，暂态过程越长。

2）因为初始电流一定时，L 越大，则储存的磁场能量也就越多，释放这些能量所需要的时间也就越长。当初始电流和 L 一样时，R 越大，消耗能量也就越快，放电所需时间也就越短。所以，RL 电路的时间常数 τ 和 L 成正比，和 R 成反比。

【例 6-3】　在图 6-5 所示电路中，已知 $U_S = 40\mathrm{V}$，$R = 0.2\Omega$，$L = 1\mathrm{H}$，电压表量程为 50V，内阻为 $1\mathrm{k}\Omega/\mathrm{V}$。$t = 0$ 时断开电源，试求 $t \geqslant 0$ 的 u_V。

解： 电感电流、电压初始值为

$$i_L(0_+) = i_L(0_-) = \frac{U_S}{R} = \frac{40}{0.2}\mathrm{A} = 200\mathrm{A}$$

$$u_V(0_+) = -R_V i_L(0_+) = 50 \times 10^3 \times 200\mathrm{V} = 10^6\mathrm{V}$$

时间常数为

$$\tau = \frac{L}{R} = \frac{1}{50 \times 10^3 + 0.2}\mathrm{s} = 0.02 \times 10^{-3}\mathrm{s}$$

所以
$$u_V = u_V(0_+)\mathrm{e}^{-t/\tau} = 10^6 \mathrm{e}^{-t/(0.02 \times 10^{-3})}\mathrm{V}$$

此例表明，电感电流的突变引起了电感元件两端电压变化，即在换路瞬间电压表上出现过电压，高达 1000kV，这是由于 200A 的初始电流强行通过电压表所致。这样高的电压会损坏仪表。为避免此种情况的发生，可在电感上并联一个大电流二极管，如图 6-5 所示。当电路工作时二极管反向连接不导通；当断开开关时二极管形成电感放电的通路，电压表免受高电压的冲击，所以此二极管叫作续流二极管。

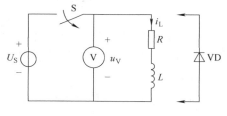

图 6-5　例 6-3 图

思　考　题

有一电容量较大的电容元件，当用万用表的"$R \times 1\mathrm{k}$"档来检查其质量时，若发生以下现象：（1）指针不动；（2）指针满偏不动；（3）指针偏转后慢慢返回；（4）指针偏转后又快速返回 ∞；（5）指针偏转后只能返回中间位置。试解释以上现象并评估其质量优劣。

6.4　一阶电路的零状态响应

在换路瞬间，电路中的储能元件没有储存能量的情况叫作电路的零初始状态，简称零状

态。零状态电路由外施激励引起的响应称为零状态响应。本节讨论以恒定输入的一阶电路的零状态响应。

6.4.1　一阶 *RC* 电路的零状态响应

图6-6a 为一阶 *RC* 电路，开关 S 原在 "2" 位置时电路达到了稳态，电容上电压 $u_C(0_-)=0$。在 $t=0$ 时开关 S 由 "2" 打到 "1" 的位置，电路与恒压源接通，电容开始充电。

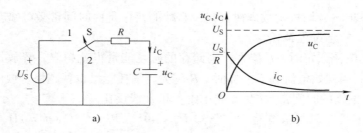

a)   b)

图6-6　*RC* 电路在直流激励下的零状态响应

在图 6-6a 所示电路中，根据 KVL，可得换路后约束方程为

$$u_R + u_C = U_S \tag{6-23}$$

根据电容元件电压、电流的微分关系，将 $i_C = C\dfrac{\mathrm{d}u_C}{\mathrm{d}t}$ 代入式（6-23）得微分方程如下：

$$RC\frac{\mathrm{d}u_C}{\mathrm{d}t} + u_C = U_S \tag{6-24}$$

这是一个一阶线性常系数非齐次微分方程，它的解由两部分组成：

$$u_C = u_C' + u_C'' \tag{6-25}$$

其中 u_C' 为方程的一个特解，它反映了外加激励信号对电路的强制作用，与外施激励有关，所以称为强制分量。当外施激励为直流量时，此情况下的强制分量称为稳态分量。在本例中有

$$u_C' = U_S \tag{6-26}$$

而 u_C'' 为式（6-24）所对应的齐次方程：

$$RC\frac{\mathrm{d}u_C}{\mathrm{d}t} + u_C = 0$$

的通解，形式与零输入响应相同，所以有

$$u_C'' = Ae^{-t/\tau} \tag{6-27}$$

式中，τ 为时间常数，$\tau = RC$；A 为待定的积分常数，由电路的初始条件确定。

式（6-27）表明，u_C'' 的变化规律和变化快慢取决于电路本身的条件，而与外施激励无关，所以称为自由分量，由于衰减因子的存在，自由分量必将随着时间增加而趋于零，因此自由分量又称为暂态分量。所以电容电压 u_C 的解为

$$u_C = U_S + Ae^{-t/\tau}$$

代入初始条件，当 $t=0$ 时 $u_C(0_+) = u_C(0_-) = 0$，得

$$0 = U_S + A$$

故有
$$A = - U_S$$
所以电容电压的全解为
$$u_C = u'_C + u''_C = U_S - U_S e^{-t/\tau} = U_S(1 - e^{-t/\tau}) \tag{6-28}$$
由此可得电容电流 i_C 及电阻电压 u_R 为
$$i_C = C \frac{du_C}{dt} = \frac{U_S}{R} e^{-t/\tau} \tag{6-29}$$
$$u_R = i_C R = U_S e^{-t/\tau} \tag{6-30}$$
零状态电压响应 u_C 和电流响应 i_C 随时间 t 变化的波形如图 6-6b 所示。u_R 和 i_C 的波形相似，图中没有画出。

可见电容充电时有如下特点：

1）电容在充电过程中，电压由初始值随时间逐渐增大，其增长率按指数规律衰减，最后电容电压趋于直流电压源的电压 U_S。

2）充电电流方向与电容电压方向一致，开始时充电电流最大，为 U_S/R，以后逐渐按指数规律衰减到零。

3）充电的快慢由时间常数 $\tau = RC$ 来决定，RC 越大，充电越慢；反之，充电越快。

【例 6-4】　如图 6-6a 所示 RC 串联电路中，已知 $U_S = 100V$，$R = 10k\Omega$，$C = 6\mu F$。开关 S 原在 "2" 位置时电路达到了稳态。在 $t = 0$ 时开关 S 打向 "1"，试求：（1）最大充电电流；（2）开关 S 打向 "1" 后经过多长时间电容电压可以达到 80V？

解：（1）由于 $u_C(0_-) = 0$，所以 $u_C(0_+) = u_C(0_-) = 0$，由一阶 RC 电路充电过程可知，开关 S 打向 "1" 的瞬间充电电流最大，其值为
$$i_{max} = \frac{U_S}{R} = \frac{100}{10 \times 10^3}A = 0.01A$$

（2）开关 S 打向 "1" 后，电路响应为零状态响应。所以有
$$u_C = U_S(1 - e^{-t/\tau})$$
设开关 S 打向 "1" 后经过时间 t_1 时，电容上的电压充到 80V。此时电路的时间常数为
$$\tau = RC = 10 \times 10^3 \times 6 \times 10^{-6}s = 0.06s$$
根据题意有
$$u_C(t_1) = 80 = 100(1 - e^{-t_1/(60 \times 10^{-3})})$$
即
$$e^{-t_1/(60 \times 10^{-3})} = \frac{20}{100} = 0.2$$
所以
$$t_1 = 60 \times 10^{-3} \ln 5 ms = 96.57ms$$

6.4.2　一阶 *RL* 电路的零状态响应

图 6-7a 为一阶 RL 电路，开关 S 原在 "2" 位置时电路达到了稳态，电感电流 $i_L(0_-) = 0$。在 $t = 0$ 时开关 S 由 "2" 打到 "1" 的位置。

在图 6-7a 所示电路中根据 KVL，可得换路后约束方程为
$$u_R + u_L = U_S \tag{6-31}$$
根据电感元件电压、电流的微分关系，将 $i_L = L \frac{du_L}{dt}$ 代入式（6-31）得微分方程如下：

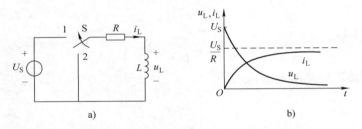

图6-7 *RL*电路在直流激励下的零状态响应

$$L\frac{\mathrm{d}i_\mathrm{L}}{\mathrm{d}t} + Ri_\mathrm{L} = U_\mathrm{S} \tag{6-32}$$

这仍是一个一阶线性常系数非齐次微分方程，它的解也由两部分组成：

$$i_\mathrm{L} = i_\mathrm{L}' + i_\mathrm{L}'' \tag{6-33}$$

其中，稳态分量为

$$i_\mathrm{L}' = \frac{U_\mathrm{S}}{R} \tag{6-34}$$

暂态分量形式仍为

$$i_\mathrm{L}'' = Ae^{-t/\tau} \tag{6-35}$$

式中，$\tau = L/R$ 为时间常数。所以有

$$i_\mathrm{L} = i_\mathrm{L}' + i_\mathrm{L}'' = \frac{U_\mathrm{S}}{R} + Ae^{-t/\tau}$$

代入初始条件，当 $t = 0$ 时 $i_\mathrm{L}(0_+) = i_\mathrm{L}(0_-) = 0$，得

$$A = -U_\mathrm{S}/R$$

所以有

$$i_\mathrm{L} = i_\mathrm{L}' + i_\mathrm{L}'' = \frac{U_\mathrm{S}}{R} - \frac{U_\mathrm{S}}{R}e^{-t/\tau} = \frac{U_\mathrm{S}}{R}(1 - e^{-t/\tau}) \tag{6-36}$$

由此可得电感电压 u_L 及电阻电压 u_R 为

$$u_\mathrm{L} = L\frac{\mathrm{d}i_\mathrm{L}}{\mathrm{d}t} = U_\mathrm{S}e^{-t/\tau} \tag{6-37}$$

$$u_\mathrm{R} = i_\mathrm{L}R = U_\mathrm{S}(1 - e^{-t/\tau}) \tag{6-38}$$

u_L、i_L 的波形如图6-7b所示。由图可知，电感电流由初始值按照指数规律逐渐增大，最后趋近于稳态值 U_S/R。电感电压方向与电流方向一致，开始时其值最大为 U_S，以后逐渐按指数规律衰减到零。

在分析较为复杂的一阶线性电路时，可以把储能元件以外的部分，应用戴维南定理或诺顿定理进行等效变换，从而将换路后的电路化简为一个简单的电路，再利用前面讨论过的结果求出电路的暂态响应。

【例6-5】 在图6-8a所示电路中，已知 $U_\mathrm{S} = 150\mathrm{V}$，$R_1 = R_2 = R_3 = 100\Omega$，$L = 0.1\mathrm{H}$，设开关在 $t = 0$ 时接通，开关闭合前电路处于零状态，即 $i_\mathrm{L}(0_-) = 0$，试求 $t \geqslant 0$ 时的 i_L。

解：利用戴维南定理将电感以外的电路部分化简为戴维南等效电路，如图6-8b所示。其中：

$$R_0 = R_1 /\!/ R_3 + R_2 = 150\Omega$$

$$U_{OC} = U_S \frac{R_3}{R_1 + R_3} = 75\,\text{V}$$

时间常数为
$$\tau = \frac{L}{R_0} = \frac{0.1}{150}\,\text{s} = \frac{1}{1500}\,\text{s}$$

所以有
$$i_L = \frac{U_{OC}}{R_0}(1 - e^{-t/\tau}) = 0.5(1 - e^{-1500t})\,\text{A}$$

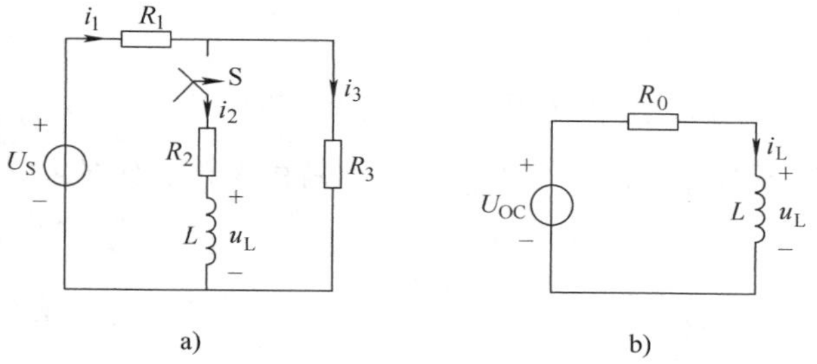

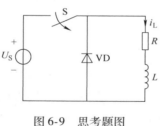

图 6-8 例 6-5 图

思 考 题

图 6-9 中与 R、L 并联的是二极管 VD。设二极管的正向电阻为零，反向电阻为无穷大。试问二极管在此起什么作用？

图 6-9 思考题图

6.5 一阶电路的全响应和三要素法

6.5.1 一阶电路的全响应

由电路的初始储能和外加激励共同作用而产生的响应，称为电路的全响应。下面以外加直流激励的一阶 RC 电路为例来讨论电路的全响应。

图 6-10a 为一阶 RC 串联电路。开关 S 闭合之前电容上电压 $u_C(0_-) = U_0$，在 $t = 0$ 时开关闭合，U_S 接入电路，这种情况下电路的响应为全响应。

根据 KVL，可得约束方程为

$$u_R + u_C = U_S \tag{6-39}$$

将 $i_C = C\dfrac{\mathrm{d}u_C}{\mathrm{d}t}$ 代入式（6-39）得微分方程如下：

$$RC\frac{\mathrm{d}u_C}{\mathrm{d}t} + u_C = U_S \tag{6-40}$$

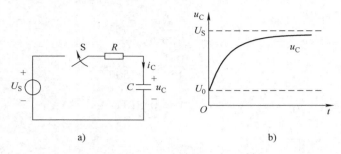

图6-10　RC电路的全响应

这也是一个一阶线性常系数非齐次微分方程，它的解由两部分组成：

$$u_C = u'_C + u''_C \tag{6-41}$$

式中，u'_C为方程的特解，u''_C是齐次方程$RC\dfrac{\mathrm{d}u_C}{\mathrm{d}t} + u_C = 0$的通解，故有

$$\left.\begin{array}{l} u'_C = U_S \\ u''_C = A\mathrm{e}^{-t/\tau} \end{array}\right\} \tag{6-42}$$

所以电容电压u_C的解为

$$u_C = U_S + A\mathrm{e}^{-t/\tau}$$

代入初始条件，当$t = 0$时$u_C(0_+) = u_C(0_-) = U_0$，得

$$u_C(0) = U_S + A = U_0$$

故有

$$A = U_0 - U_S$$

所以电容电压的全解为

$$u_C = u'_C + u''_C = U_S + (U_0 - U_S)\mathrm{e}^{-t/\tau} \tag{6-43}$$

其随时间t变化曲线如图6-10b所示，它等于强制分量与自由分量之和。

式（6-43）还可以写成如下的形式：

$$u_C = U_0\mathrm{e}^{-t/\tau} + U_S(1 - \mathrm{e}^{-t/\tau}) \tag{6-44}$$

显然，式（6-44）中$U_0\mathrm{e}^{-t/\tau}$是零输入响应，$U_S(1 - \mathrm{e}^{-t/\tau})$是零状态响应，电路的全响应是零输入响应和零状态响应之和。这体现了线性电路的叠加性。

把全响应分解为稳态分量和暂态分量，能够比较明显地反映电路的工作过程，便于分析电路暂态过程的特点。把全响应分解为零输入响应和零状态响应，能够更容易体现出响应与激励的关系，并且便于分析计算。

【例6-6】 图6-11所示电路中，已知$U_S = 6\mathrm{V}$，$I_S = 1\mathrm{A}$，$R_1 = R_2 = R_3 = 2\Omega$，$C = 3\mu\mathrm{F}$。开关闭合前电路处于稳态，$t = 0$时开关闭合，求$t \geqslant 0$时的$u_C$。

解： 方法一：全响应 = 稳态分量 + 暂态分量

电路的初始值及时间常数τ为

$$u_C(0_+) = u_C(0_-) = 2 \times 1\mathrm{V} = 2\mathrm{V}$$

$$\tau = \left[R_1 /\!/ (R_2 + R_3)\right]C = \frac{4}{3} \times 3 \times 10^{-6}\mathrm{s} = 4 \times 10^{-6}\mathrm{s}$$

所以有

$$u_C = u'_C + u''_C = \frac{14}{3} + A\mathrm{e}^{-t/\tau}$$

由初始值求解积分常数 A，即

$$2 = \frac{14}{3} + A$$

所以

$$A = -\frac{8}{3}$$

最后得出

$$u_C = \left(\frac{14}{3} - \frac{8}{3} e^{-t/(4 \times 10^{-6})} \right) V$$

电压波形如图 6-12 所示。

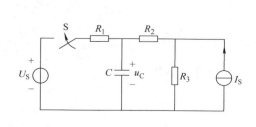

图 6-11　例 6-6 图

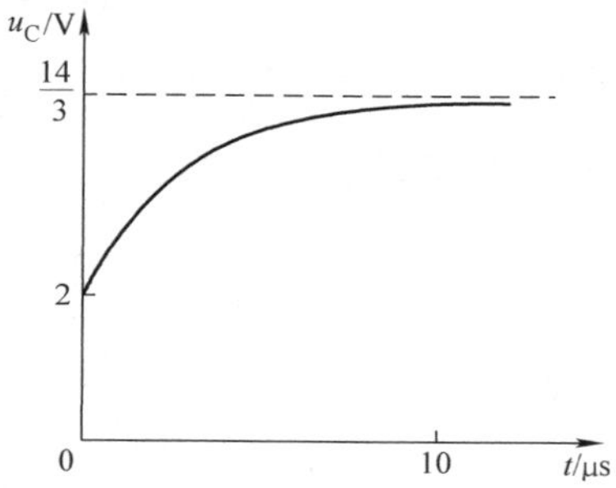

图 6-12　例 6-6 题的响应波形图

方法二：全响应 = 零输入响应 + 零状态响应

1）求零输入响应。电路如图 6-13a 所示。

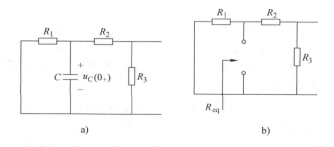

图 6-13　例 6-6 题中求零输入响应及时间常数的电路

u_C 初始值为

$$u_C(0_+) = u_C(0_-) = R_3 I_S = 2 \times 1 V = 2V$$

等效内阻为

$$R_{eq} = \frac{R_1(R_2 + R_3)}{R_1 + R_2 + R_3} = \frac{2 \times 4}{3 \times 2} \Omega = \frac{4}{3} \Omega$$

时间常数为

$$\tau = R_{eq} C = \frac{4}{3} \times 3 \times 10^{-6} s = 4 \times 10^{-6} s$$

所以

$$u'_C = u_C(0_+) e^{-t/\tau} = 2 e^{-t/(4 \times 10^{-6})} V$$

2）求零状态响应。可利用戴维南定理将电路化简。在图 6-14a 中求开路电压，等效电阻已在图 6-13b 中求得，得到图 6-14b 所示的戴维南等效电路。

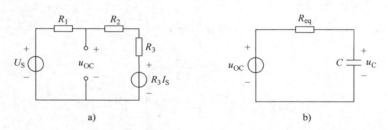

图 6-14 例 6-6 求零状态响应的等效电路

则开路电压为

$$u_{OC} = (R_2 + R_3)\frac{U_S - R_3 I_S}{R_1 + R_2 + R_3} + R_3 I_S$$

$$= \left[(2+2) \times \frac{6 - 2 \times 1}{3 \times 2} + 2 \times 1\right] V = \frac{14}{3} V$$

所以零状态响应为

$$u_C'' = u_C(\infty)(1 - e^{-t/\tau}) = \frac{14}{3}(1 - e^{-t/(4 \times 10^{-6})}) V$$

则电路的全响应为

$$u_C = u_C' + u_C'' = 2e^{-t/(4 \times 10^{-6})} V + \frac{14}{3}(1 - e^{-t/(4 \times 10^{-6})}) V$$

$$= \frac{14}{3} V + \left(2 - \frac{14}{3}\right) e^{-t/(4 \times 10^{-6})} V = \left(\frac{14}{3} - \frac{8}{3} e^{-t/(4 \times 10^{-6})}\right) V$$

6.5.2 三要素法

三要素法是对一阶电路的求解法及其响应形式进行归纳后得出的一个有用的通用方法。该方法给出了一个简洁而有效的快速求解一阶电路响应的方法。根据前几节的分析可以知道一阶电路全响应的一般表达式为

$$f(t) = 特解 + Ae^{-t/\tau} = 稳态解 + Ae^{-t/\tau} \tag{6-45}$$

式中，$f(t)$ 表示一阶电路的响应。

若用 $f(0_+)$ 表示响应 $f(t)$ 的初始值，用 $f(\infty)$ 表示响应 $f(t)$ 的稳态值，则式（6-45）可写成

$$f(t) = f(\infty) + Ae^{-t/\tau}$$

由初始条件可得

$$A = f(0_+) - f(\infty)$$

所以一阶电路全响应的表达式为

$$f(t) = f(\infty) + [f(0_+) - f(\infty)]e^{-t/\tau} \tag{6-46}$$

式（6-46）中包含了响应的初始值 $f(0_+)$、稳态值 $f(\infty)$ 及时间常数 τ 这 3 个量。通常把这 3 个量称为一阶电路的三要素，只要求解出这 3 个量，根据式（6-46）就可以直接写出一阶电路在直流激励下的响应表达式，所以求解这 3 个要素就显得尤为重要。其中，初始值 $f(0_+)$ 可根据 6.2.2 节的知识求出；稳态值 $f(\infty)$ 可从换路后的稳态电路中求得，此时电容用开路代替，电感用短路代替；对时间常数 τ，若电路中只有一个电容元件则 $\tau = RC$，若电

路中只有一个电感元件则 $\tau = L/R$，其中 R 为换路后以储能元件两端为端口的戴维南等效电阻。

【例 6-7】　如图 6-15 所示电路，已知 $U_{S1} = U_{S2} = 3V$，$R_1 = R_2 = R_3 = 1\Omega$，$L = 0.75H$，$t = 0$ 时开关 S 由"1"打向"2"，开关动作前电路处于稳态，试求 $t \geqslant 0$ 时的 i_L 及 u_{R2} 并画出 i_L 波形图。

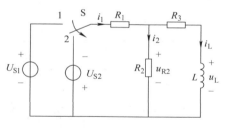

图 6-15　例 6-7 图

解：用三要素法求解。

（1）求 i_L：

1）初始值为

$$i_L(0_+) = i_L(0_-) = \frac{U_S}{R_1 + \dfrac{R_2 R_3}{R_2 + R_3}} \cdot \frac{R_2}{R_2 + R_3} = \frac{3}{1.5} \times \frac{1}{2} A = 1A$$

2）稳态值为

$$i_L(\infty) = -1A$$

3）时间常数为

$$\tau = \frac{L}{\dfrac{R_1 R_2}{R_1 + R_2} + R_3} = \frac{0.75}{1.5} s = 0.5s$$

所以

$$i_L = i_L(\infty) + [i_L(0_+) - i_L(\infty)] e^{-t/\tau}$$
$$= -1 + [1 - (-1)] e^{-t/0.5} A = -1 + 2e^{-t/0.5} A$$

波形如图 6-16 所示。

（2）求 u_{R2}：

1）初始值。u_{R2} 的初始值应在 0_+ 等效电路中求解，如图 6-17 所示，则

$$u_{R2}(0_+) = -\frac{R_1 R_3}{R_1 + R_3} \left[i_L(0_+) + \frac{U_{S2}}{R_1} \right] = -0.5 \times (1 + 3) V = -2V$$

2）稳态值为

$$u_{R2}(\infty) = -\frac{R_2 R_3 / (R_2 + R_3)}{R_1 + R_2 R_3 / (R_2 + R_3)} U_{S2} = -\frac{0.5}{1.5} \times 3V = -1V$$

3）时间常数同前，所以

$$u_{R2} = u_{R2}(\infty) + [u_{R2}(0_+) - u_{R2}(\infty)] e^{-t/\tau}$$
$$= -1 + [-2 - (-1)] e^{-t/0.5} = -1 - 1e^{-t/0.5} V$$

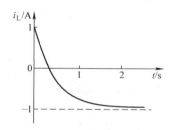

图 6-16　例 6-7 中的 i_L 波形图

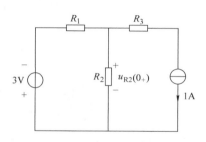

图 6-17　求 $u_{R2}(0_+)$ 的等效电路

【**例6-8**】　如图6-18所示电路原已稳定，已知 $R_1 = R_3 = 100\text{k}\Omega$，$R_2 = 200\text{k}\Omega$，$C = 1\mu\text{F}$，$U_S = 12\text{V}$。在 $t = 0$ 时开关 S 断开，$t = 0.5\text{s}$ 时开关再次闭合，试求 $t \geqslant 0$ 时的输出电压 u_o。

解：用三要素法求解。

（1）求解 $t = 0_+ \sim 0.5\text{s}$ 期间的 u_o：

初始值为　　　$u_o(0_+) = \dfrac{R_3}{R_1 + R_3} U_S = \dfrac{100 \times 10^3}{(100 + 100) \times 10^3} \times 12\text{V} = 6\text{V}$

稳态值为　　$u_o(\infty) = \dfrac{R_3}{R_1 + R_2 + R_3} U_S = \dfrac{100 \times 10^3}{(100 + 200 + 100) \times 10^3} \times 12\text{V} = 3\text{V}$

时间常数为　　$\tau_1 = \dfrac{R_2(R_1 + R_3)}{R_1 + R_2 + R_3} C = \dfrac{200 \times 10^3 \times (100 + 100) \times 10^3}{(100 + 200 + 100) \times 10^3} \times 10^{-6}\text{s} = 0.1\text{s}$

所以　　　　　　　$u_o = u_o(\infty) + [u_o(0_+) - u_o(\infty)]e^{-t/\tau_1}$

$$= [3 + (6 - 3)e^{-t/0.1}]\text{V} = 3 + 3e^{-t/0.1}\text{V}$$

当 $t = 0.5\text{s}$ 时，有　　　　$u_o(0.5) = [3 + 3e^{-0.5/0.1}]\text{V} \approx 3\text{V}$

响应曲线示于图6-19中。

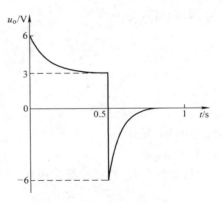

图6-18　例6-8图　　　　　　　　　图6-19　例6-8 u_o 的响应曲线

（2）求解 $t \geqslant 0.5\text{s}$ 以后的 u_o：$t = 0.5\text{s}$ 开关重新闭合，此时已经历了 5 个时间常数，可以认为 u_C 已经稳定，所以

$$u_o(0.5_+) = -u_C(0.5) = \dfrac{-R_2}{R_1 + R_2 + R_3} U_S$$

$$= \dfrac{-200 \times 10^3}{(100 + 200 + 100) \times 10^3} \times 12\text{V} = -6\text{V}$$

稳态值为

$$u_o(\infty) = 0$$

$$\tau_2 = \dfrac{R_2 R_3}{R_2 + R_3} C = \dfrac{200 \times 100 \times 10^6}{(200 + 100) \times 10^3} \times 10^{-6}\text{s} = 0.0667\text{s}$$

所以 $t \geqslant 0.5\text{s}$ 时，有　　$u_o = u_o(0.5_+)e^{-(t-0.5)/\tau_2} = -6e^{-(t-0.5)/0.0667}\text{V}$

此例两个过渡过程的时间常数不相同应引起注意，响应曲线如图6-19所示。

思 考 题

1. 三要素法中的三要素指的是哪三个量?

2. 已知电容器两端的响应为 $u_C = [20 + (5 - 20) e^{-t/10}] V$,试画出它随时间变化的曲线,并在同一图上分别画出稳态分量、暂态分量、零输入响应、零状态响应。

6.6 一阶电路的矩形脉冲响应

矩形脉冲电压是数字电子技术中经常用到的一种输入信号。如图 6-20 中是理想的矩形脉冲信号,其中 U_m 称为脉冲的幅度,t_p 称为脉冲宽带。在脉冲的前沿相当于接通直流电源开始作用于电路,这种激励可称为阶跃激励;脉冲的后沿相当于直流电源突然变为零,这在数字电路中是普遍现象。本节将要讨论矩形脉冲电压输入到 R、C 串联电路时所产生的响应。

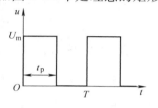

图 6-20 矩形脉冲信号

6.6.1 RC 微分电路

设激励源矩形脉冲 u_i 施加到 R、C 串联电路上,且 $u_C(0_-) = 0$,输出电压为 u_o,如图 6-21a、b所示。在 $0 \leq t \leq t_p$ 时,是 RC 电路的零状态响应。其输出电压为

$$u_o = Ri = U_m e^{-t/\tau} \tag{6-47}$$

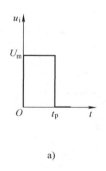

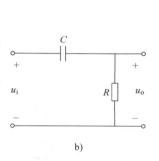

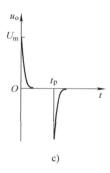

a)   b)   c)

图 6-21 RC 微分电路

当 $\tau \ll t_p$ 时,输入电压正跳变时电流是最大值,即 $i(0_+) = U_m/R$,此时输出电压也出现正跳变。由于电路的时间常数极小,电容充电极快,电流衰减也极快,在脉冲的持续期间(即脉宽 t_p)的大部分时间电流为 0,则输出电压为 0。因而输出电压 u_o 是一个峰值为 U_m 的尖顶脉冲,如图 6-21c 所示。

当 $t > t_p$ 时,矩形电压消失,电源相当于短路,此时是 RC 电路的零输入响应,初始电压为 $u_C(t_p) = U_m$,放电电流方向与充电电流方向相反。其输出电压为

$$u_o = -U_m e^{-(t-t_p)/\tau}$$

这是一个峰值也为 U_m 的负尖顶脉冲,如图 6-21c 所示。

在图 6-21b 中,根据 KVL 可得 $u_i = u_C + u_R$,由于 $\tau \ll t_p$ 时,电容充放电很快,u_o 仅存

在于电容刚开始充电或放电的一段极短的时间内，所以在u_i中所占分量极小，因此$u_i \approx u_C$，所以有

$$u_o = Ri = RC\frac{\mathrm{d}u_C}{\mathrm{d}t} \approx RC\frac{\mathrm{d}u_i}{\mathrm{d}t} \tag{6-48}$$

即输出的电压u_o近似地与输入电压u_i对时间的微分成正比，因此上述电路称为微分电路。所以RC微分电路实现的条件是：①时间常数要远小于脉冲宽度，即$\tau \ll t_p$；②从电阻两端输出电压u_o，电路如图6-21b所示。

如果输入的是周期性矩形脉冲，则输出的是周期性正、负尖脉冲。此时u_C和u_R的波形如图6-22所示。

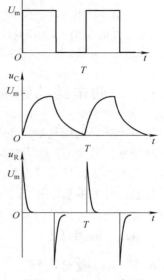

6.6.2 RC 积分电路

微分和积分在数学上是互逆的，同样，微分电路和积分电路的条件也应该是互逆的。所以积分电路实现的条件是：①时间常数要远大于脉冲宽度，即$\tau \gg t_p$；②从电容两端输出电压u_o，电路如图6-23a所示。在$0 \le t \le t_p$时，是RC电路的零状态响应。其输出电压为

图6-22 u_C、u_R波形

$$u_o = U_m(1 - e^{-t/\tau}) \tag{6-49}$$

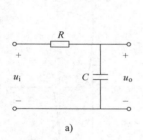
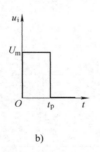
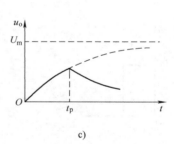

a) b) c)

图6-23 RC积分电路

由于$\tau \gg t_p$，电容充电很慢，其上电压在整个矩形脉冲电压u_i持续的时间内缓慢增长。当$t = t_p$时，电容上电压u_o比其稳态值要小得多。当$t > t_p$时，矩形脉冲电压u_i已经结束（见图6-23b），输入端短路，此时是RC电路的零输入响应，初始电压为$u_C(t_p) < U_m$，电容通过电阻缓慢放电，电容上的电压也缓慢衰减。当$t = T$（T是矩形脉冲的周期）时，$u_o = u_C \ne 0$，即此时刻电容上仍有剩余电压。所以输出端输出一个锯齿波电压u_o，时间常数τ越大，电容充放电越缓慢，得到的锯齿波电压的线性也就越好，如图6-23c所示。

在图6-23b中，根据KVL可得$u_i = u_C + u_R$，由于$\tau \gg t_p$时，电容充电过程很缓慢，电容电压u_C一直很小，因此有$u_i \approx u_R$，所以

$$u_C = \frac{1}{C}\int i_C \mathrm{d}t = \frac{1}{C}\int i\mathrm{d}t = \frac{1}{RC}\int u_R \mathrm{d}t \approx \frac{1}{RC}\int u_i \mathrm{d}t \tag{6-50}$$

即输出的电压 u_o 近似地与输入电压 u_i 的积分近似成正比，因此上述电路称为积分电路。

当输入的是周期性矩形脉冲时，由于在 $t = t_p$ 时刻，$u_o = U_m(1 - e^{-t_p/\tau}) < U_m$，在 $t_p \leqslant t \leqslant T$ 时，电容放电比较缓慢，$t = T$ 时刻，$u_o = u_C \neq 0$，即电容电压还没有达到零值时，激励信号又变成了 U_m，又开始对电容充电。但这一次电容电压的初始值和充电结束值都比上一次要高点，同样，放电时电容电压的初始值和放电结束值也比上一次相应的电压值要大些。如此继续下去，每次电容电压上升和下降的起点值都有所提高，但上升值与下降值之差是不断减小的。经过若干个周期之后，充电结束时电容器上的电压就会变得彼此相等，放电结束时电容器电压值也会变得彼此相等，即此时每个周期充电终止电压、放电终止电压均不再发生变化。电容电压 u_C（即输出电压 u_o）和电阻电压 u_R 的波形如图 6-24 所示。

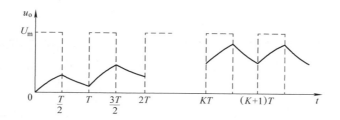

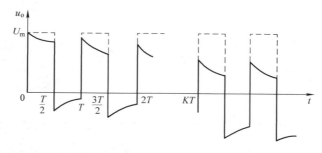

图 6-24　矩形脉冲序列作用下 RC 串联电路的时域响应曲线

思　考　题

试用 R、L 组成一阶微分及积分电路，并指出电路成立的条件是什么。

6.7　应用 Multisim 进行电路的时域仿真分析

【例 6-9】　在 Multisim14.0 中设计图 6-25a 所示电路，开关连接电源时电路已经稳定，试验证：（1）开关打向非电源端后电容的电压；（2）经过多少时间电压可以衰减到 18V。

在电源库（Sources）中放置 POWER_SOURCES 系列中的直流电压源（DC_POWER）V1 和接地符（GROUND），在基本元器件库中选择电阻（RESISTOR）系列中的任意电阻放置 R1，在基本元器件库中选择电容（CAPACITOR）系列中的任意电容放置 C1，在仪器库中放置示波器 XSC1，按图 6-25a 所示电路设置参数和连接线路。合理设置示波器 XSC1 后按下"仿真运行"按钮，仿真结果如图 6-25b、c 所示。可以看出 T2 - T1 = 3.504ms 时，VT2 = 1.116V；当 VT2 = 18.418V 时，T2 - T1 = 700.855μs，与例 6-2 计算结果基本一致。

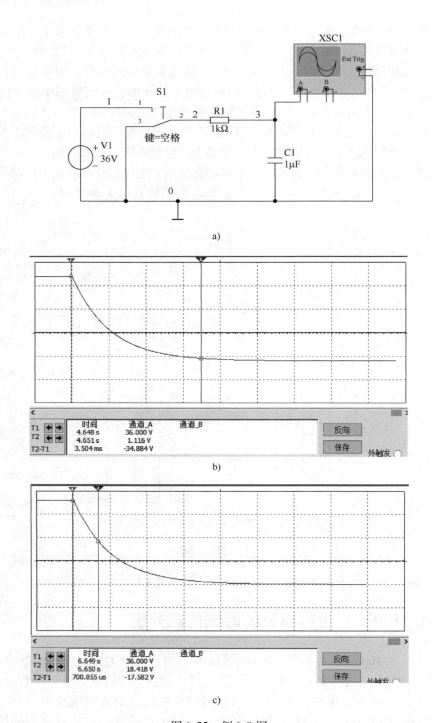

图 6-25　例 6-9 图

【例 6-10】　在 Multisim14.0 中设计图 6-26a 所示电路，开关连接非电源端时电路已经稳定，试验证开关打向电源端后经过多长时间电容电压可以达到 80V？

在电源库（Sources）中放置直流电压源（DC_POWER）V1 和接地符（GROUND），在基本元器件库中放置电阻 R1 和电容 C1，在仪器库中放置示波器 XSC1，按图 6-26a 所示电路设置参数和连接线路。合理设置示波器 XSC1 后按下"仿真运行"按钮，仿真结果如图 6-26b 所示。可以看出 T2 − T1 =96.581ms 时，VT2 =79.891V，与例 6-4 计算结果基本一致。

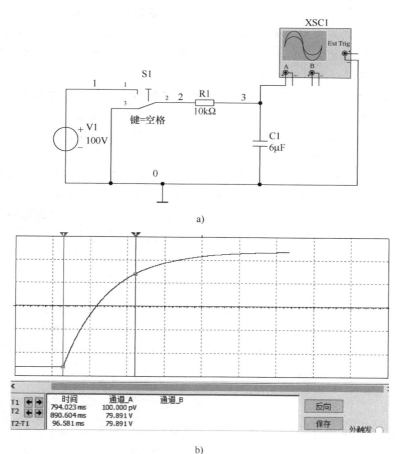

图 6-26　例 6-10 图

本 章 小 结

1. 含有动态元件 L、C 的电路是动态电路，动态电路从一个稳定状态转变到另一个稳定状态的过程叫作电路的过渡过程或暂态过程。产生过渡过程的内在原因是电路有中含有储能元件，外部原因是电路发生了换路。

一阶电路过渡过程进行得快慢取决于电路的时间常数 τ。τ 越大，过渡过程越长；τ 越小，过渡过程越短。工程上通常认为经过 $(3 \sim 5)\tau$ 过渡过程结束。在 RC 电路中，$\tau = RC$；在 RL 电路中，$\tau = L/R$。

2. 换路定律是指：电感电流和电容电压不能跃变：

即
$$\begin{cases} u_C(0_+) = u_C(0_-) \\ i_L(0_+) = i_L(0_-) \end{cases}$$

3. 初始值的确定：独立初始值 $u_C(0_+)$ 和 $i_L(0_+)$ 利用换路定律确定；其他相关初始值可以由 $t = 0_+$ 时的等效电路（即 "0_+" 等效电路），根据 KVL 和 KCL 以及 VCR 求出。

4. 一阶电路：可用一阶微分方程描述的电路称为一阶电路，如只含一个储能元件的电路。零输入响应：外加激励为零，仅由动态元件初始储能所产生的响应。零输入响应实质上是储能元件通过电阻释放能量的过程。

零状态响应：电路的初始储能为零仅由输入产生的响应。零状态响应实质上是电源通过电阻对储能元件充电的过程。

全响应：由电路的初始储能和外加激励共同作用而产生的响应，叫全响应。由于考虑的角度不同，一阶线性电路的全响应有两种分解形式。

形式一：全响应 = 为零状态响应 + 零输入响应。这种分解方式实质是叠加定理的体现。

形式二：全响应 = 暂态分量 + 稳态分量。这种分解方式是求解线性非齐次微分方程的必然结果。暂态分量又称为固有响应或自由分量，是相应的齐次微分方程的通解。稳态分量又称为强制分量，是相应的非齐次微分方程的特解，与输入激励有关。

5. 求解一阶电路三要素公式为

$$f(t) = f(\infty) + [f(0_+) - f(\infty)]e^{-t/\tau}, t \geq 0$$

式中，$f(\infty)$ 为稳态分量，$f(0_+)$ 为初始值，τ 是电路的时间常数，合称三要素。

6. RC 微分电路实现的条件是：①时间常数要远小于脉冲宽度，即 $\tau << t_p$；②从电阻两端输出电压 u_o。RC 积分电路实现的条件是：①时间常数要远大于脉冲宽度，即 $\tau >> t_p$；②从电容两端输出电压 u_o。

自 测 题

6.1 在图 6-27 所示电路中，已知 $i_L(0_-) = 0$，则在换路瞬间，电感可视为（　　）。

(a) 开路　　　　　　(b) 短路　　　　　　(c) 无法确定

6.2 图 6-28 所示电路在换路前处于稳定状态，在 $t = 0$ 瞬间将开关 S 闭合，则 $u_C(0_+)$ 为（　　）。

(a) $-8V$　　　　　(b) $8V$　　　　　(c) $0V$

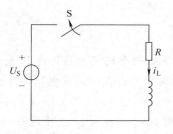

图 6-27　自测题 6.1 图

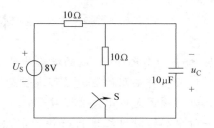

图 6-28　自测题 6.2 图

6.3 在图 6-29 所示电路中，开关 S 在 $t = 0$ 瞬间闭合，若 $u_C(0_-) = 8V$，则 $u_R(0_+) = $（　　）。

(a) 4V　　　　　　(b) 0V　　　　　　(c) 8V

6.4　在图 6-30 所示电路中，开关 S 在 $t=0$ 瞬间闭合，若 $u_C(0_-)=4V$，则 $i(0_+)=$（　　）。

（a）0.6A　　　　　（b）0.4A　　　　　（c）0.8A

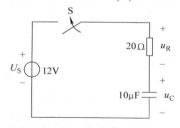

图 6-29　自测题 6.3 图

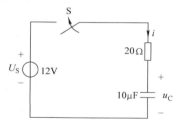

图 6-30　自测题 6.4 图

6.5　若一阶电路的时间常数为 5s，则零输入响应经过 5s 后衰减为原值的（　　）。

（a）5%　　　　　（b）13.5%　　　　　（c）36.8%

6.6　在图 6-31 所示电路中，电路开关位于"1"时处于稳态，$t=0$ 时开关从"1"接到"2"，此时电路为一阶（　　）电路。

（a）零输入响应　　（b）零状态响应　　（c）全响应

6.7　图 6-32 所示电路的时间常数为（　　）。

（a）$R_1 C$　　　　　（b）$R_2 C$　　　　　（c）$(R_1+R_2+R_3)C$

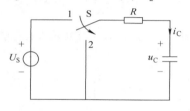

图 6-31　自测题 6.6 图

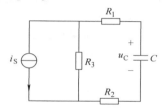

图 6-32　自测题 6.7 图

习　题

6.1　图 6-33 所示各电路原先处于稳定状态，开关 S 在 $t=0$ 时动作，试求电路在 $t=0_+$ 时刻电压、电流的初始值。

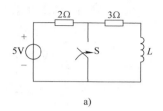

a)

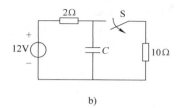

b)

图 6-33　习题 6.1 图

6.2　在图 6-34 所示电路中，开关 S 在 $t=0$ 时动作，试求电路在 $t=0_+$ 时刻电压、电流的初始值。

6.3　在图 6-35 所示电路中，开关 S 在 $t=0$ 时闭合，求 S 闭合瞬间各支路电流和电感电压。

6.4　在图 6-36 所示电路中，开关 S 在 $t=0$ 时闭合，求 S 闭合瞬间各支路电流及电感、电容电压。

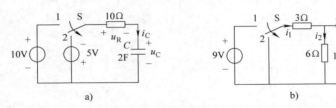

图 6-34　习题 6.2 图

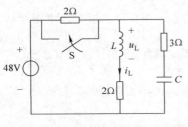

图 6-35　习题 6.3 图

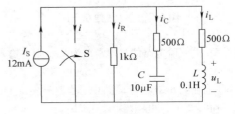

图 6-36　习题 6.4 图

6.5　在图 6-37 所示电路中，已知 $R_1 = 10\Omega$，$R_2 = 4\Omega$，$R_3 = 15\Omega$，$L = 1\text{H}$，电压 u_1 的初始值为 $u_1(0_+) =$ 15V，求零输入响应 $u_L(t)$。

6.6　在图 6-38 所示电路中，开关 S 在 $t = 0$ 时闭合，闭合前电路处于稳态，试求零输入响应 $i_L(t)$。已知 $R_1 = R_2 = R_3 = R_4 = 10\Omega$，$L = 1\text{H}$，$U_S = 15\text{V}$。

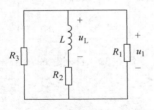

图 6-37　习题 6.5 图

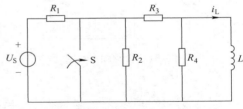

图 6-38　习题 6.6 图

6.7　在图 6-39 所示电路中，开关 S 在 $t = 0$ 时闭合，闭合前电路处于稳态，试求 $t \geqslant 0$ 时的 u_C 及 i_C。已知 $R_1 = 6\text{k}\Omega$，$R_2 = 4\text{k}\Omega$，$C = 200\mu\text{F}$，$U_S = 10\text{V}$。

6.8　在图 6-40 所示电路中，开关 S 在 $t = 0$ 时断开，断开前电路处于稳态，试求 $t \geqslant 0$ 时的 u。已知 $R_1 = 1\text{k}\Omega$，$R_2 = 2\text{k}\Omega$，$C = 2.5\mu\text{F}$，$U_S = 0.9\text{V}$，$I_S = 3\text{mA}$。

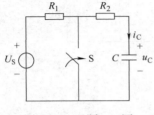

图 6-39　习题 6.7 图

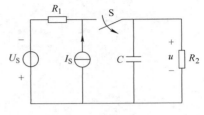

图 6-40　习题 6.8 图

6.9　在图 6-41 所示电路中，开关 S 在 $t = 0$ 时闭合，闭合前电路处于稳态，试求 $t \geqslant 0$ 时的 $i_1(t)$、$i_2(t)$ 和 $i_C(t)$。已知 $R_1 = 6\Omega$，$R_2 = 3\Omega$，$C = 0.5\text{F}$，$I_S = 2\text{A}$。

6.10　图 6-42 所示电路原已稳定，开关 S 在 $t=0$ 时由 1 打向 2，试求 $t \geqslant 0$ 时的 $u_C(t)$、$i_C(t)$。已知 $R_1 = 1\text{k}\Omega$，$R_2 = 2\text{k}\Omega$，$R_3 = 1\text{k}\Omega$，$R_4 = 6\text{k}\Omega$，$C = 1\mu\text{F}$，$U_S = 9\text{V}$。

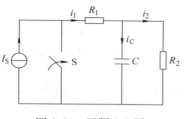

图 6-41　习题 6.9 图

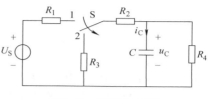

图 6-42　习题 6.10 图

6.11　在图 6-43 所示电路中，开关 S 在 $t=0$ 时打开，打开前电路处于稳态，试求 $t \geqslant 0$ 时的 $u_C(t)$、$i_C(t)$，并作出它们随时间的变化曲线。已知 $R_1 = 200\Omega$，$R_2 = 100\Omega$，$R_3 = 100\Omega$，$R_4 = 100\Omega$，$C = 5\mu\text{F}$，$I_S = 1\text{A}$。

6.12　在图 6-44 所示电路中，开关 S 在 $t=0$ 时闭合，闭合前电路处于稳态，试求 $t \geqslant 0$ 时的 $i_1(t)$、$u_1(t)$、$i_2(t)$、$u_2(t)$。已知 $R_1 = 3\Omega$，$R_2 = 6\Omega$，$R_3 = 1\Omega$，$L_1 = 1\text{H}$，$L_2 = 2\text{H}$，$U_S = 9\text{V}$。

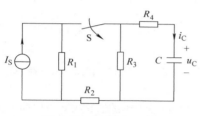

图 6-43　习题 6.11 图

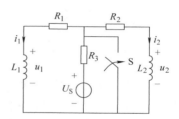

图 6-44　习题 6.12 图

6.13　图 6-45 所示为电机励磁绕组的电路模型，$R = 30\Omega$，$L = 2\text{H}$，$U_S = 200\text{V}$，VD 为理想二极管。要求断电时绕组电压不超过正常工作电压的 3 倍，且使电流在 0.1s 内减至初始值的 5%。试求并联在绕组上的放电电阻 R_f 的值。（图中二极管的作用是，当开关 S 闭合时，放电电阻 R_f 中无电流，当 S 打开后，绕组电流将通过 R_f 衰减到零，此时二极管如同短路。）

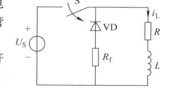

图 6-45　习题 6.13 图

6.14　一个高压电容器原先已充电，其电压为 10kV，从电路中断开后，经过 15min 它的电压降低为 3.2kV，问：

（1）再过 15min 电压将降为多少？（2）如果电容 $C = 15\mu\text{F}$，那么它的绝缘电阻是多少？（3）需经过多少时间，可使电压降至 30V 以下？（4）如果以一根电阻为 0.2Ω 的导线将电容接地放电，最大放电电流是多少？若认为在 5τ 时间内放电完毕，那么放电的平均功率是多少？（5）如果以 $100\text{k}\Omega$ 的电阻将其放电，应放电多长时间？并重答（4）。

6.15　一电感线圈被短路后经 0.1s 电流衰减到初始值的 35%，如此线圈经 5Ω 串联电阻短路，经 0.05s 后，电流即可衰减到初始值的 35%，试求线圈电阻和电感。

6.16　在图 6-46 所示电路中，开关 S 在 $t=0$ 时打开，在开关打开瞬间，电压表指示为 10V，经 10s 电压表指示降为 3V，已知电压表内阻为 10MΩ，试求电容值。

6.17　图 6-47 所示电路原已稳定，开关 S 在 $t=0$ 时由 2 打向 1。已知 $R = 50\Omega$，$U_S = 110\text{V}$，当 $t = 1.5\text{ms}$ 时，电路电流为 0.11mA。试求：（1）充电时间常数；（2）电容 C；（3）充电电流初始值；（4）充电过程中电容电压的变化规律。

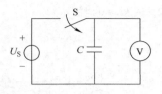

图 6-46　习题 6.16 图

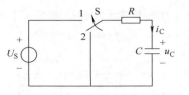

图 6-47　习题 6.17 图

6.18　在图 6-48 所示电路中，开关 S 在 $t=0$ 时闭合，开关闭合前电路处于稳态，试求 $t \geq 0$ 时的 $u_L(t)$、$i_L(t)$，并作出它们随时间的变化曲线。已知 $R_1 = R_2 = 40\Omega$，$R_3 = 20\Omega$，$R_4 = 30\Omega$，$L = 2H$，$U_S = 120V$。

6.19　在图 6-49 所示电路中，开关 S 在 $t=0$ 时闭合，闭合前电路处于稳态，试求 $t \geq 0$ 时的 $i_2(t)$、$i_L(t)$ 和 $u_L(t)$，并画出其变化曲线。已知 $R_1 = 1.5\Omega$，$R_2 = 3\Omega$，$R_3 = 7\Omega$，$L = 0.4H$，$I_S = 24A$。

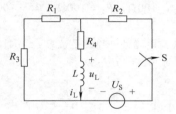

图 6-48　习题 6.18 图

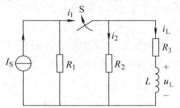

图 6-49　习题 6.19 图

6.20　在图 6-50 所示电路中，开关 S 在 $t=0$ 时闭合，闭合前电路处于稳态，试求 $t \geq 0$ 时的 $u_C(t)$，并画出其变化曲线。已知 $R_1 = 4k\Omega$，$R_2 = 6k\Omega$，$R_3 = 1.6k\Omega$，$C = 2.5\mu F$，$U_S = 20V$。

6.21　在图 6-51 所示电路中，开关 S 在 $t=0$ 时断开，断开前电路处于稳态，试求 $t \geq 0$ 时的 $i_L(t)$。已知 $R_1 = 10\Omega$，$R_2 = 4\Omega$，$R_3 = 6\Omega$，$L = 3H$，$I_S = 10A$。

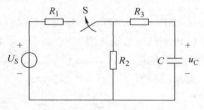

图 6-50　习题 6.20 图

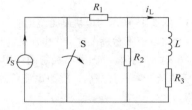

图 6-51　习题 6.21 图

6.22　在图 6-52 所示电路中，开关 S 在 $t=0$ 时闭合，闭合前电路处于稳态，试求 $t \geq 0$ 时的 $u_C(t)$ 和 $u_R(t)$。已知 $R_1 = 2k\Omega$，$R_2 = 6k\Omega$，$R_3 = 12k\Omega$，$C = 50\mu F$，$U_S = 40V$。

6.23　在图 6-53 所示电路中，开关 S 在 $t=0$ 时闭合，闭合前电路处于稳态，试求 $t \geq 0$ 时的 $u_C(t)$。已知 $R_1 = 3k\Omega$，$R_2 = 6k\Omega$，$R_3 = 6k\Omega$，$R_4 = 3k\Omega$，$C = 10\mu F$，$U_S = 18V$。

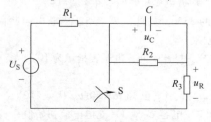

图 6-52　习题 6.22 图

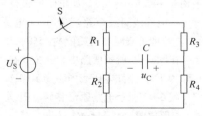

图 6-53　习题 6.23 图

6.24　在图 6-54 所示电路中，开关 S 在 $t=0$ 时打开，打开前电路处于稳态，试求 $t \geqslant 0$ 时的 $u_\mathrm{C}(t)$ 和 $i_\mathrm{C}(t)$。已知 $R_1 = 8\Omega$，$R_2 = 12\Omega$，$C = 50\mu\mathrm{F}$，$U_\mathrm{S} = 18\mathrm{V}$，$I_\mathrm{S} = 0.5\mathrm{A}$。

6.25　在图 6-55 所示电路中，开关 S 在 $t=0$ 时打开，打开前电路处于稳态，试求 $t \geqslant 0$ 时的 $u_\mathrm{L}(t)$ 和 $i_\mathrm{L}(t)$。已知 $R_1 = 6\Omega$，$R_2 = 6\Omega$，$L = 24\mathrm{mH}$，$U_\mathrm{S} = 12\mathrm{V}$，$I_\mathrm{S} = 4\mathrm{A}$。

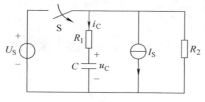

图 6-54　习题 6.24 图

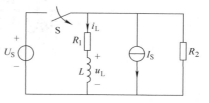

图 6-55　习题 6.25 图

6.26　求如图 6-56 所示电路分别为断开和接通时的时间常数，已知 $U_\mathrm{S} = 200\mathrm{V}$，$C = 0.01\mu\mathrm{F}$，$R_1 = R_2 = R_3 = R_4 = 100\Omega$。

6.27　在图 6-57 所示电路中，已知 $U_\mathrm{S} = 12\mathrm{V}$，$R_1 = 3\mathrm{k}\Omega$，$R_2 = 6\mathrm{k}\Omega$，$C = 5\mu\mathrm{F}$，开关 S 原先断开已久且电容中无储能。$t=0$ 时将开关 S 闭合，经 0.02s 后又重新打开，试求 $t \geqslant 0$ 时的 $u_\mathrm{C}(t)$ 及其波形。

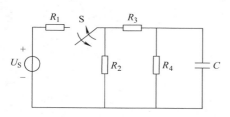

图 6-56　习题 6.26 图

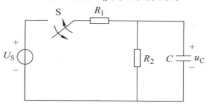

图 6-57　习题 6.27 图

6.28　在图 6-58 所示电路中，开关 S 在 $t=0$ 时由 "1" 打向 "2"，换路前电路处于稳态。试求 $t \geqslant 0$ 时的 $u_\mathrm{C}(t)$ 和 $i_\mathrm{C}(t)$，并作其波形。已知 $R_1 = R_2 = 4\mathrm{k}\Omega$，$R_3 = 2\mathrm{k}\Omega$，$C = 100\mu\mathrm{F}$，$U_\mathrm{S1} = 10\mathrm{V}$，$U_\mathrm{S2} = 5\mathrm{V}$。

6.29　在图 6-59 所示电路中，图 6-59a 为 RC 电路，图 6-59b 为输入脉冲序列电压 u_i，试定性地绘出 u_o 的波形并作说明。

（1）当 $C = 0.01\mu\mathrm{F}$、$R = 100\Omega$ 时；（2）当 $C = 10\mu\mathrm{F}$、$R = 100\mathrm{k}\Omega$ 时。

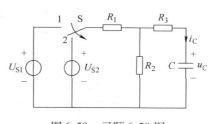

图 6-58　习题 6.28 图

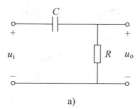

a)

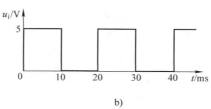

b)

图 6-59　习题 6.29 图

第7章

磁路与变压器

🔽 知识单元目标

- 能够描述磁场的基本物理量和意义、磁性材料的特点及磁路的基本定律，具备分析计算交流铁心线圈电路的能力。
- 能够描述变压器的基本结构、工作原理、运行特性，理解同极性端的作用，理解变压器额定值的意义。
- 掌握变压器变换电压、电流和阻抗的作用和原理。

🎤 讨论问题

- 磁路与电路有何区别和联系？
- 铁磁材料有何特点？
- 直流磁路的计算有哪两类问题？分哪些步骤？
- 交流铁心线圈的电压电流有怎样的关系？如何近似处理？
- 交流铁心线圈的功率损耗分为哪些？
- 变压器的空载和带负载运行有哪些特点？
- 怎样确定变压器的电压、电流和阻抗的变换关系？如何确定同极性端？

不用火的电磁炉是1990年前后开始使用的。电磁炉是应用电磁感应原理对食品进行加热的。电磁炉的炉面是耐热陶瓷板，交变电流通过陶瓷板下方的线圈产生磁场，磁场内的磁力线穿过铁锅、不锈钢锅等底部时，产生涡流，令锅底迅速发热，达到加热食品的目的。

其工作过程如下：50Hz交流电压经过整流器转换为直流电压，再经高频电力转换装置将直流电压转换为20~40kHz的高频交流电压，将高频交流电加在扁平空心螺旋状的感应加热线圈上，由此产生高频交变磁场。其磁力线穿透灶台的陶瓷台板而作用于金属锅。在锅具底部因电磁感应就有强大的涡流产生。涡流克服锅体的内阻流动时完成电能向热能的转换，所产生的焦耳热就是烹调的热源。用电磁炉比利用电热作用的加热效率高出30%。电磁炉不能使用铜锅或炒菜锅，因为铜的电阻大约是铁的1/20，炒菜锅的锅底则是弯曲面。电磁炉不需要点火也不会中途熄火，具有安全性好，不污染空气，使用清洁等优点。

7.1 磁路的基本概念和基本性质

电与磁是两种密切相关的物理现象。在很多电气设备中，如电动机、变压器、电磁铁、电工测量仪表等都是利用电与磁的相互作用来实现能量的传输和转换的。因此电工技术不仅有电路问题，同时也有磁路问题。

7.1.1 磁路及其基本物理量

1. 磁路 所谓磁路，就是磁通集中通过的闭合路径。工程上为了利用较小的励磁电流产生较强的磁场，往往在线圈中插入高导磁性能的铁心，这样就把磁力线局限在一定的空间和路径之中。如图 7-1 是电磁铁、变压器、直流电动机的磁路。

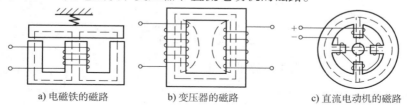

a) 电磁铁的磁路 b) 变压器的磁路 c) 直流电动机的磁路

图 7-1 常见的磁路

2. 磁路中的物理量

（1）磁感应强度 **B** 磁感应强度 **B** 是衡量磁场内某点磁场强弱和方向的一个物理量。磁感应强度是一个矢量，它的方向与产生磁场的励磁电流的方向遵循右手螺旋定则，大小等于通过垂直于磁场方向单位面积的磁力线数目。其表示为

$$B = \frac{\mathrm{d}F}{\mathrm{d}lI} \tag{7-1}$$

式中，$\mathrm{d}l$ 是垂直于磁力线的一微小导线的长度，若通以电流 I，则受电磁力为 $\mathrm{d}F$。在均匀磁场中，有

$$B = \frac{F}{lI} \tag{7-2}$$

定义单位为在 1m 长导线通以 1A 电流，导线受力为 1N 时的磁感应强度为 1T（特斯拉）。工程上还常用高斯作为磁感应强度的单位，$1T = 10^4 Gs$（高斯）。

（2）磁通 **Φ** 磁通 **Φ** 的数学定义式为

$$\Phi = \int_S B \mathrm{d}S \tag{7-3}$$

式中，S 是磁场中垂直于磁感应强度矢量的面积，所以磁通 **Φ** 可以理解为穿过磁场中给定截面积的磁力线数。在均匀磁场中，有

$$\Phi = BS \tag{7-4}$$

从这个意义上讲，磁感应强度 **B** 又称为磁通密度。在国际单位制中，磁通的单位为韦伯（Wb），$1Wb = 1T \cdot m^2$，则 $1T = 1Wb/m^2$。

（3）磁导率 μ 磁导率 μ 是衡量物质导磁能力的物理量。在国际单位制中，μ 的单位为 H/m（亨/米）。实验测得，真空的磁导率 μ_0 为一常数：

$$\mu_0 = 4\pi \times 10^{-7} H/m \tag{7-5}$$

为了便于比较各种物质的导磁能力，通常把任一物质的磁导率 μ 与 μ_0 之比称为该物质的相对磁导率，用 μ_r 表示，即 $\mu_r = \mu/\mu_0$，它是一个无量纲的量。

（4）磁场强度 **H** 磁场强度 **H** 是磁路计算中所引入的一个辅助计算量。它也是矢量。

因为磁感应强度与磁介质有关，导致磁感应强度与激励电流之间呈非线性关系，使得磁场计算复杂化。为了方便计算，引入磁场强度，它的定义式为

$$H = \frac{B}{\mu} \tag{7-6}$$

在国际单位制中，磁场强度 H 的单位为 A/m（安/米）。

3. 磁通的连续性原理　由于磁力线总是闭合的，如果在磁场中作一闭合曲面，则穿过此曲面的磁通为 0，即

$$\boldsymbol{\Phi} = \oint_S \boldsymbol{B} \mathrm{d}S = 0 \tag{7-7}$$

这就是磁通的连续性原理，相当于电路的 KCL。

7.1.2　磁路的基本定律

1. 安培环路定律　安培环路定律指出：在磁场中，沿任一闭合路径对磁场强度矢量的线积分等于此闭合路径所包围电流的代数和。通常是沿磁力线路径进行积分，数学表示式为

$$\oint_l \boldsymbol{H} \mathrm{d}l = \sum I \tag{7-8}$$

当电流的方向与所选闭合路径的方向符合右手螺旋定则时电流取正号，反之取负号。如图 7-2 所示，可得

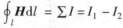

$$\oint_l \boldsymbol{H} \mathrm{d}l = \sum I = I_1 - I_2$$

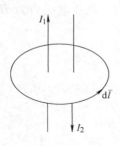

图 7-2　安培环路定律图示

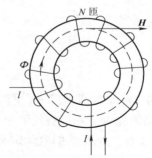

图 7-3　均匀环形磁路

将此定律应用于图 7-3 所示均匀环形磁路，设环形铁心线圈是密绕的，且绕得很均匀，匝数为 N。取其中心线即平均长度的磁力线回路为积分回路，则中心线上各点的磁场强度 H 矢量的大小相等，方向又与 $\mathrm{d}l$ 方向一致，故

$$\oint_l \boldsymbol{H} \mathrm{d}l = \oint \boldsymbol{H} \mathrm{d}l = H \oint \mathrm{d}l = Hl = \sum I$$

即

$$Hl = NI \tag{7-9}$$

式中，N 为线圈匝数；I 为励磁电流；l 为磁力线长度。

式（7-9）表明磁场强度与电流成正比。

2. 磁路的欧姆定律　式（7-9）给我们的概念是电流是产生磁场的源。再利用 $B = \mu H$、$\boldsymbol{\Phi} = BS$ 可得到

$$B = \frac{NI}{l}\mu$$

$$\Phi = BS = \frac{NI}{l}\mu S = \frac{NI}{l/(\mu S)} = \frac{F}{R_m}$$

即

$$\Phi = \frac{F}{R_m} \qquad (7\text{-}10)$$

式（7-10）称为磁路的欧姆定律，描述了磁通 Φ 与电流之间的关系，只是形似欧姆定律。式中 $F = NI$ 称为磁动（通）势，是产生磁通的源，单位是 A。$R_m = l/(\mu S)$ 称为磁阻，其单位为 H^{-1}。由于磁化曲线的非线性，磁导率 μ 不是常数，所以磁路的欧姆定律没有实际的计算意义，只能用于定性地分析磁路中的一些现象。而磁路的定量计算要用到全电流定律及磁介质的磁化曲线。

3. 磁路的基尔霍夫磁压定律 有了磁动势之说，自然会引出磁压降的概念。如果磁路是由不同截面积的几段或不同长度的几种磁性材料制成，则可以认为磁动势分别降在不同的磁路段中，每段磁路上有各自的磁压降。假设沿积分路线分为 n 段，各段中 H 的大小不变，则式（7-8）可以写为

$$\sum_{k=1}^{n} H_k l_k = \sum I \qquad (7\text{-}11)$$

式中，$H_k l_k$ 为第 k 段磁路的磁压降；$\sum I$ 为磁动势。

式（7-11）表明，沿磁回路一周，磁压降的代数和等于磁动势的代数和，这便是磁路的基尔霍夫磁压定律。

4. 磁路与电路的比较 在分析与计算磁路时，发现磁路与电路有许多相似之处，为了便于类比学习，列出它们的对照简表，见表 7-1。

表 7-1 磁路与电路对照表

	典型结构	对应的物理量		对应的关系式
磁路	I N Φ	磁动势 磁压 磁通 磁通密度,磁感应强度 磁阻 磁导率	F Hl Φ B R_m μ	磁阻 $R_m = \dfrac{1}{\mu S}$ 磁路的欧姆定律 $\Phi = \dfrac{F}{R_m}$ 磁路的基尔霍夫磁压定律 $\sum Hl = \sum I$
电路	I U_S $+$ $-$ R	电动势 电压 电流 电流密度 电阻 电导率	E U_S I j R γ	电阻 $R = \dfrac{l}{\gamma S}$ 电路的欧姆定律 $I = \dfrac{U_S}{R}$ 电路的基尔霍夫电压定律 $\sum IR = \sum U_S$

此外，磁路与电路之间还有着本质的区别：

1）在处理电路时不涉及电场问题，在处理磁路时离不开磁场的概念。

2）电流表示带电质点的运动，它在导体中运动时，电场力对带电质点做功而消耗能量，其功率损失为 I^2R，磁通并不代表某种质点的运动，$\Phi^2 R_m$ 也不代表什么功率损失。

3）自然界存在良好的电绝缘材料，但尚未发现对磁通绝缘的材料。空气的磁导率可以看作是最低的了，因此磁路中没有断路情况，但有漏磁现象。

7.2　铁磁材料

7.2.1　铁磁材料的磁性能

物质按其导磁性能的不同分为磁性物质和非磁性物质两类。磁性物质如铁、钴、镍及其合金等，非磁性物质如铜、铝、部分不锈钢、橡胶等各种绝缘材料及空气等。非磁性物质对磁场强弱的影响很小，它们的磁导率 μ 与真空的磁导率 μ_0 相差很小，为一常数。磁性物质具有很高的磁导率，可以对其周围的磁场产生较大的影响，通常把这一类物质称为铁磁材料。铁磁材料具有以下特点：

1. 高导磁性　铁磁材料的磁导率通常都很高，即相对磁导率 $\mu_r \gg 1$（如坡莫合金，其 μ_r 可达 2×10^5）。因为铁磁材料内部形成许多小区域，其分子间存在的一种特殊的作用力使每一区域内的分子磁场排列整齐，显示磁性，称这些小区域为磁畴。在没有外磁场作用的普通铁磁材料中，各个磁畴排列杂乱无章，磁场互相抵消，整体对外不显磁性。在外磁场作用下，磁畴方向发生变化，使之与外磁场方向趋于一致，物质整体显示出磁性来，称为磁化。当外磁场消失后，磁畴排列又恢复到杂乱状态。即铁磁材料能被磁化，它的高导磁性广泛地应用于电工设备中，如电机、变压器及各种铁磁元件的线圈中都放有铁心。在这种具有铁心的线圈中通入不太大的励磁电流，便可以产生较大的磁通和磁感应强度。

2. 磁饱和性　铁磁材料由于磁化所产生的磁化磁场不会随着外磁场的增强而无限的增强。当外磁场增大到一定程度时，铁磁材料的全部磁畴的磁场方向都转向与外部磁场方向一致，磁化磁场的磁感应强度将趋向某一定值。如图 7-4 为铁磁物质的磁化曲线（B-H 曲线）。在曲线上的 Oa 段，B 与 H 几乎成正比地增加，ab 段，B 的增加缓慢下来，过了 b 点以后，H 再继续增大，B 值增加很少达到饱和。显然，B-H 曲线的非线性关系已经一目了然。因为磁感应强度 $B = \mu H$，可知磁导率 μ 不是常数。μ 随磁场强度的变化情况见图 7-4 的 μ-H 曲线。

为显示铁磁材料的特征，图 7-4 中还给出了真空（或空气）的 B_0-H 曲线，是一条通过原点的直线。磁性物质的磁化曲线在磁路计算上极为重要，实际中通过实验得出。

3. 磁滞性　磁滞性是指铁磁材料中磁感应强度 B 的变化总是滞后于外磁场的变化。磁性材料在交变磁场中反复磁化，其 B-H 关系曲线是一条回形闭合曲线，称为磁滞回线，示于图 7-5 中。当磁场强度 H 从 0 增加到 H_m 时，磁感应强度 B 相应增大到 B_m，见图 7-5 曲线 1。当 H 由 H_m 逐渐减小时，B 由 B_m 减到 B_r 而不减到 0，B_r 称为剩余磁感应强度，简称剩磁。这种现象叫磁滞现象。只有反向去磁的磁场强度等于 $-H_c$ 时，剩磁才会消失，把 H_c 称为矫顽力。若继续增大反向磁化强度，磁感应强度将反向增大到 $-B_m$。此后如果再减小反向磁场一直到 H 为 0，则 B 又达到 $-B_r$。若想 B 达到 0，需将 H 增加到 H_c，整个变化过程见回线 2，将它称为磁滞回线。

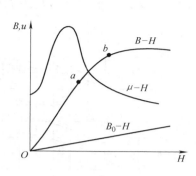

图 7-4 铁磁物质的磁化曲线

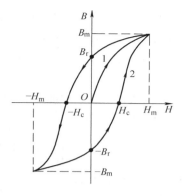

图 7-5 磁滞回线

7.2.2 铁磁材料的分类

铁磁材料根据磁滞回线的宽窄可分为 3 种不同类型:

1. 软磁材料 软磁材料的矫顽力小,磁滞回线狭长,如图 7-6a 所示。这种材料容易磁化也容易退磁,适合用在交变电磁场中,做成各种电机、变压器的铁心。这类铁磁物质包括电工软铁、硅钢、坡莫合金等。

2. 硬磁材料 硬磁材料的磁滞特性显著,剩磁及矫顽力都大,所以磁滞回线很宽,如图 7-6b 所示。这种材料一旦磁化后不易退磁,适宜作永久磁铁之用,用于磁电式电表、永磁扬声器、电话机、录音机等电器设备。像高碳钢、铁镍铝钴合金等都属于这类硬磁物质。

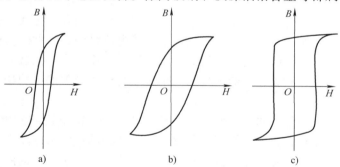

图 7-6 不同材料的磁滞回线

3. 矩磁材料 矩磁材料剩磁很大,接近于饱和磁感应强度,而矫顽力较小,其磁滞回线接近于矩形,如图 7-6c 所示。其适用于信息设备中作存储记忆元件。目前常用的矩磁材料有锰-镁铁氧体和锂-锰铁氧体等。

7.2.3 铁磁材料的磁化曲线

铁磁材料的磁化曲线是磁感应强度 B 与磁场强度 H 之间的关系曲线,是用实验的方法获得的,是进行磁路计算不可缺少的资料。磁介质不同,磁化曲线也不相同。图 7-7 给出了几种常用铁磁材料的磁化曲线。

【**例7-1**】 一个闭合的均匀的铁心线圈，其匝数为300，铁心中的磁感应强度为0.9T，磁路的平均长度为45cm，试求：（1）铁心材料为铸铁时线圈中的电流；（2）铁心材料为硅钢片时线圈中的电流。

（1）查铸铁材料的磁化曲线，当 $B=0.9$T 时，磁场强度 $H=900$A/m，则

$$I = \frac{Hl}{N} = \frac{900 \times 0.45}{300}\text{A} = 1.35\text{A}$$

（2）查硅钢片材料的磁化曲线，当 $B=0.9$T 时，磁场强度 $H=260$A/m，则

$$I = \frac{Hl}{N} = \frac{260 \times 0.45}{300}\text{A} = 0.39\text{A}$$

结论：如果要得到相等的磁感应强度，采用磁导率高的铁心材料，可以降低线圈电流，减少用铜量。

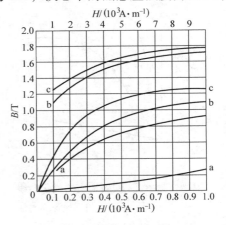

图7-7 不同材料的磁化曲线
a—铸铁 b—铸钢 c—硅钢

思 考 题

在例7-1中（1）（2）两种情况下，如线圈中通有同样大小的电流0.39A，要得到相同的磁通 Φ，铸铁材料铁心的截面积和硅钢片材料铁心的截面积，哪一个比较小？

7.3 直流磁路计算

在需要恒定磁场的场合，小功率条件下如测量仪表可以用永久磁铁。在大功率条件下的直流电机或是用磁力操作的直流电磁铁中往往用直流电流励磁，这种磁路称为直流磁路。直流磁路中的励磁电流产生的磁通是恒定磁通不会在线圈和铁心中产生感应电动势。线圈的电流只与线圈的电压和电阻有关；线圈消耗的功率也只有线圈电阻消耗的功率。所以直流磁路中的问题要简单得多。

磁路的计算总的来说分为两种类型：一类是已知磁路中的磁通或磁感应强度求磁动势，可以应用安培环路定律求解；另一类正好相反，是已知磁动势要求磁路中的磁通或磁感应强度，需应用试探法。由于磁路的非线性，在计算中往往要用到磁介质的磁化曲线。

对于直流励磁的无分支磁路，若已知磁路各部分的材料和尺寸，不计及漏磁时按所要求的磁通计算磁动势的步骤如下：

1）首先将磁路按材料、截面积不同分成若干段。

2）由于磁路中通过同一磁通，所以各段磁路的磁感应强度可由下式确定：

$$B_1 = \frac{\Phi}{S_1}, \quad B_2 = \frac{\Phi}{S_2}, \quad \cdots$$

3）根据各段磁路的磁感应强度和材料，在图7-7给出的磁化曲线上确定相对应的磁场强度。

4）对于空气隙或其他非磁性材料磁场强度可按下式计算：

$$H_0 = \frac{B_0}{\mu_0} = \frac{B_0}{4\pi \times 10^{-7}}\text{A/m}$$

5）计算各段磁路的磁压降。

6）最后按安培环路定律求出所需要的磁动势 IN。

【例7-2】　如图7-8所示的不均匀磁路由硅钢片叠成，各部分的磁力线平均长度及截面积为 $l_1 = 300\text{mm}$，$l_2 = 150\text{mm}$，$l_\delta = 5\text{mm}$，$S_1 = S_\delta = 1200\text{mm}^2$，$S_2 = 800\text{mm}^2$，试求当气隙中的磁感应强度 $B_\delta = 0.5\text{T}$ 时所需的磁动势。

解：磁路中的磁通为

$$\Phi = B_\delta S_\delta = 0.5 \times 1200 \times 10^{-6}\text{Wb} = 0.0006\text{Wb}$$

各段磁路的磁感应强度为

$$B_1 = \frac{\Phi}{S_1} = \frac{0.0006\text{Wb}}{1200 \times 10^{-6}\text{m}^2} = 0.5\text{T}$$

$$B_2 = \frac{\Phi}{S_2} = \frac{0.0006\text{Wb}}{800 \times 10^{-6}\text{m}^2} = 0.75\text{T}$$

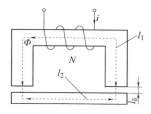

图7-8　例7-2图

各段磁路的磁场强度为

$$H_\delta = \frac{B_\delta}{\mu_0} = \frac{0.5}{4\pi \times 10^{-7}}\text{A/m} = 397887.36\text{A/m}$$

由图7-7的磁化曲线查得

$$H_1 = 0.11 \times 10^3 \text{A/m}$$

$$H_2 = 0.19 \times 10^3 \text{A/m}$$

各段磁路的磁压降为

$$2H_\delta l_\delta = 2 \times 397887.36\text{A/m} \times 0.005\text{m} = 3978.87\text{A}$$

$$H_1 l_1 = 0.11 \times 10^3 \text{A/m} \times 0.3\text{m} = 33\text{A}$$

$$H_2 l_2 = 0.19 \times 10^3 \text{A/m} \times 0.15\text{m} = 28.5\text{A}$$

由上可得出总的磁动势 F（单位为 At，即安匝）为

$$F = NI = H_\delta l_\delta + H_1 l_1 + H_2 l_2 = (3978.87 + 33 + 28.5)\text{At} = 4040.37\text{At}$$

求出总的磁动势后确定线圈匝数和电流。这时要牵扯到电源电压，导线的截面积、长度、电阻、允许的工作电流，还要验算铁心窗口的大小等，所以往往有一个反复试算的过程。

由该例可见，空气隙的长度只有10mm，占磁路总长度的2.17%，但它的磁压降却占总磁动势的98.5%，即磁动势主要用来克服空气隙的磁阻。所以磁路进行粗略计算时，有时可以根据空气隙的磁压降来估算磁动势。

【例7-3】　有一环形铁心线圈，其内径为10cm，外径为15cm，铁心材料为铸钢。磁路中含有一空气隙，其长度等于0.2cm。设线圈中通有1A的电流，如要得到0.9T的磁感应强度，试求线圈匝数。

解：空气隙的磁场强度为 $H_0 = \dfrac{B_0}{\mu_0} = \dfrac{0.9}{4\pi \times 10^{-7}}\text{A/m} = 7.2 \times 10^5\text{A/m}$

由图7-7查铸钢的磁化曲线，$B = 0.9\text{T}$ 时，磁场强度 $H_1 = 500\text{A/m}$

磁路的平均总长度为

$$l = \frac{10 + 15}{2}\pi\text{cm} = 39.2\text{cm}$$

铁心的平均长度为 $\qquad l_1 = l - \delta = (39.2 - 0.2)\text{cm} = 39\text{cm}$

对各段磁压降有 $\qquad H_0\delta = 7.2 \times 10^5 \times 0.2 \times 10^{-2}\text{A} = 1440\text{A}$

$$H_1 l_1 = 500 \times 39 \times 10^{-2}\text{A} = 195\text{A}$$

总磁动势为 $\qquad NI = H_0\delta + H_1 l_1 = (1440 + 195)\text{At} = 1635\text{At}$

则线圈匝数为 $\qquad N = \dfrac{NI}{I} = \dfrac{1635}{1}\text{匝} = 1635\text{ 匝}$

7.4 交流磁路与交流铁心线圈

用交流电励磁的方式在工程上应用十分广泛，如交流电机、变压器以及其他一些交流控制电器等都是如此。含铁心线圈受交流电励磁时存在一些特殊问题：①线圈中存在自感电动势，感抗是影响励磁电流的主要因素；②漏磁通 Φ_σ 的影响也表现出来；③磁介质磁化曲线的非线性使得磁通与电流之间呈非线性关系；④除了导线电阻上的功率损耗外，还有铁心内存在的损耗。这些都使得交流铁心线圈电路中的物理过程变得复杂化。本节分析交流铁心线圈电路中的电磁关系、电压电流关系、功率损耗及等效电路等问题。

7.4.1 交流铁心线圈中的电磁关系

图 7-9 为交流铁心线圈原理图。设线圈匝数为 N，加交变电压 u，则产生交变电流 i，与之相应的磁动势是 iN，分别产生穿过全部铁心闭合的主磁通 Φ 和一部分穿过空气隙的漏磁通 Φ_σ，从而产生主磁感应电动势 e 和漏感电动势 e_σ，上述关系可以简示如下：

图 7-9 交流磁路

$$u \to Ni \begin{cases} \text{主磁通 } \Phi \to e = -N\dfrac{\mathrm{d}\Phi}{\mathrm{d}t} \\[2mm] \text{漏磁通 } \Phi_\sigma \to e_\sigma = -N\dfrac{\mathrm{d}\Phi_\sigma}{\mathrm{d}t} = -L_\sigma\dfrac{\mathrm{d}i}{\mathrm{d}t} \end{cases}$$

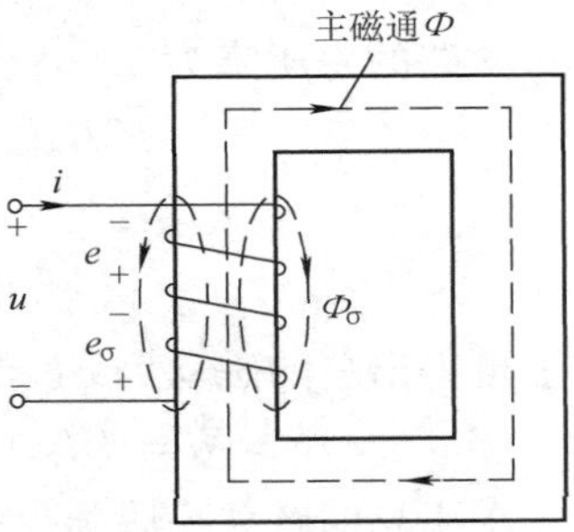

根据基尔霍夫电压定律列出铁心线圈电路的电压方程：

$$u = -e - e_\sigma + u_R \qquad (7\text{-}12)$$

先分析漏感电动势 e_σ。由于空气的磁阻比铁心的磁阻大得多，漏磁通 Φ_σ 的大小和性质主要由空气的磁阻来决定，所以 Φ_σ 与 i 呈线性关系。故引入漏感的概念：

$$L_\sigma = \frac{N\Phi_\sigma}{i} \qquad (7\text{-}13)$$

L_σ 叫漏感系数或简称漏感，它的性质与交流电路中的纯电感是一样的。所以漏感电动势：

$$e_\sigma = -N\frac{\mathrm{d}\Phi_\sigma}{\mathrm{d}t} = -L_\sigma\frac{\mathrm{d}i}{\mathrm{d}t} \qquad (7\text{-}14)$$

主磁通经过铁心而形成闭合回路，因 Φ 与 i 是非线性关系，故电感不为常数。所以主磁感应电动势只能写成 $e = -N\mathrm{d}\Phi/\mathrm{d}t$ 而不能引入固定的电感。u_R 是线圈电阻的电压降，如此式（7-12）可以写为

$$u = N\frac{\mathrm{d}\Phi}{\mathrm{d}t} + L_\sigma\frac{\mathrm{d}i}{\mathrm{d}t} + Ri \qquad (7\text{-}15)$$

通常，线圈的电阻压降 u_R 和漏感电动势 e_σ 都很小，往往可以忽略不计，所以式（7-12）

又可以写成
$$u \approx -e = N\frac{\mathrm{d}\Phi}{\mathrm{d}t} \tag{7-16}$$

这里假设磁通是正弦量，即
$$\Phi = \Phi_{\mathrm{m}}\sin\omega t$$

则
$$e = -N\frac{\mathrm{d}\Phi}{\mathrm{d}t} = -N\Phi_{\mathrm{m}}\omega\cos\omega t$$
$$= 2\pi fN\Phi_{\mathrm{m}}\sin(\omega t - 90°) = E_{\mathrm{m}}\sin(\omega t - 90°) \tag{7-17}$$

式中，$E_{\mathrm{m}} = 2\pi fN\Phi_{\mathrm{m}}$，有效值：
$$U = E = 4.44fN\Phi_{\mathrm{m}} \tag{7-18}$$

可见，主磁感应电动势 E 是平衡外加电压的主要成分，它正比于电源频率、线圈匝数和主磁通的幅值。当线圈匝数 N 及频率 f 一定时，主磁通 Φ_{m} 的大小只取决于外加电压的有效值，与铁心的材料及尺寸无关。这个结论对分析变压器、交流电机、交流接触器等交流电磁器件与设备很重要。

铁心线圈电路的电压方程式（7-12）也可以写成相量形式：
$$\dot{U} = -\dot{E} - \dot{E}_\sigma + \dot{U}_\mathrm{R} = -\dot{E} + \mathrm{j}\omega L_\sigma \dot{I} + R\dot{I} \approx -\dot{E} \tag{7-19}$$

7.4.2　交流铁心线圈中的功率损耗

交流铁心线圈的功率损耗主要有铜损和铁损两种。

1. 铜损（ΔP_{Cu}）　在交流铁心线圈中，线圈电阻 R 上的功率损耗称为铜损，用 ΔP_{Cu} 表示。$\Delta P_{\mathrm{Cu}} = I^2 R$，式中 R 是线圈的电阻，I 是线圈中电流的有效值。

2. 铁损（ΔP_{Fe}）　在交流铁心线圈中，处于交变磁通下的铁心内的功率损耗称为铁损，用 ΔP_{Fe} 表示。铁损由磁滞和涡流产生。

（1）磁滞损耗　图 7-5 中 B-H 曲线所描述的磁滞现象，在反复消除剩磁的过程中要消耗一定的能量。这种损耗叫作磁滞损耗。可以证明磁滞损耗功率与磁滞回线的面积成正比。对于同一铁心，磁滞回线的形状与磁感应强度的最大值 B_{m} 有关。工程上采用下面的经验公式计算磁滞损耗：$P_{\mathrm{h}} = \sigma_{\mathrm{h}} f B_{\mathrm{m}}^n V$，式中 σ_{h} 为与材料有关的系数，由实验确定；n 由 B_{m} 值确定，当 $B_{\mathrm{m}} < 1\mathrm{T}$ 时，取 $n = 1.6$，当 $B_{\mathrm{m}} > 1\mathrm{T}$ 时，取 $n = 2$；f 为工作频率；V 为铁心的体积。

磁滞损耗转化为热能，引起铁心发热。可以选用磁滞回线狭小的磁性材料制作铁心，减少磁滞损耗。变压器和电机中使用的硅钢等材料的磁滞损耗较低。设计时应适当选择值以减小铁心饱和程度。

（2）涡流损耗　铁心材料是导电材料，在交变磁通的作用下，在垂直磁通的截面上处处都有感应电流，此感应电流成涡旋状自成闭合回路，如图 7-10a 所示，故称为涡流。涡流通过铁心电阻产生的功率损耗称为涡流损耗。涡流损耗与铁心的几何尺寸和材料有关。若铁心是由平行于磁感应强度的钢片叠成，涡流损耗与钢片厚度的二次方成正比，还与交变磁通的频率、材料的电导率

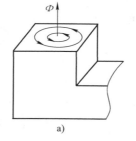
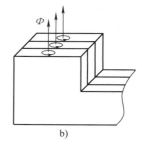

图 7-10　铁心中涡流的减小

及磁感应强度最大值有关，工程上计算单位体积的涡流损耗为 $P_\mathrm{e} = (\pi^2/6)\, f^2 B_\mathrm{m}^2 d^2 \gamma$。为了减小涡流损耗，硅钢片越薄越好（电工钢片渗入硅，其电导率减小）。受工艺条件的限制，硅钢片不可能做得很薄，在工频下常用 0.35mm 或 0.5mm 的厚度，如图 7-10b 所示。硅钢片表面经氧化并敷有绝缘漆以切断大的涡流，但局部小涡流依然存在，它所造成的损耗要小得多。

涡流是一种电磁感应现象，存在利弊两面性。利用涡流的热效应可以对金属物体感应加热，如用于金属冶炼的中频感应炉。也可利用磁通和涡流的趋肤效应，对金属表面加热进行热处理。

概括起来总的损耗为

$$\text{功率损耗 } \Delta P \begin{cases} \Delta P_\mathrm{Cu}\,(\text{铜损}) \\[4pt] \Delta P_\mathrm{Fe}\,(\text{铁损}) \begin{cases} \Delta P_\mathrm{h}\,(\text{磁滞损耗}) \\[2pt] \Delta P_\mathrm{e}\,(\text{涡流损耗}) \end{cases} \end{cases}$$

*7.4.3　交流铁心线圈的等效电路

知道了交流铁心线圈电路中的各种问题之后，就可以为其建立等效电路，即用没有铁心的电路等效代替具有铁心线圈的电路，而电流、电压、功率仍保持原值。基本方法是把导线电阻和漏感等线性参数分离出来，把铁损耗等效成电阻损耗，把建立主磁感应电动势的 $Nd\Phi/dt$ 的关系经线性化处理变成线性电感 L_0，那么得到图 7-11 的等效电路。图中 R 是导线电阻，X_σ 是漏感抗，等效的铁损电阻为

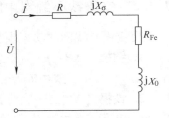

图 7-11　交流铁心线圈的等效电路

$$R_\mathrm{Fe} = \frac{\Delta P_\mathrm{Fe}}{I^2} \qquad (7\text{-}20)$$

等效电抗为

$$X_0 = \omega L_0 = \frac{Q_\mathrm{Fe}}{I^2} \qquad (7\text{-}21)$$

【例 7-4】　有一交流铁心线圈，电源电压 $U = 220\mathrm{V}$，电路中电流 $I = 4\mathrm{A}$，功率表读数 $P = 100\mathrm{W}$，频率 $f = 50\mathrm{Hz}$，漏磁通和线圈电阻上的电压降可忽略不计，试求：（1）铁心线圈的功率因数；（2）铁心线圈的等效电阻和感抗。

解：（1）$\cos\varphi = \dfrac{P}{UI} = \dfrac{100}{220 \times 4} = 0.114$

（2）铁心线圈的等效阻抗的模为

$$|Z'| = \frac{U}{I} = \frac{220}{4}\Omega = 55\Omega$$

等效电阻为
$$R' = R + R_\mathrm{Fe} = \frac{P}{I^2} = \frac{100}{4^2}\Omega = 6.25\Omega \approx R_\mathrm{Fe}$$

等效感抗为
$$X' = X_\sigma + X_0 = \sqrt{|Z'|^2 - R'^2} = \sqrt{55^2 - 6.25^2}\,\Omega$$
$$= 54.6\Omega \approx X_0$$

思 考 题

1. 试分析在电源电压不变的情况下，空心线圈中插入铁心后对直流励磁电流和交流励磁电流所起的不同影响。

2. 磁滞损耗和涡流损耗是什么原因引起的？损耗大小各与哪些因素有关？

3. 额定电源电压为 36V 的直流电磁铁，允许的功率损耗为 10W，此功率损耗在哪里？试求响应的参数。

7.5　变压器

变压器是一种常见的电气设备，在电力系统和电子线路中应用广泛。变压器是利用电磁感应原理将某一电压的交流电转变为频率相同的另一电压的交流电的电气设备。变压器具有变换电压、变换电流和变换阻抗的功能。

电力工业中常采用高压输电低压配电，实现节能并保证用电安全。在输电系统中，要将大功率的电能从发电厂输送到很远的用户，现在的基本方式是提高电压减小电流以减小输电线路上的能量损失，同时也减小输电导线的截面积而节省材料。所以高压输电比低压输电经济。一般情况下，输电距离越远，输送功率越大，要求输电电压就越高。电能输送到用电区后，要经过降压变压器将高电压降低到用户所需要的电压等级。这种完成输送电能的变压器称为电力变压器。

在电子技术中，测量和控制中也广泛使用变压器，有用以整流、传递信号和实现阻抗匹配的整流变压器、耦合变压器和输出变压器。这些变压器的容量都很小，效率不是主要的性能指标。

7.5.1　变压器的基本结构

变压器虽然种类繁多，用途各异，但基本结构是相似的，主要由铁心和绕组两部分构成。常见的结构形式有两类：一类是心式变压器（见图 7-12），其特点是绕组包围着铁心，单相和三相变压器多为心式；另一类是壳式变压器（见图 7-13），其特点是铁心包围着绕组，适用于容量较小的变压器。有些变压器是多绕组结构的，如图 7-14 所示。绕组间可以组合，但要注意同名端的问题。

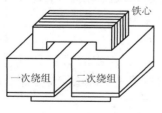

图 7-12　心式变压器

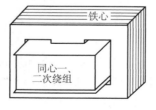

图 7-13　壳式变压器

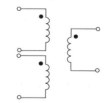

图 7-14　多绕组变压器

为了提高磁路的磁导率和降低铁心损耗，铁心通常用表面涂有绝缘漆膜、厚度为 0.35mm 或 0.5mm 的硅钢片叠成。变压器的绕组是由圆形或矩形截面的导线绕成。通常，低压绕组靠近铁心放置，高压绕组则置于外层。

7.5.2　变压器的工作原理

图 7-15 是一台单相变压器的结构原理图。与交流电源 $\dot{U}_1$ 连接的绕组（匝数为 N_1）称为一次绕组（又称初级绕组）；另一边绕组（匝数为 N_2）称为二次绕组（又称次级绕组）。一次绕组接到交流电源上，一次电流产生的磁通同时交链着一、二次绕组。假定一、二次电压、电流及电动势的参考方向如图 7-15 所示。

1. 空载运行　变压器一次绕组接入电源，二次绕组开路，称为空载运行，见图 7-15。变压器二次侧开路时工作情况与交流铁心线圈一样，设这时一次绕组内有电流 $\dot{I}_{10}$，$\dot{I}_{10}$ 称为变压器的空载电流或励磁电流。磁动势 $N_1 \dot{I}_{10}$ 将在铁心中产生主磁通 Φ，此外还有很少一部分磁通穿过一次绕组后沿周围空气而闭合，即一次绕组的漏磁通 $\Phi_{\sigma1}$，一般变压器的漏磁通很小。

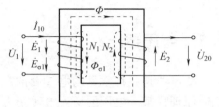

图 7-15　变压器的空载运行

变压器空载时一次绕组的电压平衡方程式为

$$\dot{U}_1 = -\dot{E}_1 - \dot{E}_{\sigma1} + R_1 \dot{I}_{10} \tag{7-22}$$

在忽略漏磁通及一次绕组电阻影响后，一次绕组的电压 $\dot{U}_1$ 与感应电动势 $\dot{E}_1$ 之间关系为

$$\dot{U}_1 \approx -\dot{E}_1$$

从而有

$$U_1 \approx E_1 = 4.44 f N_1 \Phi_m \tag{7-23}$$

主磁通同时与二次绕组交链，在二次绕组产生感应电动势 $\dot{E}_2$，此时有开路电压 $\dot{U}_{20}$：

$$\dot{U}_{20} = \dot{E}_2 \tag{7-24}$$

则

$$U_{20} = E_2 = 4.44 f N_2 \Phi_m \tag{7-25}$$

所以

$$\frac{U_1}{U_{20}} \approx \frac{E_1}{E_2} = \frac{N_1}{N_2} = K \tag{7-26}$$

式中，K 称为变压器的电压比。

电压比 K 是变压器的一个重要参数，只要适当选取一、二次侧的匝数，就可把电源电压值变为所需要的电压值。当 $K > 1$ 时，为降压变压器；反之，当 $K < 1$ 时，为升压变压器。

2. 带负载运行　变压器一次侧接电源，二次侧接入负载 Z_L，如图 7-16 所示，此时称为变压器带负载运行。变压器接上负载后，在二次侧就有电流产生，二次侧也是一个含有铁心线圈的交流电路，它的电压平衡方程为

$$\dot{U}_2 = \dot{E}_2 + \dot{E}_{\sigma2} - R_2 \dot{I}_2 = \dot{E}_2 - (R_2 + j\omega L_{\sigma2}) \dot{I}_2 \tag{7-27}$$

式中，R_2 为二次绕组的内电阻；$\omega L_{\sigma2}$ 为二次绕组的漏感抗；$\dot{U}_2$ 为二次绕组的端电压。

根据能量守恒原理，变压器输入与输出能量应保持平衡。这里首先要讨论能量是怎么由一次侧传到二次侧的。接上负载后二次侧出现的电流 $\dot{I}_2$ 也要在铁心中产生磁通，这时变压器铁心中的主磁通是由一、二次绕组的磁动势共同产生的。根据楞次定则，显然 $N_2 \dot{I}_2$ 的出现将有削弱原有主磁通的作用。这将破坏一次电压与主磁通感应电动势的平衡。但是，由式（7-23）可知，只要一次绕组的

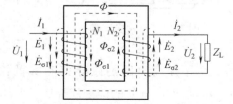

图 7-16　变压器的带负载运行

匝数、频率一定，外加电压不变，铁心内的磁通最大值 $\varPhi_m$ 也不会变化。所以此时必将导致变压器一次绕组的电流发生变化，用 $\dot I_1$ 表示，即一次绕组的磁动势由 $N_1\dot I_{10}$ 变为 $N_1\dot I_1$，二次绕组的磁动势为 $N_2\dot I_2$。变压器带负载载运行时的磁动势应满足

$$N_1\dot I_{10} = N_1\dot I_1 + N_2\dot I_2 \tag{7-28}$$

此式称为磁动势平衡方程式，是调节一次电流增加以抵偿二次电流的去磁作用而保持主磁通不变的基本关系式。由此可以看出两电流应遵守的基本关系为

$$\dot I_1 = \dot I_{10} + \left(-\frac{N_2}{N_1}\dot I_2\right) = \dot I_{10} + \dot I_{1\Delta} \tag{7-29}$$

式中，$\dot I_{1\Delta}$ 为电流 $\dot I_2$ 的出现引起一次电流的增量。

3. 变压器的功能

（1）变换电压　在介绍变压器空载运行时，给出了

$$\frac{U_1}{U_{20}} \approx \frac{E_1}{E_2} = \frac{N_1}{N_2} = K$$

这一公式说明变压器一、二次侧两边的电压之比近似等于其匝数之比。当变压器带负载运行时，一、二次侧的电压方程分别如式（7-22）和式（7-27）所示，实际上此时由于一、二次侧内阻和漏感抗所占比重仍然是很小的，可以忽略，因此 $\dot U_1 \approx -\dot E_1$，$\dot U_2 \approx -\dot E_2$，式（7-26）仍然成立，即电压之比还是近似等于匝数之比。这就是变压器变换电压的功能。

（2）变换电流　由于空载电流 $\dot I_{10}$ 很小，只占一次绕组额定电流的百分之几，所以在满载条件下可以忽略 $\dot I_{10}$ 不计，则磁动势平衡方程式中 $N_1\dot I_{10}$ 就可以忽略不计，于是有

$$N_1\dot I_1 + N_2\dot I_2 \approx 0$$

$$\frac{\dot I_1}{\dot I_2} \approx -\frac{N_2}{N_1} = -\frac{1}{K} \tag{7-30}$$

用有效值表示为

$$\frac{I_1}{I_2} \approx \frac{N_2}{N_1} = \frac{1}{K} = K_i \tag{7-31}$$

即一、二次绕组电流之比等于其匝数的反比，这就是变压器变换电流的功能。

（3）变换阻抗　如图 7-17 所示，变压器在输出端接有负载阻抗 Z_L 时，在输入端表现出来的阻抗并不是 Z_L，把变压器连同其负载 Z_L 等效为一个复阻抗，用 Z_i 表示，因为 $|Z_L| = U_2/I_2$，故

$$|Z_i| = \frac{U_1}{I_1} = \frac{KU_2}{I_2/K} = K^2|Z_L| \tag{7-32}$$

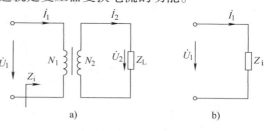

图 7-17　变压器的阻抗变换作用

这就是变压器的阻抗变换作用，即变压器二次侧阻抗换算到一次侧的等效阻抗等于二次侧阻抗乘以电压比的二次方。利用这种关系，可以实现信号源与负载之间能量传输的最佳匹配。

【例 7-5】 已知电源电压 $U_S = 10\text{V}$，内阻 $R_0 = 800\Omega$，负载 $R_L = 8\Omega$，为使负载获得最大功率，需要利用变压器进行阻抗匹配，图 7-18 是电路原理图。（1）试求电压比、一、二次电流和电压以及负载获取的功率；（2）若 R_L 直接接于电源，求负载获取的功率。

解：（1）要使负载获取最大功率，变压器一次侧的等效阻抗应与电源内阻相等，即

$$Z_i = R_i = R_0 = 800\Omega$$

则有

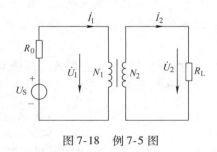

图7-18　例7-5图

$$R_i = K^2 R_L, \quad K = \sqrt{\frac{R_i}{R_L}} = \sqrt{\frac{800}{8}} = 10$$

一、二次电流为

$$I_1 = \frac{U_S}{R_0 + R_i} = \frac{10}{800 + 800}\text{mA} = 6.25\text{mA}$$

$$I_2 = KI_1 = 62.5\text{mA}$$

一、二次电压为

$$U_1 = I_1 K^2 R_L = 5\text{V}$$

$$U_2 = \frac{U_1}{K} = 0.5\text{V}$$

负载获取的功率为　　$P_2 = U_2 I_2 = 0.5\text{V} \times 62.5\text{mA} = 31.3\text{mW}$

（2）负载 R_L 直接接于电源，获取的功率为

$$P = \left(\frac{U_S}{R_0 + R_L}\right)^2 R_L = \left(\frac{10}{800 + 8}\right)^2 \times 8\text{W} = 1.22\text{mW}$$

7.5.3　变压器的运行特性

1. 外特性和电压调整率　前面的分析忽略了变压器绕组的电阻、铁损和漏磁通，所以在一次电压 U_1 不变的前提下，主磁通 Φ_m、一次侧和二次侧的感应电动势 E_1 和 E_2、二次侧电压 U_2 都不受负载的影响而保持不变。但在实际变压器中由于漏磁通和绕组电阻的存在，Φ_m、E_1、E_2 和 U_2 都与负载有关，不能维持不变。

变压器的外特性是指当一次侧接额定电压 U_{1N}，并且保持不变时，二次电压 U_2 与负载电流 I_2 的关系。表示外特性的 $U_2 = f(I_2)$ 曲线称为变压器的外特性曲线。根据理论分析和实验证明，随着负载的增加，二次电压有所减低，示于图7-19中。变压器的外特性与负载的性质有关，电阻性负载和感性负载的外特性是下降的，功率因数越低，下降得越快。

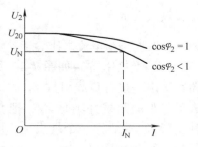

图7-19　变压器的外特性

变压器从空载到满载（二次电流达到额定电流 I_{2N}）时，二次电压变化的数值与其空载电压 U_{20} 之比的百分数称为变压器的电压调整率 $\Delta U\%$，即

$$\Delta U\% = \frac{U_{20} - U_2}{U_{20}} \times 100\% \tag{7-33}$$

电力变压器的电压调整率一般为 $2\% \sim 3\%$。

2. 损耗和效率　变压器的能量损耗有铜损和铁损两种。铜损是由一、二次绕组的电阻产生的，即

$$\Delta P_{Cu} = I_1^2 R_1 + I_2^2 R_2 \tag{7-34}$$

由于电流的大小和负载有关，负载变化时铜损的大小也要相应变化，因此铜损又可称为可变损耗。铁损是由交变的主磁通在铁心中引起的，是磁滞损耗 ΔP_h 和涡流损耗 ΔP_e 之和，即

$$\Delta P_{Fe} = \Delta P_h + \Delta P_e \tag{7-35}$$

当变压器不论空载还是满载，主磁通基本不变，所以铁损耗也基本不变，故铁损耗又称为不变损耗。

变压器的效率是指变压器的输出功率 P_2 与对应的输入功率 P_1 之比，即

$$\eta = \frac{P_2}{P_1} \times 100\% = \frac{P_2}{P_2 + \Delta P_{Cu} + \Delta P_{Fe}} \times 100\% \tag{7-36}$$

式中的 P_1 是变压器的输入功率，它包含了变压器的输出功率 P_2、铜损耗、铁损耗。通常在满载的80%左右时，变压器的效率最高。小型电力变压器满载时的效率为 $80\% \sim 90\%$，大容量的电力变压器满载时的效率可高达 99%。

3. 变压器的铭牌和技术数据

（1）变压器的型号　变压器的铭牌上一般会有下列标记，它的含义为

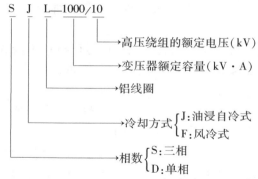

（2）变压器的额定值　为了合理、安全地使用变压器，有必要知道变压器的额定值。变压器的铭牌上列出一系列的额定值，主要有

1）额定电压　额定电压包括额定的一次侧接入电压 U_{1N} 和额定的二次侧输出电压 U_{2N}，后者指一次绕组为额定电压时二次侧的空载电压。对于三相变压器，额定电压指线电压。

2）额定电流　变压器电流随负载而变。额定电流是指在额定电压下输出额定视在功率条件下允许长期通过的最大电流。对于三相变压器，额定电流指线电流。

3）额定容量　额定工作状态下，变压器输出能力的保证值，以额定视在功率 S_N 表示，单位为 $V \cdot A$ 或 $kV \cdot A$。

单相变压器　　　　　$S_N = U_{2N} I_{2N}$

三相变压器　　　　　$S_N = \sqrt{3} U_{2N} I_{2N}$

变压器的额定值除上述之外，还有额定频率 f_N、相数 m、效率、温升等，这些数据通常都标注在变压器的铭牌上。

4. 变压器绕组的极性及其测定　使用变压器时绕组必须正确连接。否则，变压器不仅不能正常工作，甚至会被损坏。

（1）同极性端（同名端）　当电流流入（或流出）两个线圈时，若产生的磁通方向相同，则两个流入（或流出）端称为同极性端（同名端）。如图 7-20 所示变压器，1-2 和 3-4 都是一次绕组，当电流由 1、3 端分别流入两个线圈时，产生的磁通方向相同，磁通变化时，在两线圈中产生的感应电动势 e_1、e_2 极性也相同，所以 1、3 端为同极性端，2、4 也为同极性端。同极性端和绕组的绕向有关，常用变压器的绕组线圈外包有绝缘材料，且安装在封闭的铁壳中，从外观上看不出具体的绕向，为了能正确接线，变压器线圈上都标有同极性端的记号 "·" 或 "＊"。

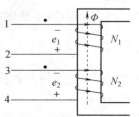

图 7-20　同极性端标记

（2）线圈的接法　假设变压器一次侧两个绕组的额定电压都为 110V，考虑当电源电压为 220V 该如何连接绕组？应将两绕组的异极性端串联，即连接 2、3 端，电源接在 1、4 两端，两绕组产生的感应电动势方向一致，瞬时极性相加，两个 110V 叠加起来与外电压 220V 平衡。如果连接错误，比如将 1、3 两端连在一起，2、4 两端接电源，由于电流在铁心中产生的磁通方向相反，相互抵消，绕组中将没有感应电动势产生，此时只有漏磁通，由于绕组的内阻和漏感抗很小，一次绕组中会有很大的电流通过，导致变压器的一次绕组烧毁。如果电源电压为 110V 时又该如何连接？将两绕组的同极性端并联，即把 1、3 连接，2、4 也连接，电源 110V 加在 1、2 端即可。

（3）同极性端的测定方法　如果同极性端的记号已辨认不清或消失，该怎么办？首先用万用表的欧姆档确认出哪两个出线端是属于同一绕组的，然后可以采用下面方法来确定不同绕组的同极性端。

1）直流法　如图 7-21a 所示，当 S 闭合时，如果电流表正偏，则 1、3 为同极性端；当 S 闭合时，如果电流表反偏，则 1、4 为同极性端。

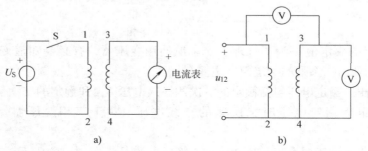

图 7-21　不同方法测同极性端

2）交流法　如图 7-21b 所示，把两个线圈的任意两端（2、4）连接，然后在 1、2 上加一低电压 u_{12}。测量 U_{12}、U_{13}、U_{34}，若 $U_{13} = |U_{12} - U_{34}|$，说明 1 与 3 或 2 与 4 为同极性端；若 $U_{13} = |U_{12} + U_{34}|$，说明 1 与 4 或 2 与 3 是同极性端。

7.5.4　其他类型的变压器

1. 自耦变压器　自耦变压器也称为调压器。它是一种单绕组变压器，二次绕组是一次绕组的一部分，因此它的特点是一次、二次绕组之间不仅有磁的联系，也有电的联系。图 7-22a 是它的原理图。按照输出电压的要求，自耦变压器分自由可调式和固定抽头式两种。图 7-22b 是实验室中常用的一种可调式自耦变压器。

图 7-22a 中，一次绕组加上电压 U_1，二次绕组电压为 U_2。因为主磁通穿过每匝线圈上有相同的感应电动势，所以二次侧的输出电压与匝数 N_2 成正比关系，即

$$\frac{U_1}{U_2} = \frac{N_1}{N_2} = K \tag{7-37}$$

同样有

$$\frac{I_1}{I_2} = \frac{N_2}{N_1} = \frac{1}{K} \tag{7-38}$$

转动调节手柄，即可改变输出电压的大小。一般输出电压的范围为 $0 \sim 250V$。因为自耦变压器的一个输出端直接接在一次侧，所以不能用在高压系统。就是在低压系统，第③端有可能接在相线上，也不能因为输出电压低而忽视触电的危险。

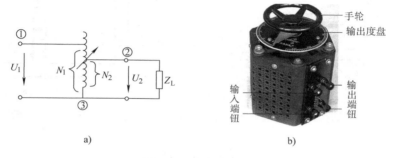

图 7-22　自耦变压器

2. 仪用互感器　用于测量的变压器称为仪用互感器。仪用互感器用来扩大交流电表的量程，使测量仪表与大电流或高电压电路隔离，因而保证了使用者的安全。仪用互感器分为电流互感器和电压互感器两种。

（1）电流互感器　电流互感器（CT）可以实现用低量程的电流表测量大电流。图 7-23 是电流互感器测量大电流或高电压电路中电流的接线原理图。一次绕组线径较粗，匝数很少，与被测电路负载串联；二次绕组线径较细，匝数很多，与电流表及功率表、电能表、继电器的电流线圈串联。由变压器的电流变换原理可以得到被测电流 = 电流表读数 $\times N_2/N_1$。

使用时要注意：二次绕组不能开路，否则会在二次侧产生过高的电压。为安全计，二次绕组的一端和铁壳都必须接地，以防在绝缘结构损坏时，在二次侧出现过电压，危及工作安全。

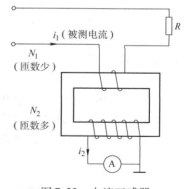

图 7-23　电流互感器

（2）电压互感器　电压互感器（PT）可以实现用低量程的电压表测量高电压。图 7-24 是电压互感器的接线原理图。电压互感器的一次绕组匝数很多，并联于待测电路两端；二次绕组匝数较少，与电压表及电能表、功率表、继电器的电压线圈并联。被测电压 = 电压表读数 $\times N_1/N_2$。

为了安全起见，使用时要注意：①二次绕组不能短路，以防产生过电流；②铁心、二次

绕组的一端必须接地，以防在绝缘结构损坏时，在二次绕组侧出现高电压。

3. 三相变压器　三相变压器用在电力系统变换三相电源电压之用，图7-25示出了它的结构原理图，一次侧首端用大写字母 A、B、C 表示，末端用大写字母 X、Y、Z 表示。二次线圈用对应的小写字母表示，三相变压器的连接方式按星形、三角形联结，根据一次、二次电压的不同，有多种连接方式，如 Y-D、Y-Y 等。不管哪种连接方式，绕组的首端、末端是不能搞错的。在实验室需要变换三相电源电压时，可用三相调压器。三相调压器往往用 3 个单相变压器组成，用一个手轮同轴操作。

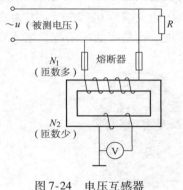

图 7-24　电压互感器　　　　　　　　　　　图 7-25　三相变压器

思　考　题

1. 变压器是根据什么原理进行电压变换的？它有哪些主要用途？

2. 变压器能否用来变换直流电压？如果变压器的一次侧接上和交流额定电压相同的直流电压，将会产生什么后果？

3. 在绕组匝数和电源频率一定的情况下，变压器铁心中主磁通最大值主要取决于什么？当负载电流增大时，一次绕组电流将如何变化？

4. 在什么条件下可以分别近似测量出变压器的铜损和铁损功率？

*7.6　电磁铁

电磁铁是利用通电的铁心线圈吸引衔铁或保持某种机械零件、工件于固定位置的一种电器。当电源断开时电磁铁的磁性消失，衔铁或其他零件即被释放。电磁铁衔铁的动作可使其他机械装置发生联动。电磁铁在生产中获得广泛应用。其主要应用原理是用电磁铁衔铁的动作带动其他机械装置运动，产生机械联动，实现控制要求。

7.6.1　电磁铁的基本结构

电磁铁常见的结构如图7-26所示。其中图 a 为螺管抽吸式，图 b 为拍合式，图 c 为单 E 直动式。从结构上看，它们主要由线圈、铁心及衔铁 3 部分组成。

7.6.2　电磁铁吸力的计算

根据电源类型电磁铁分为直流电磁铁和交流电磁铁两种。

直流电磁铁吸力的大小与气隙的截面积 S_0 及气隙中的磁感应强度 B_0 的二次方成正比。

基本公式如下：

$$F = \frac{10^7}{8\pi} B_0^2 S_0 \tag{7-39}$$

式中，B_0 的单位是 T；S_0 的单位是 m^2；F 的单位是 N。

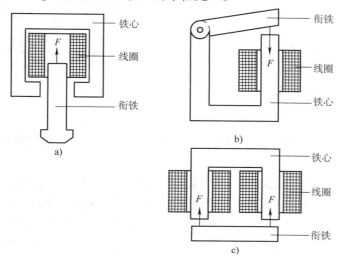

图 7-26 电磁铁常见的结构

交流电磁铁由于磁感应强度周期性交变，因而其吸力也是周期性变化的。设

$$B_0 = B_m \sin\omega t$$

则吸力瞬时值为

$$f = \frac{10^7}{8\pi} B_0^2 S_0 = \frac{10^7}{8\pi} B_m^2 S_0 \sin^2\omega t$$

$$= F_m \sin^2\omega t$$

$$= \frac{1}{2} F_m - \frac{1}{2} F_m \cos2\omega t \tag{7-40}$$

式中，F_m 为吸力的最大值，$F_m = \dfrac{10^7}{8\pi} B_m^2 S_0$。

吸力的平均值为

$$F = \frac{1}{T} \int_0^T f\mathrm{d}t = \frac{1}{2} F_m = \frac{10^7}{16\pi} B_m^2 S_0 \tag{7-41}$$

综合上述：

1）交流电磁铁的吸力在零与最大值之间脉动，其波形如图 7-27 所示。衔铁以两倍电源频率在颤动，引起噪声，同时触点容易损坏。为了消除这种现象，在磁极的部分端面上套一个分磁环（或称短路环）。工作时，在分磁环中产生感应电流，其阻碍磁通的变化，在磁极端面两部分中的磁通 $\varPhi_1$ 和 $\varPhi_2$ 之间产生相位差，相应该两部分的吸力不同时为零，实现消除振动和噪声（见图7-28），而直流电磁铁吸力恒定不变。

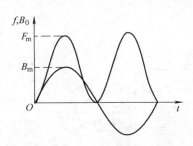

图7-27 交流电磁铁的吸力

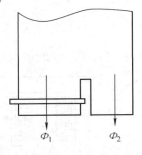

图7-28 分磁环的作用

2）交流电磁铁中，为了减少铁损，铁心由钢片叠成；直流电磁铁的磁通不变，无铁损，铁心用整块软钢制成。

3）在交流电磁铁中，线圈电流不仅与线圈电阻有关，主要的还与线圈感抗有关。在其吸合过程中，随着磁路气隙的减小，线圈感抗增大，电流减小。如果衔铁被卡住，通电后衔铁吸合不上，线圈感抗一直很小，电流较大，将使线圈严重发热甚至烧毁。

4）直流电磁铁的励磁电流仅与线圈电阻有关，在吸合过程中，励磁电流不变。

7.7 应用 Multisim 进行变压器仿真分析

【例7-6】 理想变压器变换电压和电流电路。图7-29 所示电路中 T1 为理想变压器，选择的是基本元器件库中的变压器（TRANSFORMER）1P1S，一次、二次绕组匝数比为 10:1，在一次侧接电压源 Vs1，电压有效值为电压表 U1 所示，即 U1 = 99.995V，电流有效值为电流表 I1 所示，I1 = 0.1A，二次电压 U2 = 9.999V，电流 I2 = 1A，验证了电压比等于匝数比，电流比等于匝数比的倒数。另外，从示波器显示波形可观察到一次电压与二次电压相位相同，最大值分别如通道 A 和通道 B 显示的 140.439V 和 14.044V，比值近似为匝数比。

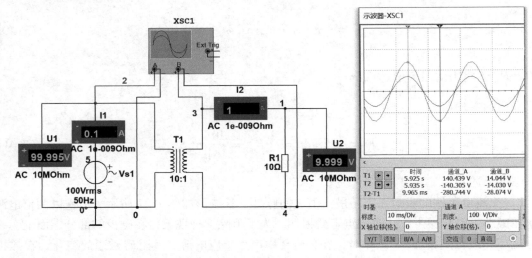

图7-29 理想变压器变换电压和电流电路

本 章 小 结

1. 磁路就是磁通集中通过的闭合路径。磁路通常由铁磁材料制成，铁磁材料有硬磁、软磁和矩磁之分。

2. 分析磁路可以与电路进行比较，它们之间有相似性也有本质的区别。磁路的欧姆定律 $\Phi = F/R_m$ 是分析磁路的基本定律之一。由于铁磁材料的磁阻 R_m 不是常数，因此该定律不能对磁路进行定量计算而只能作定性分析和粗略估算之用。

3. 简单无分支的直流磁路的计算有两类问题：一类是已知磁路中的磁通或磁感应强度求磁动势；另一类是已知磁动势要求磁路中的磁通或磁感应强度。第一类计算的步骤可归纳为：已知 $\Phi \to B = \dfrac{\Phi}{S} \to H \left(\dfrac{铁磁材料根据 B 由 B\text{-}H 曲线查 H}{非铁磁材料由公式直接求解} \right) \to \sum Hl = \sum NI$，得到磁动势。另一类采用的方法通常是试探法。

4. 交流铁心线圈接通正弦电源时，铁心磁通与电压之间的关系为 $U = 4.44fN\Phi_m$，当线圈匝数 N 及频率 f 一定时，主磁通 Φ_m 的大小只取决于外加电压的有效值，与铁心的材料及尺寸无关。

5. 变压器是利用电磁感应原理制成的一种静止的电磁装置，具有变换电压、变换电流和变换阻抗的功能，关系式分别为

$$\frac{U_1}{U_{20}} = \frac{N_1}{N_2} = K, \quad \frac{I_1}{I_2} \approx \frac{N_2}{N_1} = \frac{1}{K}, \quad |Z_i| = K^2 |Z_L|$$

自 测 题

7.1　直流铁心线圈，当铁心截面积 A 加倍，则磁通 Φ 将(　　)，磁感应强度 B 将 (　　)。

(a) 增大　　　　　　　　　(b) 减小　　　　　　　　　(c) 不变

7.2　两个完全相同的交流铁心线圈，分别工作在电压相同而频率不同 $(f_1 > f_2)$ 的两电源下，此时线圈的电流 I_1 和 I_2 的关系是(　　)。

(a) $I_1 > I_2$　　　　　　　(b) $I_1 < I_2$　　　　　　　(c) $I_1 = I_2$

7.3　两个铁心线圈除了匝数不同 $(N_1 > N_2)$ 外，其他参数都相同，若将这两个线圈接在同一交流电源上，它们的磁通 Φ_1 和 Φ_2 的关系为(　　)。

(a) $\Phi_1 > \Phi_2$　　　　　　(b) $\Phi_1 < \Phi_2$　　　　　　(c) $\Phi_1 = \Phi_2$

7.4　交流铁心线圈，当铁心截面积 A 加倍，则磁通 Φ 将(　　)，磁感应强度 B 将(　　)。

(a) 增大　　　　　　　　　(b) 减小　　　　　　　　　(c) 不变

7.5　交流铁心线圈，当线圈匝数 N 增加一倍，则磁通 Φ 将(　　)，磁感应强度 B 将(　　)。

(a) 增大　　　　　　　　　(b) 减小　　　　　　　　　(c) 不变

7.6　变压器的主磁通与负载的关系是(　　)。

(a) 随负载的增大而增大　　(b) 随负载的增大而显著减小　　(c) 基本上与负载无关

7.7　变压器的功率损耗有 (　　)。

(a) 铜损耗和铁损耗　　　　(b) 磁滞损耗和涡流损耗　　　　(c) 铁损耗和磁滞损耗

习　题

7.1　一交流铁心线圈电路，线圈电阻为 10Ω，把它接在 $110V$、$50Hz$ 的正弦电源上，测得电流为 $1A$、功率 $30W$，试求铁损耗功率。

7.2　图 7-30 所示的磁路中，铁心由硅钢片做成，磁化曲线见图 7-7，截面积 $A = 1000mm^2$，铁心平均长度 $l = 300mm$，空气隙 $d = 0.25mm$，线圈匝数 $N = 600$，试求产生磁通 $\Phi = 11 \times 10^{-4}Wb$ 时所需的磁动势和电流。

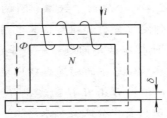

图 7-30　习题 7.2 图

7.3　具备线性化处理条件的铁心线圈电路如图 7-31 所示，已知 $N_1 = 1000$ 匝，$N_2 = 500$ 匝，线圈 1 有电阻 $R = 20\Omega$，$u_S = 220\sqrt{2}\sin314t$ V，$i_1 = 0.1\sqrt{2}\sin(314t - 85°)$A，略去漏磁通，试求主磁通 Φ 和 u_2。

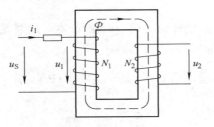

图 7-31　习题 7.3 图

7.4　有一线圈，其匝数 $N = 1000$ 匝，绕在由铸钢制成的闭合铁心上，铁心的截面积 $A_{Fe} = 20cm^2$，铁心的平均长度 $l_{Fe} = 50cm$，铸钢材料的 $B\text{-}H$ 曲线数据见表 7-2。如将线圈中通入的直流电流调到 $0.46A$，求铁心中的磁通 Φ。

表 7-2　习题 7.4 表

B/T	0.5	0.6	0.7	0.8	0.9	1.0	1.1	1.2	1.3	1.4
$H/A \cdot m^{-1}$	380	470	550	680	800	920	1070	1280	1570	2080

7.5　一个接在市电上的铁心线圈，通过仪表测得其磁通 $\Phi_m = 3.5 \times 10^{-4}Wb$，该铁心上同时还绕有另外一个线圈，其匝数 $N = 4000$，试求该线圈开路时的电压。

7.6　有一线圈，其匝数 $N = 1000$，绕在由铸钢制成的闭合铁心上，铁心的截面积 $A_{Fe} = 40cm^2$，铁心的平均长度 $l_{Fe} = 60cm$，铸钢材料的 $B\text{-}H$ 曲线数据见表 7-2。如要在铁心中产生磁通 $\Phi = 0.002Wb$，试求：(1) 磁路不含气隙，线圈应通入多大的直流电流；(2) 若磁路含有一长度为 $\delta = 0.2cm$ 的空气隙（与铁心柱垂直），由于空气隙较短，磁通的边缘扩散可忽略不计，线圈通入的直流电流有多大（已知 $\mu_0 = 4\pi \times 10^{-7}H/m$）。

7.7　一台 $10kV \cdot A$、$10000/230V$ 的单相变压器，如果在一次绕组的两端加额定电压，在额定负载时，测得二次电压为 220V。试求：（1）该变压器一、二次侧的额定电流；（2）电压调整率。

7.8　一单相照明变压器，容量为 10kV·A，电压为 3300/220V，今欲在二次侧接 60W、220V 的白炽灯，如果变压器在额定情况下运行，试求：（1）这种电灯可接多少盏；（2）一、二次绕组的额定电流。

7.9　有一音频变压器，原一次侧连接一个信号源，其 $U_S = 8.5V$，内阻 $R_0 = 72\Omega$，变压器二次侧接扬声器，其电阻 $R_L = 8\Omega$。试求：扬声器获得最大功率时的变压器电压比和最大功率值。

7.10　某台变压器容量为 10kV·A，铁损耗 $\Delta P_{Fe} = 280W$，满载铜损耗 $\Delta P_{Cu} = 340W$，求下列两种情况下变压器的效率：（1）在满载情况下给功率因数为 0.9（滞后）的负载供电；（2）在 75% 负载情况下，给功率因数为 0.8（滞后）的负载供电。

第8章

电 动 机

🛈 **知识单元目标**

● 能够理解三相异步电动机的基本结构、工作原理、机械特性和铭牌数据的意义，具备分析三相异步电动机电磁和机械特性的能力。

● 能够理解三相异步电动机起动、制动、正反转与调速控制原理，具备正确应用控制原理进行系统分析和设计的能力。

● 能够认识直流电动机和控制电动机，理解直流电动机和控制电动机的工作原理。

🎤 **讨论问题**

● 旋转磁场是如何产生的？旋转方向取决于什么？如何改变旋转磁场的旋转方向呢？

● 同步转速指的是什么？同步转速的大小由什么决定？

● 在实际应用中，三相异步电动机的额定转速要小于同步转速，为什么？

● 如何分析三相异步电动机的机械特性，曲线上有哪些转矩，各有什么意义？

● 三相异步电动机的起动方法有哪些，各自的优缺点是什么？

● 通过改变哪些因素可以实现三相异步电动机的调速？

在工业生产和人们生活中，随处可见大量的牵引与拖动系统，如电风扇、电动汽车等，是什么驱动风扇的叶片旋转？又是什么拖动汽车前进呢？那就是电动机。那么电动机如何实现这些功能呢？本章将重点以三相异步电动机为例，向读者介绍电动机的基本结构、转动原理以及控制方法。

8.1 三相异步电动机的结构

三相异步电动机实物以及剖面结构如图 8-1 所示，分为定子转子两大主要部分，定子与转子之间留有空气隙。除此之外，还有电动机端盖、风扇、轴承等附属部件。下面逐一介绍各部分的结构。

1. 三相异步电动机的定子 三相异步电动机的定子由定子铁心、定子绕组及相关附件组成。定子铁心一般是用硅钢片叠成的圆筒形铁心，作为电动机主磁通的一部分，固定在机座里面。其内圆周冲有间隔均匀的槽，用来安放三相对称绕组 AX、BY、CZ，A、B、C 称为三相对称绕组的首端，X、Y、Z 称为尾端。定子铁心如图 8-2 所示。

三相对称绕组的 6 个接线端分别引出，接到机座外侧的接线盒上，根据电动机额定电压和供电电源电压的不同，将定子绕组连接成丫或△。定子绕组主要用来通以三相交流电，产生旋转磁场。定子绕组安放在定子槽内后还须使用绝缘槽楔固定。

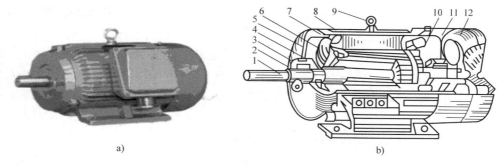

图 8-1　三相异步交流电动机及其剖面结构

1—电动机轴　2—轴承盖　3—轴承　4—端盖　5—定子绕组　6—转子

7—定子铁心　8—机座　9—吊环　10—后端盖　11—风扇　12—风扇罩

定子的附属部件主要有机座和端盖。机座主要用来固定和支撑定子，一般来讲，中小型电动机采用铸铁机座，大容量电动机的机座由钢板焊接制成。在机座的表面还附有固定的散热片，可以使电动机在运行时尽快散热。端盖主要用来固定轴承，支撑转子，也有保护定转子、隔尘和通风的作用。

2. 三相异步电动机的转子　三相异步电动机转动的部分称为转子，由转子铁心、转子绕组和转轴组成。转子铁心是用硅钢片叠成的圆柱形铁心，固定在转轴上，与定子铁心共同形成磁路。转子铁心外圆周冲有均匀分布的槽，用以安放转子绕组。根据结构形式的不同，转子绕组有笼型和绕线转子型两种。

图 8-2　三相异步电动机的定子铁心

笼型绕组有两种：一种是将铜条嵌入转子铁心槽内，两端用铜环短接构成闭合回路；另一种是用熔化的铝水一次浇铸而成短路绕组，端环上铸有风扇叶片，如图 8-3a 所示。后一种制造方法成本较低，中小型笼型异步电动机转子一般采用铸铝法制造。

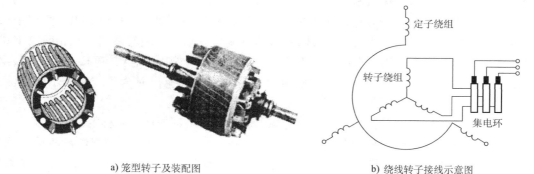

a) 笼型转子及装配图　　　　　　　　　b) 绕线转子接线示意图

图 8-3　三相异步电动机的转子

绕线转子绕组是将三相对称绕组安放在转子铁心上，其一端接在一起形成星形，另一端引出，通过空心转轴连接到 3 个集电环上，然后再通过固定在定子上的 3 个电刷将转子三相绕组引出，如图 8-3b 所示。正常运行时，绕线转子异步电动机的转子三相绕组通过集电环短路。起动或调速运行时，转子三相绕组则通过电刷外串三相电阻改善起动或调速性能。绕线转子绕组虽然制造起来较笼型绕组烦琐，但是在控制上却较为方便。

3. 三相异步电动机的气隙 三相异步电动机的定转子之间自然形成一个气隙，用以为转子转动留有一定的空间，感应电动机的气隙一般在 0.2～1.5mm 之间，气隙的大小对于电动机运行的影响很大，过大则电动机的功率因数变低，过小则装配困难，增加损耗。

8.2 三相异步电动机的基本工作原理

为了能够使读者对于交流异步电动机的基本工作原理有一个感性的认识，特引入一个大家熟知的物理模型来说明三相交流异步电动机的工作原理。

有一马蹄形磁铁被安装在一根可以旋转的轴上（见图 8-4），当转轴旋转时，蹄形磁铁也会以相同的速度进行旋转。在蹄形磁铁的内部磁场内，放置一个闭合的矩形线框。由电磁感应的基本原理可知，当蹄形磁铁随着转轴旋转时，通过矩形线框的磁通量就会发生变化，也即矩形线框的两条边与磁力线之间有相对切割的作用，从而产生方向相同的感应电动势和电流（由右手定则确定）。而产生的感应电流又位于磁场之内，受到电磁力的作用，形成电磁转矩，根据左手定则确定出方向，矩形线框也就随之转动起来。从这个意义上讲，矩形线框内的电流不是由外界供给，而是由感应得来，故名“交流感应电动机”。

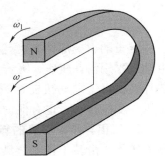

图 8-4 异步电动机基本模型原理示意图

蹄形磁铁的旋转速度与矩形线框的旋转速度不相同（否则蹄形磁铁和矩形线框之间便无相对运动，也就不会产生感应电流，当然也无法产生电磁转矩，线框不会旋转），在这个意义上，又可以称为“交流异步电动机”。

在三相异步电动机中，旋转的磁场是由三相交流电产生的，将闭合的线框置入磁极之内，同样可以起到作用。当给三相异步电动机的定子绕组通入三相对称交流电后，随电流变化会合成产生一个空间旋转磁场。

一对极（两极）三相异步电动机的每相定子绕组只有一个线圈，3 个线圈的结构完全相同，对称地嵌放在定子铁心线槽中，线圈绕组的首端与首端、末端与末端都互相间隔 120°，三相绕组对应的线圈分别用首末端表示为 A-X、B-Y、C-Z。规定：当电流末端（X、Y、Z）流入，首端（A、B、C）流出时为正；电流首端流入，末端流出时为负。⊗表示电流流入纸面，⊙表示电流流出纸面。

当三相对称绕组接至对称的三相交流电源上时，绕组内部便产生对称的三相电流，三相对称电流随时间变化的曲线如图 8-5a 所示，图 8-5b、c、d、e 为三相交流电动机的横截面图，为了研究合成磁场的问题，选定 $t_1 = \pi/6$，$t_2 = 5\pi/6$，$t_3 = 3\pi/2$，$t_4 = 13\pi/6$ 这 4 个特殊时刻来进行研究。

1）当 $t_1 = \pi/6$ 时，如图 8-5b 所示，各电流所环链形成的磁场方向为左斜向上。

2）当 $t_2 = 5\pi/6$ 时，如图 8-5c 所示，各电流所环链形成的磁场方向为逆时针偏移 $2\pi/3$ 空间角度。

3）当 $t_3 = 3\pi/2$ 时，如图 8-5d 所示，各电流所环链形成的磁场方向继续逆时针偏移

$2\pi/3$ 空间角度。

4）当 $t_4 = 13\pi/6$ 时，如图 8-5e 所示，各电流所环链形成的磁场方向又回到了原来的位置。

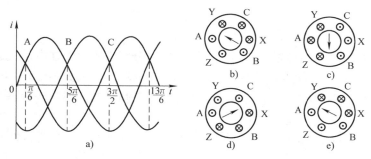

图 8-5　三相交流电形成旋转磁场示意图

经过上面 4 个特殊时刻电动机三相绕组中所产生的磁场位置后可以得出：当三相交流电连续对称变化时，在电动机的空间中就可以产生一个连续均匀的旋转磁场。当三相交流电变化一个周期时，其所形成的磁场在空间也旋转了一圈，磁场旋转的速度与电流的变化同步。

上述每相绕组节距为 180° 几何角（即每个绕组首末端之间的几何角），产生的磁场是一对极磁场。

图 8-6 是在电动机的定子中每相交流电安放两个线圈的情形，同时也表示出在图 8-5 所示的 4 个时刻形成磁场的位置。

从图中可以看出，三相交流电所形成的旋转磁场的极对数变为两对（$p = 2$）。在此时交流电变化一个周期，旋转磁场相对原来的位置只旋转了半圈。考虑到三相交流电每秒内变化 f_1 次，则相应的旋转磁场转速为 $n_1 = 60f_1$，转速的单位为 r/min。当电动机有 p 对极时，磁场转一圈，电流变化了 p 次，即

$$n_1 = \frac{60f_1}{p} \qquad (8\text{-}1)$$

式中，n_1 为三相异步电动机旋转磁场的旋转速度；f_1 为三相交流电的频率；p 为三相电动机的定子磁极对数。

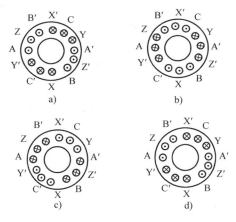

图 8-6　三相两极旋转磁场的形成

对于磁极对数确定的电动机，由于旋转磁场的转速 n_1 与三相定子绕组的通电频率 f_1 之间符合严格的同步关系，频率 f_1 越高则转速 n_1 越高，因此，旋转磁场的转速又称为同步转速。对于工频为 50Hz 的供电系统，同步转速 n_1 与磁极对数 p 的关系见表 8-1。

表 8-1　同步转速 n_1 与磁极对数 p 的关系

p	1	2	3	4	5	6
$n_1/\text{r} \cdot \text{min}^{-1}$	3000	1500	1000	750	600	500

旋转磁场的旋转速度与线框的旋转速度之间必须存在一个速度差：$(n_1 - n) \neq 0$，这是电动机正常运行的必要条件。将转速降 $(n_1 - n)$ 与同步转速 n_1 相比得到的一个物理量值，称为转差率，用 s 表示：

$$s = \frac{n_1 - n}{n_1} \tag{8-2}$$

这是一个没有单位的物理量，有时也可以使用百分率来表示。在电动机起动瞬间，电动机的转速 $n = 0$，即 $s = 1$。随着转速的提高，转差率 s 减小，一般情况下，电动机运行在电动状态时 $0 < s < 1$，在 $0.05(5\%)$ 左右。电动机运行在制动或其他一些状态时，转差率会有所变化。

转差率 s 是三相异步电动机的一个重要参数，在分析电动机的运行特性时经常用到。故转速可表示为

$$n = (1 - s)n_1 \tag{8-3}$$

8.3　三相异步电动机的电磁转矩和机械特性

8.3.1　等效电路参数

三相异步电动机中，旋转磁场不但在转子绕组中感应电动势 E_2，而且也在定子绕组中感应电动势 E_1 为

$$E_1 = 4.44f_1N_1\Phi \tag{8-4}$$

式中，f_1 为定子电流频率；N_1 为定子每极每相绕组的匝数；Φ 为旋转磁场每个磁极的磁通。

正常工作时，定子绕组电阻很小，压降可以忽略，漏磁电抗压降也很小，可以忽略，所以 E_1 约等于电源电压 U_1。

在异步电动机起动瞬间，$n = 0$，$s = 1$，这时转子电路各物理量用下标 20 表示，转子电流频率为

$$f_{20} = pn_1/60 = f_1 \tag{8-5}$$

转子感应电动势为

$$E_{20} = 4.44f_1N_2\Phi \tag{8-6}$$

转子的漏磁感抗为

$$X_{20} = 2\pi f_1 L_2 \tag{8-7}$$

式中，L_2 为转子的漏磁电感。

转子转动以后，旋转磁场以转差 $\Delta n = n_1 - n$ 的速度切割转子导体，则转子电流的频率为

$$f_2 = p\frac{n_1 - n}{60} = \frac{n_1 - n}{n_1}\frac{pn_1}{60} = sf_1 \tag{8-8}$$

转子绕组中产生的感应电动势 E_2 为

$$E_2 = 4.44f_2N_2\Phi = 4.44sf_1N_2\Phi = sE_{20} \tag{8-9}$$

转子的漏磁感抗为

$$X_2 = 2\pi f_2 L_2 = 2\pi s f_1 L_2 = s X_{20} \tag{8-10}$$

可以得到转子绕组中的电流为

$$I_2 = \frac{E_2}{\sqrt{R_2^2 + X_2^2}} = \frac{sE_{20}}{\sqrt{R_2^2 + (sX_{20})^2}} \tag{8-11}$$

式中，R_2 为转子每相绕组的等效电阻。

转子电路的功率因数为

$$\lambda = \cos\varphi = \frac{R_2}{\sqrt{R_2^2 + X_2^2}} = \frac{R_2}{\sqrt{R_2^2 + (sX_{20})^2}} \tag{8-12}$$

I_2、$\cos\varphi$ 随转差率 s 变化的关系曲线如图8-7所示。

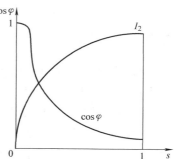

图 8-7 I_2、$\cos\varphi$ 随转差率 s 变化的关系曲线

8.3.2 电磁转矩

三相异步电动机的电磁转矩是由旋转磁场与转子电流相互作用产生的。电磁转矩与旋转磁场的磁通 Φ 和转子电流 I_2 成正比，又因为转子电路是电感性的，所以电磁转矩与转子电流的有功分量 $I_2\cos\varphi_2$ 成正比，从而

$$T = C\Phi I_2 \cos\varphi_2 \tag{8-13}$$

式中，C 为与电动机结构有关的常数；Φ 为旋转磁场每个磁极的磁通；I_2 为转子电流有效值；$\cos\varphi_2$ 为转子电路功率因数。T 的单位为 N·m(牛·米)。

将式（8-11）、式（8-12）代入式（8-13）得

$$T = C\Phi E_{20} \frac{sR_2}{R_2^2 + (sX_{20})^2} \tag{8-14}$$

式中，C、Φ、E_{20}、R_2、X_{20} 均可视为常数。

又因为

$$\Phi = \frac{E_1}{4.44 f_1 N_1} \approx \frac{U_1}{4.44 f_1 N_1}$$

$$E_{20} = 4.44 f_1 N_2 \Phi \approx \frac{N_2}{N_1} U_1$$

所以

$$T = C_T U_1^2 \frac{sR_2}{R_2^2 + (sX_{20})^2} \tag{8-15}$$

转矩 T 随转差率 s 变化的关系称为转矩特性，如图8-8所示，称为转矩特性曲线。

从 $T = f(s)$ 曲线可以看出，s 较小时，转矩 T 随 s 的增大而增大；s 较大时，转矩 T 随 s 的增大而减小，转矩特性曲线出现一最大值 T_m，这时的转差率 s_m 称为临界转差率。令式（8-15）对 s 的导数 $\mathrm{d}T/\mathrm{d}s = 0$，求得临界转差率为

$$s_m = \frac{R_2}{X_{20}} \tag{8-16}$$

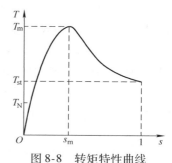

图 8-8 转矩特性曲线

将式（8-16）代入式（8-15），得最大转矩为

$$T_{\mathrm{m}} = C_{\mathrm{T}} U_1^2 \frac{1}{2X_{20}} \tag{8-17}$$

可以看出，T 和 T_{m} 与 U_1^2 成正比，所以电源电压的波动对电动机的转矩影响很大，这是异步电动机的不足之处。

8.3.3 机械特性

当电源电压 U_1 和频率 f_1 一定，且电动机参数不变时，异步电动机的转速 n 与转矩之间的关系 $n = f(T)$ 称为机械特性，如图8-9所示。

从图中可以看出，机械特性中有以下几个特点：

1）在 A 这个点上转速 $n = 0$，转差率 $s = 1$，转矩为起动转矩，当电动机所带负载转矩 T_{L} 小于起动转矩时，可带负载起动，从 A 点到 B 点，电动机的转矩随转速的上升而增大，促使转速迅速提高，到达 B 点。

2）在 B 这个点上转差率 $s = s_{\mathrm{m}}$，转矩为最大值 T_{m}。

3）C 点为额定运行点。通过 B 点后，电动机转矩随转速上升而减小，直到 $T = T_{\mathrm{N}}$ 时，电动机的转速稳定下来，在这个点上转差率 $s = s_{\mathrm{N}}$，转速为额定转速 n_{N}，转矩为额定转矩 T_{N}。所以，电动机稳定运行的工作点位于机械特性曲线 BD 区上的某一点。

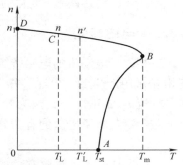

图8-9 三相异步电动机机械特性

额定转矩 T_{N} 可由铭牌上给出的额定数据求出：

$$T_{\mathrm{N}} = 9550 \frac{P_{\mathrm{N}}}{n_{\mathrm{N}}} \tag{8-18}$$

式中，额定功率 P_{N} 的单位为 kW（千瓦）；额定转速 n_{N} 的单位为 r/min（转/分）。

通常，异步电动机工作于额定运行点 C，若负载转矩增大为 T'_{L}，电磁转矩不能马上改变，导致电动机转速下降，随之电磁转矩增大，直到 $T = T'_{\mathrm{L}}$，电动机在新的工作点稳定下来，此时转速 $n < n_{\mathrm{N}}$，运行于这一区间时，电动机能自动适应负载转矩的变化而稳定的运转，故 BD 区称为稳定工作区，AB 区为不稳定工作区。一般异步电动机机械特性曲线 BD 段较平，在此区段内，负载转矩的变动引起的转速变化不大，因此称这种特性为硬机械特性。

如果负载转矩增大到 $T'_{\mathrm{L}} > T_{\mathrm{m}}$，则电动机转速迅速下降，进入 AB 段，电磁转矩随之减小，电动机迅速停止运转，这一现象称为堵转。堵转后，电动机定子电流立即升高为额定电流的数倍，如果不采取措施及时切断电源，电动机将严重过热，以致烧毁。

4）在 D 这个点上转差率 $s = 0$，转速为同步转速 n_1，转矩为零，在电动机正常运行在电动状态时，一般不会达到这个同步速点。

在工程上还有两个重要的参数：过载能力 λ 和起动能力 K_{st}。它们分别是最大转矩、起动转矩与额定转矩的比值，表示为

过载能力

$$\lambda = \frac{T_{\mathrm{m}}}{T_{\mathrm{N}}} \tag{8-19}$$

起动能力

$$K_{st} = \frac{T_{st}}{T_N}$$

(8-20)

一般三相异步电动机的过载能力在 1.8 ~ 2.2 之间，而冶金、起重等特殊电动机的过载能力在 2.2 ~ 3 之间。一般三相异步电动机的起动能力在 1.4 ~ 2.2 之间。

8.4　三相异步电动机的铭牌数据

三相交流电动机的铭牌数据一般包括电动机型号以及额定数据等。

1. 型号　我国三相交流电动机的型号主要由大写的汉语拼音和数字组成。大写的汉语拼音主要是有代表性的汉字拼音的首写字母。数字是该电动机的一些结构参数，如极数、机座长度等，有的电动机还要给出控制方式。例如，国产某三相多速交流电动机的型号为 YD-132M-4/2，所代表的意义如下：

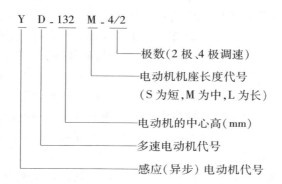

还有一些常见的型号如 Y 系列、JS 系列、JR 系列等，它们代表的意义分别为小型笼型全封闭自冷式三相电动机、中型防护式笼型三相电动机、防护式绕线转子三相电动机。

2. 额定数据　电动机的额定数据主要包括以下内容：

1）额定功率 P_N：电动机的输出功率，也即在电动机轴上的机械功率，单位为 kW、W。

2）额定电压 U_N：电动机正常运行时加在定子端的额定输入电压，特指三相的交流线电压，单位为 V。

3）额定电流 I_N：电动机正常运行时加在定子端的额定输入电流，特指三相的交流线电流，单位为 A。

4）额定频率 f_N：电动机正常运行时加在定子端的额定频率，也称为"工频"。在我国工频指 50Hz，在国外的很多国家工频指 60Hz。

5）额定转速 n_N：电动机正常运行时定子端加额定输入电压，输出为额定功率时的转速，单位为 r/min。

6）额定功率因数 $\cos\varphi_N$：电动机正常运行时加在定子端的额定功率因数。

7）绝缘与温升：各种材料的绝缘等级不同，而且电动机对正常运行的温度也有一定的限制，这些值一般也会在铭牌上标出。

此外，电动机的铭牌上会标出定、转子绕组的连接方式，以供计算时使用。

8.5 三相异步电动机的起动、制动、调速

8.5.1 三相异步电动机的起动

下面将对三相异步电动机的起动问题以及工程解决的方法进行介绍。由于三相异步电动机转子的结构分为笼型和绕线转子型，其起动方法上也有一些区别，这里以笼型三相异步电动机为例，其起动方法有直接起动（全压起动）和减压起动（间接起动）两种。

1. 三相异步电动机的直接起动

将三相异步电动机的定子端加额定电源，使之从静止开始转动直至进入稳定的运行状态，就是异步电动机的直接起动方法。在直接起动的时候，转速由 $n=0$ 升高至稳定值的过程，称为起动过程。起动瞬间，由于 $n=0$，$s=1$，所以旋转磁场和静止的转子之间相对转速很大，转子中的感应电动势很大，转子电流也就很大。定子从电源汲取的电流随着转子电流的增大而增大，起动时的定子电流称为起动电流，用 I_S 表示，约为额定电流 I_N 的 5 ~ 7 倍。起动电流 I_S 虽然很大，但是起动转矩 T_S 却并不大（约为额定转矩的 2 倍）。这是因为转速 n 较低时，$\cos\varphi_2$ 很低。那么这样一来会对电动机有什么影响呢？

就起动电流而言，过大的起动电流对于电动机本身的影响并不是很大，至多会使电动机发热，只要控制在一定范围内是可以容忍的。但是，过大的起动电流对于电网电压来讲却是一个较大的问题，它会使与电动机并接在同一个电网上的其他用电设备工作异常。就起动转矩而言，过小的起动转矩会使电动机的起动时间太长。同时，如果拖动的是重载的话则起动非常困难，有时甚至无法起动。

因此，三相异步电动机若进行直接起动的话必须要具备这样两个条件：①供电电网的稳定性允许；②负载的转矩不能够过大。

2. 三相异步电动机的减压起动

要解决异步电动机在起动时对电网电压的影响问题，就应该减小起动时的电流。而降低定子的电压，即减压起动是减小起动电流的有效方法。但同时也应该看到，减压起动只能减小定子的电压电流，对于重载设备的起动使用减压起动方法仍然不能解决问题，因此减压起动只适用于轻载起动场合。减压起动的具体方法有几种：

（1）定子串对称电抗起动

定子串对称电抗起动的接线图如图 8-10 所示。电动机起动时将开关 S_1 合至电网，并将开关 S_2 向下闭合，将起动电抗接入定子绕组中，待电动机进入稳定运行状态后保持开关 S_1 的状态不变，然后将开关 S_2 向上闭合将起动电抗切除，完成起动的过程。

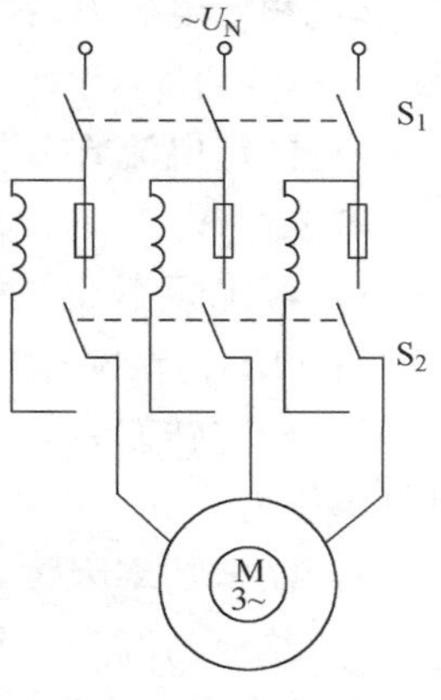

由于在定子中串入电抗，有一部分电压被电抗分掉，所以加在定子绕组上的电压比额定电压就小多了。假设加在定子绕组上的电压为额定电压的 $1/K$，即

$$\frac{U_{1st}}{U_{1N}} = \frac{1}{K}$$

图 8-10　定子串对称
电抗起动接线图

根据三相异步电动机转矩的参数表达式（8-15）可知在这种情况下电动机的转矩变化为

$$\frac{T'_{st}}{T_{st}} = \frac{U_{1st}^2}{U_{1N}^2} = \frac{1}{K^2}$$

上式表明转矩将成平方倍减小，因此定子串对称电抗起动只能用于轻载或空载起动。在工程实际中，往往是先给出电动机起动电流或起动电压的限制，然后由限制的电流或电压与直接起动时的作比，求出比例系数，然后根据试验所得的阻抗参数来确定所要串接电抗的大小。

那么，为何不在电动机的定子绕组中串接电阻呢？电阻不是同样也可以起到分压的作用吗？在电动机的定子绕组中串接电阻，同样可以降低定子绕组的电压电流值，但是这样一来，就会有很多的有功功率消耗在起动电阻上，致使电动机功率下降，而串入电抗只消耗无功功率较串电阻的效果好。因此一般只采用定子串对称电抗起动，而不用电阻。

（2）自耦变压器减压起动

使异步电动机降低电压起动的办法还有使用自耦变压器减压起动的方法，具体的接线图如图 8-11 所示。首先，计算要求的起动电压与额定运行电压的比值，将自耦变压器的滑动触点调至合适的位置。电动机起动时将开关 S_2 闭合，这样自耦变压器的一次侧就接在了额定电压的电网上，二次侧接在三相异步电动机的定子绕组上。当电动机逐渐进入稳定运行的时候，就将开关 S_2 断开，将自耦变压器切除，同时向上闭合开关 S_1 使额定电压完全加在电动机的定子绕组上，完成减压起动过程。下面来具体分析一下自耦变压器减压起动的电压、电流和转矩的变化。

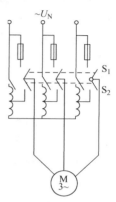

图 8-11　异步电动机自耦变压器减压起动接线图

图 8-12 是异步电动机自耦变压器减压起动电路图。图中一次电压即额定电网电压为 U_1，自耦变压器二次电压为 U_2，也就是经过降压以后加在电动机定子上的电压；I_{st1} 为自耦变压器一次侧的起动电流，I_{st2} 为电动机经过降压以后的起动电流；N_1、N_2 为自耦变压器一次侧、二次侧匝数。

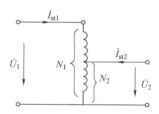

图 8-12　异步电动机自耦变压器减压起动电路图

电动机在减压起动时，电压与直接起动的电压关系有

$$\frac{U_2}{U_1} = \frac{N_2}{N_1}$$

电动机减压起动电流与电动机直接起动电流之间的关系有

$$\frac{I_{st2}}{I_{st}} = \frac{U_2}{U_1} = \frac{N_2}{N_1}$$

自耦变压器一次侧的起动电流与电动机减压起动电流之间的关系有

$$\frac{I_{st1}}{I_{st2}} = \frac{N_2}{N_1}$$

故自耦变压器减压起动与电动机直接起动相比，它们之间的电流关系为

$$\frac{I_{st1}}{I_{st}} = \left(\frac{N_2}{N_1}\right)^2 \tag{8-21}$$

同样可得自耦变压器减压起动与电动机直接起动相比，它们之间的起动转矩关系为

$$\frac{T_{st1}}{T_{st}} = \left(\frac{U_2}{U_1}\right)^2 = \left(\frac{N_2}{N_1}\right)^2 \tag{8-22}$$

由式（8-21）和式（8-22）两式看出，使用自耦变压器减压起动与直接起动时电压降低了，但同时电流、转矩与直接起动时相比降低得更多，因此同样也不能重载起动。此外，自耦变压器体积质量都比较大，一般只应用在较大容量的电动机起动设备上。

（3）星形-三角形减压起动（Υ-△起动）

Υ-△起动方式适用于正常运行时定子绕组为△联结的异步电动机。在进行减压起动时，首先将定子绕组接成Υ联结方式，然后进行稳定运行时，再接回到△联结方式，具体的接线图如图 8-13 所示。

在进行起动时，首先将开关 S_1 闭合与额定电源的电网连接，同时将开关 S_2 向下闭合，使电动机的定子绕组呈Υ联结；待电动机逐渐运行到稳定运行状态时，将开关 S_2 向上闭合（从下面的端口断开）从而使电动机的定子恢复到正常运行的△联结。

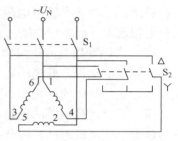

图 8-13　异步电动机Υ-△
起动接线图

下面来分析一下星形-三角形减压起动的电压、电流和转矩的变化情况。图 8-14 为三相异步电动机星形-三角形减压起动的电路连接形式。

电动机正常运行、直接起动的电路连接如图 8-14a 所示，相电压等于线电压：$U_L = U_p$，起动电流与每相相电流之间的关系为 $I_{st} = \sqrt{3}\,I_1$。如果采用Υ-△起动，加在定子端的电压不变，此时定子每相的起动电压为定子三角形联结时的 $1/\sqrt{3}$。每相的起动电流同时也是起动的线电流，为

$$I_{st}' = I_2 = \frac{U_L'}{U_L}I_1 = \frac{U_p/\sqrt{3}}{U_p}I_1 = \frac{1}{\sqrt{3}}I_1$$

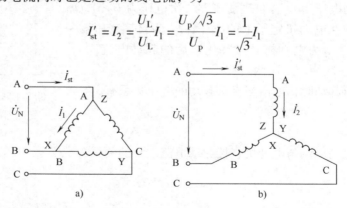

图 8-14　三相异步电动机Υ-△减压起动的电路连接图

由此可得Υ-△减压起动与直接起动时起动线电流之比为

$$\frac{I'_{st}}{I_{st}} = \frac{I_1/\sqrt{3}}{\sqrt{3}\,I_1} = \frac{1}{3} \qquad (8\text{-}23)$$

若直接起动的起动转矩为 T_{st}，丫-△减压起动的起动转矩为 T'_{st}，同样可以得到采用丫-△减压起动前后电动机的起动转矩之比为

$$\frac{T'_{st}}{T_{st}} = \left(\frac{U'_{L}}{U_{L}}\right)^2 = \frac{1}{3} \qquad (8\text{-}24)$$

采用丫-△减压起动必须在电动机的出线盒上留有三相绕组的 6 个接线端，为用户提供一个进行丫-△减压起动的可能性。此外，丫-△减压起动同样降低起动的电压、电流和转矩，因此对于重载的情况这种起动方法也是不能投入运行的。

（4）延边三角形减压起动

延边三角形减压起动结合了自耦变压器减压起动和丫-△减压起动的特点发展而来。能够使用延边三角形减压起动的电动机本身具有一定的特点：每相绕组都有 3 个引出端，两个是相绕组本身的端口，另外一个是中心抽头，这 3 个引出端都要引出到接线盒，这样一来共有 9 个接线头。图 8-15 是延边三角形减压起动的电路接线图。

在电动机正常运行时，将图 8-15a 中的 1、6，2、4，3、5 端口接在一起，并作为△联结，将 3 个接头接在额定电压的电网上，也就是说在正常运行时，电动机的定子绕组为△联结。在起动时，将 3 个定子相绕组的中心抽头与某相绕组的端口接在一起，另外一个端口引出，接额定电压的电网，如图 8-15b 所示。

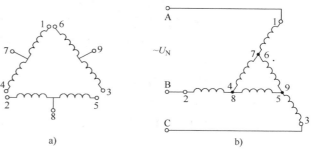

图 8-15　延边三角形减压起动的电路接线图

中心抽头 7 与其中一相的端口 6 连接，该相另一端口 3 作为 C 相的引出端；中心抽头 8 与其中一相的端口 4 连接，该相另一端口 1 作为 A 相的引出端；中心抽头 9 与其中一相的端口 5 连接，该相另一端口 2 作为 C 相的引出端。这样，整个绕组的连接方法，好像将三角形联结的每个边都延长了一截一样，所以称为延边三角形减压起动。在起动接近稳定运行后，将图 8-15b 的连接方式切换到图 8-15a 的连接方式，起动过程完成。

延边三角形减压起动结合了自耦变压器减压起动和丫-△减压起动的特点，但是在电动机结构上必须留出中心抽头，制造复杂，而且不能够随便改动抽头的位置，也限制了这种起动方法的使用。

（5）软起动器起动

软起动器是一种集软起动、软停车、轻载节能和多功能保护于一体的电动机控制装备，实现在整个起动过程中无冲击而平滑地起动电动机，而且可根据电动机负载的特性来调节起动过程中的各种参数，如限流值、起动时间等，主要由串接于电源与被控电动机之间的三相反并联晶闸管及其电子控制电路构成。运用不同的方法，控制三相反并联晶闸管的导通角，使被控电动机的输入电压按不同的要求而变化，就可实现不同的功能。

软起动器采用三相反并联晶闸管作为调压器，将其接入电源和电动机定子之间。图 8-16

为软起动器起动接线图，这种电路如三相全控桥式整流电路。使用软起动器起动电动机时，晶闸管的输出电压逐渐增加，电动机逐渐加速，直到晶闸管全导通，电动机工作在额定电压的机械特性上，实现平滑起动，降低起动电流，避免起动过电流跳闸。待电动机达到额定转速时，起动过程结束，软起动器自动用旁路接触器取代已完成任务的晶闸管，为电动机正常运转提供额定电压，以降低晶闸管的热损耗，延长软起动器的使用寿命，提高其工作效率，又使电网避免了谐波污染。软起动器同时还提供软停车功能，软停车与软起动过程相反，电压逐渐降低，转速逐渐下降到零，避免自由停车引起的转矩冲击。

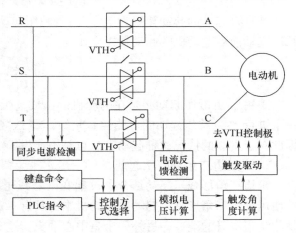

图 8-16　软起动器起动接线图

【例 8-1】　某三相笼型异步电动机，$P_N = 1000kW$，$U_N = 3000V$，$I_N = 235A$，$n_N = 593r/min$，起动电流倍数是 $K_T = 6$，起动转矩倍数 $K_{st} = 1.0$，最大允许冲击电流为 950A，负载要求起动转矩不小于 7500N·m，试计算在采用下列起动方法时的起动电流和起动转矩。

（1）直接起动；

（2）定子串电抗减压起动；

（3）采用丫-△起动器起动；

（4）采用自耦变压器（一次、二次电压比为：64%、73%）起动并判断哪一种起动方法能满足要求。

解： 电动机的额定转矩为

$$T_N = \frac{P_N}{\frac{2\pi n}{60}} = \frac{1000 \times 10^3}{\frac{2\pi \times 593}{60}} N \cdot m = 16112 N \cdot m$$

（1）直接起动时的电流：$I_{st} = K_T I_N = 1410A > 950A$

电动机起动电流过大，对电动机不利。

（2）定子串电抗减压起动，设定起动电流为最大允许冲击电流：$I_{st} = 950A$

有　　　$\frac{U_x}{U_N} = \frac{1}{K} = \frac{950}{1410} = 0.674$，$\frac{T_{st}}{T_{stN}} = \frac{1}{K^2} = 0.674^2 = 0.454$

$$T_{st} = \frac{1}{K^2} K_{st} T_N = (0.454 \times 1 \times 16112) N \cdot m = 7314 N \cdot m < 7500 N \cdot m$$

起动转矩小于负载转矩，电动机不能起动。

（3）采用丫-△起动器起动

$$\frac{1}{K} = \frac{1}{\sqrt{3}} = 0.577，\quad I_{st} = \frac{1}{K^2} K_T I_N = \left(\frac{1}{3} \times 1410\right)A = 470A < 950A$$

$$T_{st} = \frac{1}{K^2} K_{st} T_N = \left(\frac{1}{3} \times 16112\right)N \cdot m = 5370.7 N \cdot m < 7500 N \cdot m$$

起动电流满足要求，但是起动转矩小于负载转矩，电动机仍然不能起动。

（4）采用自耦变压器起动

1）一次、二次电压比为 64%：

$$\frac{U_x}{U_N} = \frac{1}{K} = 0.64, I_{st} = \frac{1}{K^2}K_1 I_N = (0.64^2 \times 1410)A = 577A < 950A$$

$$T_{st} = \frac{1}{K^2}K_{st}T_N = (0.64^2 \times 16112)N \cdot m = 6599.5N \cdot m < 7500N \cdot m$$

同样的，起动电流满足要求，但是起动转矩小于负载转矩，电动机不能起动。

2）一次、二次电压比为 73%：

$$\frac{U_x}{U_N} = \frac{1}{K} = 0.73, I_{st} = \frac{1}{K^2}K_1 I_N = (0.73^2 \times 1410)A = 751.4A < 950A$$

$$T_{st} = \frac{1}{K^2}K_{st}T_N = (0.73^2 \times 16112)N \cdot m = 8586.1N \cdot m > 7500N \cdot m$$

此时，起动电流、起动转矩均满足要求，可以起动。

解毕。

以上讨论的起动方法主要是对电动机的定子边进行了一些改进工作，因此这些起动方法理论上来讲适合于所有异步电动机，但一般只用在笼型异步电动机起动上。由于绕线转子异步电动机转子结构有其自身特点，因此，绕线转子异步电动机又有一些特殊的起动方法。

8.5.2 三相异步电动机的制动

如果要使正在运行的三相异步电动机制动停车，可以将定子电源断开，靠电动机轴的摩擦使其自由停车，但是这样制动方法的制动时间过长，在高性能的拖动系统中不能满足要求。这就需要用强制的方法迫使电动机迅速停车，即制动。

制动的方法有电磁抱闸机械制动和电气制动。机械制动是利用机械摩擦力给电动机施加制动转矩，使电动机停车。常用的方法是采用电磁制动器即制动电磁铁制动。电气制动是使电动机产生一个与转动方向相反的电磁转矩，快速停车。常用的电气制动方法有反接制动、能耗制动及反向回馈制动。

1. 反接制动

异步电动机的反接制动分为电枢反接制动和转速反向的反接制动两种方式。

（1）电枢反接制动

在三相异步电动机制动时，电枢指的是电动机的定子端，因此需要反接制动时，应该反接定子绕组。具体的做法是：当电动机需要进行反接制动时，将电动机定子三相电源的相序任意交换两相就可以实现。电枢反接的反接制动的接线方式如图 8-17a 所示。

在进行制动时，首先将开关 S_1 从三相电源断开，与此同时，闭合开关 S_2。从图中可以很清楚地看到在执行这一动作时，处于中间的一相交流电源没有改变，处于两侧的两相交流电相序互换。在此过程中，由于电源相序不同，电动机的旋转磁场的转向立即发生改变，成为与原转向相反的旋转磁场；而在此瞬间，电动机转子由于是在进行机械旋转，故转向不能发生突变，仍然在原来的转速运行；由于旋转磁场突然换向，故在制动时会产生较大的瞬间电流，这对电动机不利，所以，在转子中串接三相对称阻抗，以保护电动机。由此看出，这种制动方法适用于绕线转子异步电动机或转子电阻比较大的高转差率笼型异步电动机。

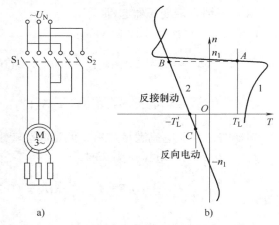

整个制动过程的机械特性如图8-17b所示。在制动过程中，由于电枢反接磁场反转，所以新的制动机械特性通过反向同步速点：$-n_1$，同时为了保护电动机，在转子中串接了电阻，整个机械特性将变软，如图8-17b机械特性2。制动开始时，转子转速不能突变，运行点由固有特性上的 A 点转移到反接制动的特性 B 点上运行，电动机提供的电磁转矩与负载转矩反向，故电动机逐渐沿制动的机械特性减速，当电动机拖动非反抗性、位能性负载运行时，电动机将逐渐减速，最后直至转速为0，电动机停车为止，反接制动过程结束。当电动机拖动一个反抗性负载

图8-17 异步电动机电枢反接的反接
制动的接线图和机械特性

运行，使用反接制动停车，在转速为0时如果不及时采用有效的机械方式制动（如抱闸），电动机就会反向起动，经过一段时间后，运行在反向电动状态，如图8-17b机械特性2上的 C 点；如果电动机拖动的是一个位能性负载运行，使用反接制动停车，在转速为0时如果也不及时采用有效的机械方式制动，电动机也会反向起动，经过一段时间后，运行在反向回馈状态，这点稍后介绍。

在制动瞬间为了保护电动机而在转子中串入的电阻值可以利用临界转差率之比的方法计算得出。

（2）转速反向的反接制动（倒拉反转运行）

转速反向的反接制动（或运行）方式只适用于绕线转子异步电动机。从绕线转子异步电动机转子串电阻的人为机械特性可知，如果在转子中串入电阻的话，电动机线性段的机械特性就会变软，转速下降，如果不停地加大转子电阻的值，机械特性会继续变软。此时如果电动机拖动一个位能性恒转矩负载，整个拖动系统会稳定工作在第四象限，这种运行方式称为转速反向的反接制动，机械特性如图8-18所示。图中 B 点即为稳定运行点。之所以称为转速反向的反接制动是因为：第一，实际工作点与同步速的方向相反；第二，其机械特性与电枢反接的反接制动的机械特性与原点成对称的原因。另外，这种运行方式也称作倒拉反转的运行方式。

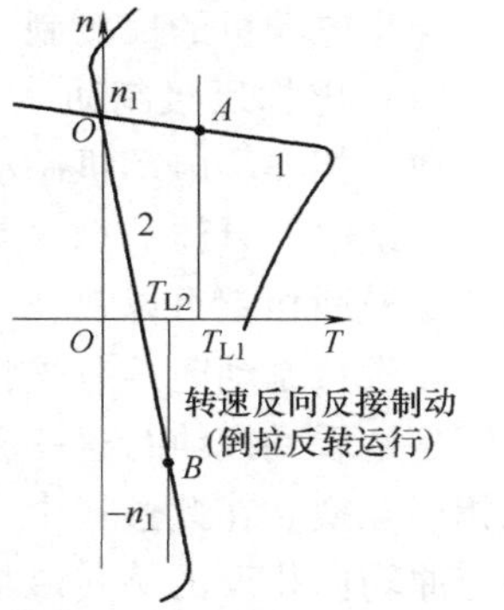

【例8-2】 某三相绕线转子异步电动机额定数据如下：$P_N = 60 kW$，$U_N = 380 V$，$I_{1N} = 133 A$，$n_N = 577 r/min$，$E_{2N} = 253 V$，$I_{2N} = 160 A$，最大过载系数 $\lambda = 2.5$。定转子绕组都采用丫联结。试求：

（1）该机在额定运行时突然将定子任意两相互换，进行电枢反接的反接制动，要求制动瞬间的制动转矩为 $1.2 T_N$，应在转子每相串入多大电阻？

（2）采用转速反向的反接制动（倒拉反转运行）使位能性负载 $T_L = 0.8 T_N$，以 $n = 150 r/min$ 的速度稳速下放，应在转

图8-18 绕线转子异步电动机
转速反向的反接制动机械特性

子每相串入多大电阻?

解:

$$s_N = \frac{n_1 - n_N}{n_1} = \frac{600 - 577}{600} = 0.0383$$

$$r_2 = \frac{s_N E_{2N}}{\sqrt{3} I_{2N}} = \frac{0.383 \times 253}{\sqrt{3} \times 160} \Omega = 0.035 \Omega$$

固有特性的临界转差率为

$$s_m = s_N \left(\lambda + \sqrt{\lambda^2 - 1} \right) = 0.0383 \times \left(2.5 + \sqrt{2.5^2 - 1} \right) = 0.183$$

以上为计算准备。

（1）首先计算在制动瞬间运在反接制动机械特性上的转差率：

$$s = \frac{-n_1 - n}{-n_1} = \frac{-600 - 577}{-600} = 1.96$$

计算在这个机械特性上的临界转差率：

$$1.2 T_N = \frac{2 \lambda T_N}{\dfrac{s}{s_m'} + \dfrac{s_m'}{s}} = \frac{2 \times 2.5 T_N}{\dfrac{1.96}{s_m'} + \dfrac{s_m'}{1.96}}$$

解方程得

$$s_m' = \begin{cases} 7.67 \\ 0.6 \ （舍去） \end{cases}$$

则进行电枢反接的反接制动，在转子中应串的电阻为

$$R = \left(\frac{s_m'}{s_m} - 1 \right) r_2 = \left(\frac{7.67}{0.183} - 1 \right) \times 0.035 \Omega = 1.43 \Omega$$

（2）电动机在这种运行状态，必在第四象限。

其转差率为

$$s = \frac{n_1 - (-n)}{n_1} = \frac{600 - (-150)}{600} = 1.25$$

计算在这个机械特性上的临界转差率：

$$0.8 T_N = \frac{2 \lambda T_N}{\dfrac{s}{s_m'} + \dfrac{s_m'}{s}} = \frac{2 \times 2.5 T_N}{\dfrac{1.25}{s_m'} + \dfrac{s_m'}{1.25}}$$

解方程得

$$s_m' = \begin{cases} 7.61 \\ 0.203 \ （舍去） \end{cases}$$

则进行转速反向的反接制动（倒拉反转运行），在转子中应串的电阻为

$$R = \left(\frac{s_m'}{s_m} - 1 \right) r_2 = \left(\frac{7.61}{0.183} - 1 \right) \times 0.035 \Omega = 1.42 \Omega$$

解毕。

从上题中可以看出，两种制动情况的转子所串电阻值几乎相同，读者可以想想看这是为

什么？

2. 能耗制动

能耗制动也是一种快速制动的方法，它是将电动机旋转的机械能消耗到电阻上，从而进行制动的一种方法。在他励直流电动机的能耗制动中，需要在制动时断开电枢电源，同时在电枢回路中串入制动电阻，将电动机旋转的机械能消耗到制动电阻上。异步电动机的能耗制动在原理上与他励直流电动机的能耗制动相同，但是在具体的接线方式和电磁关系上，有其自身的特点。异步电动机的能耗制动接线图如图8-19所示。

异步电动机能耗制动的过程是这样的：在需要制动时，首先将开关S_1断开，即将电动机定子与额定电压的电网断开，与此同时，闭合S_2，将直流电源电压U_{DC}接到三相异步电动机定子任意两相上，完成能耗制动过程。

在制动过程中，开关S_1断开电动机的旋转磁场就消失了，而转子由于机械惯性仍然在旋转。这时，在电动机任意两相中通入直流电，形成了一个稳定不变的磁场，电动机的转子旋转切割稳定磁场的磁力线，势必产生感应电流，由楞次定律可知这种感应电流产生的转矩必然是制动性的，以阻止电动机转子的旋转，从而使电动机最终停转。在实际的工程应用中，一般要使通入的制动直流电所产生磁场的大小与电动机原来旋转磁场的幅值相等。

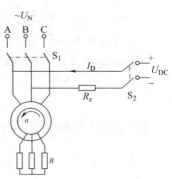

图8-19　异步电动机能耗
制动的接线图

图8-20为能耗制动时将直流电任意通入电动机定子两相的示意图。

3. 回馈制动

所谓的"回馈"制动是指电机的能量比电网所提供的能量要大，由电机向电网馈送的一种制动运行方式。当三相异步电动机由于某种原因，在转向不变的情况下，其转速n高于同步转速n_1，转子感应电动势发生反向，转子电流的有功分量也改变方向，但其无功分量的方向是不变的。此时异步电动机向电网回馈电能，同时又在轴上产生机械制

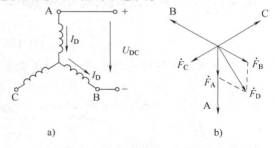

a)　　　　　　　　　　b)

图8-20　直流电通入任意两相绕线转子异步
电动机定子的示意图

动转矩，即工作在制动状态。例如，当起重机快速下放重物时，重力的作用使重物快速下降，当电机转速$n > n_1$时，电机就由原来的电动机状态变为发电机状态运行，电机的有功电流和电磁转矩的方向都将反向，从而阻止转速进一步增加，起到制动作用。由于电流方向倒转，电功率回馈到电网上故称为回馈制动。

回馈制动是限制电动机的转速而不是停转，在整个回馈制动过程中，始终有$n > n_1$。

8.5.3　三相异步电动机的调速与控制技术

随着电力电子技术、计算机技术、自动控制理论与技术的高速发展，异步电动机的调速与控制也有了很大发展，而且在某些方面已经达到可以和直流电动机调速系统相媲美的程度。关于异步电动机的调速与控制技术正成为现在电机和控制领域的热点研究问题之一。

从控制的角度来看异步电动机的调速与控制可分为开环调速和闭环调速系统两大类。我们知道这两类系统各有自己的优缺点：开环系统结构简单，响应快，但是精度略差，闭环系统精度高，但是设计较复杂，易振荡等。这里着重讨论几种常见的开环异步电动机调速和控制方法，对于闭环控制只做简单地介绍，有兴趣的读者也可以参阅这方面的一些文献资料。

异步电动机的转速公式：

$$n = (1 - s)n_1 = (1 - s)\frac{60f_1}{p}$$

由上式可知，欲对异步电动机进行调速，可以改变电动机的极对数、频率以及转差率 3 个参数，所以从大的方面来讲，异步电动机的调速基本可以分为 3 类，分别是变极调速、变频调速和变转差率调速。当然，除此之外还有一些其他调速方法。

1. 变极调速

对于变极调速来讲，极数的改变将会使电动机转速与其成反比，同时也涉及整个电动机定转子的极数保持一致，而电动机极数的改变是靠改变绕组的不同连接方式来实现的。因此同时改变定转子的绕组连接方式对于绕线转子异步电动机来讲就变得很困难，但对于笼型转子的异步电动机，转子的极数会与定子极数的变化保持相等，所以变极调速大多应用在笼型转子异步电动机的调速上。

要改变异步电动机定子绕组的接线方式，使其极数发生改变的方法有很多，都比较巧妙，图 8-21 举出几个例子，为了简便起见，只画出了其中一相的情况，其他两相可以类推。从图中可以看到：在图 8-21a 中两个简单绕组串联在一起，由右手定则，可以立即判断出此时电动机共有 4 个磁极，故极对数为 2；当需要进行变极调速时，可以改变电动机定子绕组的连接方式。例如：第一种方法，保持两个简单绕组的通电方式不变，然后将其中一个简单绕组的某一边翻到另一边去，如图 8-21b 所示。这样可以看到，原来两个绕组中间形成的磁极由于绕组改变连接，电流方向发生改变，磁场就不存在了，而变成了由两个绕组形成的两个磁极，此时的极对数为 1，变极完成。另外还可以像图 8-21c 那样，需要进行变极调速时，将原来串联的两个简单绕组改为反接并联，同样可以实现变极调速。

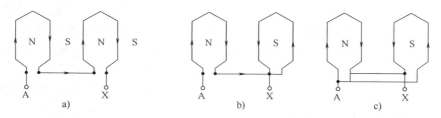

图 8-21　异步电动机变极调速时定子一相绕组的连接方法

从以上的分析可以得出，异步电动机在进行变极调速时，极对数成倍变化，必然影响到电动机同步转速的变化。此外以上的连接方式只是一个示意图，实际的连接方式要涉及三相的问题，比较复杂，实际的变极调速接线方式有很多种。这里选取两种较为常用和典型的接线方式来分析一下相关的运行情况。

（1）丫-丫丫（星形-双星形）接法

丫-丫丫变极调速接线方式如图 8-22 所示。电动机的三相定子绕组都预先留出中心抽头接线端，在电动机正常运行时三相绕组丫联结，端口接三相额定电源的电网。当电动机需要进行丫-丫丫变极调速时接线做如下变化：① 每相定子绕组的首尾端首先接在一起；② 将首尾相接的绕组一端接在一起（非中心抽头端）；③ 将中心抽头端接在额定电压的电网上。完成丫-丫丫变极调速，如图8-22所示，由图a到图b。在这个连接变化过程中，原来电动机运行时每相的半绕组为串联形式，在变极之后，每相的半绕组变化为反向并联形式，极数减少了一半，每相每极电流也发生了变化。

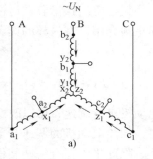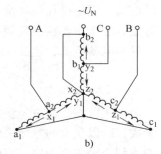

图 8-22　丫-丫丫接法示意图

对丫-丫丫变极调速的调速过程分析可以得出如果保持每个半绕组中所流过的电流大小相同时，在调速前后，电动机的输出转矩基本保持不变。因此，这种调速方式属于恒转矩的调速方式。

（2）△-丫丫（三角形-双星形）接法

△-丫丫变极调速接线方式如图8-23所示。同丫-丫丫变极调速接线方式一样，电动机的三相定子绕组都预先留出中心抽头接线端，在电动机正常运行时三相绕组△联结，端口接三相额定电源的电网。当电动机需要进行△-丫丫变极调速时，接线做如下变化：① 三相定子绕组三角形连接的3个端口首先接在一

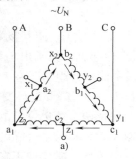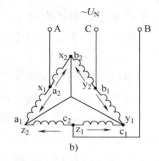

图 8-23　△-丫丫接法示意图

起，构成丫丫连接；② 将所剩中心抽头端接在额定电压的电网上。完成△-丫丫变极调速，如图8-23所示，由图a到图b。在这个连接变化过程中，原来电动机运行时，电动机定子绕组△联结，其中每相的半绕组为串联形式，在变极之后，电动机定子绕组变化为两个丫联结，即丫丫联结。每相的半绕组变化为反向并联形式，极数减少了一半，每相每极的电压、电流也发生了变化。

对△-丫丫变极调速的调速过程分析可以得出如果保持每个半绕组中所流过的电流大小相同时，在调速前后，电动机的输出功率与输出转矩都不能保持不变，但是比较接近于恒功率调速。

2. 变频调速

从异步电动机同步转速的公式知道，要改变电动机的同步转速，还可以改变电动机供电电源的频率。通过改变电动机电源的频率，不但能够实现异步电动机频率的调节，而且可以得到很多其他调速方法达不到的调速效果。随着电力电子技术、控制技术以及电子计算机技术的发展，变频调速已经成为当前异步电动机调速的主流，有相当多的学者和工程师在这方面进行了研究和实践，也有不少成熟的产品。这里只是介绍变频调速的一些基础知识，至于更为先进的调速和控制方法，有兴趣的读者可以参阅相关文献。

电压频率的变化和调节可以有两个方向：一个是在额定频率基础上降低频率；另一个是在额定频率基础上升高频率。额定频率称为基频，因此，在额定频率基础上降低频率的调速方法称为基频向下调速，在额定频率基础上升高频率的调速方法称为基频向上调速。

一般认为，在电动机调速时要保持电动机的主磁通不变。这是考虑到对于电动机铁心利用和能量方面的原因。异步电动机定子端的电动势公式为

$$E_1 = 4.44 f_1 N_1 k_{N1} \Phi_m$$

由上式可知，如果在变频调速时单方面改变频率的大小则不能保证电动机的主磁通不变，因此在变频调速时必须要考虑这个问题。

（1）基频向下调速

在基频向下调速的同时要保证电动机的主磁通不变，则需要同时使电动机定子的电动势下降，但是由于电动机定子的电动势不好控制，所以在精度要求不高时，可以认为定子电压与电动势基本相等，即在降低定子频率的同时，也成比例地降低定子电压，从而保证近似恒磁通调速。常用电压频率比为常数的基频向下调速和电动势频率比为常数的基频向下调速。这种调速方法是一种恒转矩调速方法。

还有一种基频向下调速的方式，那就是保持电动势和同步速之比为常数的基频向下调速，这种调速方式具有非常好的机械特性，可以与直流电动机的机械特性相媲美。这种调速方式需要用到状态空间、矢量控制的知识，控制起来比较复杂。

（2）基频向上调速

在基频向下调速同时适当调整定子端的参数，可以保证电动机的主磁通不变。在基频向上调速时，如果也要实现恒磁通调速，那就必须也得使电动机定子端的电压升高。但是这样一来，电动机的能耗必然加大，一般不允许这样操作。因此，在基频向上调速时只能保持定子电压维持额定值的情况。随着频率的不断升高，定子电压维持恒定，电动机主磁通只能逐渐下降，这是一种"弱磁"的调速方式。

这种调速方法是一种近似的恒功率调速方法。这种调速方法不宜重载起动和运行，这也是限制其应用的问题之一。

3. 能耗转差调速

顾名思义，之所以称为能耗转差调速，是指这类调速方式在进行调速时是以能量的消耗和转差率的较大变化作为代价的。在异步电动机的能耗转差调速中，笼型转子电动机的减压调速和绕线转子电动机的转子绕组串电阻调速是两种典型的形式。

减压调速的调速方法比较简单，对于风泵类负载有较好的调速性能，但是对于恒转矩负载来讲调速范围比较窄。要想提高调速范围，可以采用高转差率的笼型电动机，但也有机械特性硬度较差的问题。

绕线转子异步电动机的转子绕组串电阻调速也是一种能耗转差调速。在绕线转子电动机的转子绕组中串入电阻，会使电动机机械特性变软，但是电动机的最大转矩保持恒定，这是转子绕组串电阻调速的一个特性，同样也是通过消耗能量和转差率的较大改变来进行速度的调节的。目前，能耗转差调速大多用在调速要求不是很高的场合。

*8.6　单相异步电动机

单相异步电动机是使用单相交流电作为供电电源的电动机。单相异步电动机结构简单、价格低廉、使用方便，广泛应用在工农业和家居生活等诸多方面。特别是家用电器和小型电动工具等方面单相异步电动机的优势更为突出，但是相对于三相异步电动机来讲，单相电动机的功率不宜过大，否则体积比同功率的三相电动机要大，因此，单相异步电动机一般制成中小容量的，大功率的拖动仍然使用三相异步电动机。

单相异步电动机的运行原理与三相异步电动机的运行原理基本相似，也是要形成一个旋转磁场，使闭合的转子绕组产生感应电流，从而旋转起来。单相异步电动机的定子绕组为单相，转子是笼型的，在定子绕组中通入单相交流电后，将产生一个位置固定、大小随时间作正弦变化的脉动磁场。脉动磁场是由两个大小、速度相等，方向相反的旋转磁场所合成的，这两个磁场所形成的机械特性曲线如图 8-24 中的 $T^+ = f(s)$ 和 $T^- = f(s)$，这两个特性正好在 $n = 0$ 处相互抵消。图中中间的一条曲线 $T = f(s)$ 是单相异步电动机的机械特性，从这条曲线可以看出当电动机转速为零时，转矩也为零，但是当转速不为零时转矩有一定的值，这说明，单相异步电动机不能够自行起动，但是一旦旋转起来就会正常运行，造成了单相异步电动机不能够自行起动的结果。

如果在两相交流绕组中通以两相交流电就能够产生旋转磁场，电动机转子不仅能够转动，同样可以自起动。从图 8-25 所示两相交流电动机转矩与转速的关系曲线（即机械特性曲线）可以得知，由于两相交流绕组成一定角度排列，使得两个正、反转的磁场不至于对称，可以产生起动转矩，完成自起动。

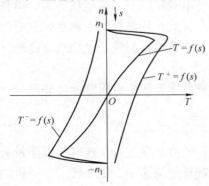

图 8-24　单相异步电动机的
机械特性曲线

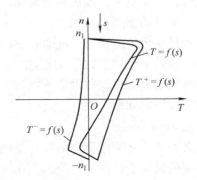

图 8-25　两相交流绕组的异步
电动机机械特性曲线

单相异步电动机定子两相绕组是主绕组及副绕组，它们一般是相差 90° 空间电角度的两个分布绕组，通电时产生空间正弦分布的空间磁动势。当电动机主绕组与副绕组同时通入不同相位的两相交流电流时，一般情况下产生椭圆旋转磁动势 $\dot{F}$，使之完成自起动的过程。在实际应用中，可以在起动以后只对主绕组通单相交流电，副绕组不予通电。

单相异步电动机在实际的工程应用中有各种各样的分相方法，这里举几个不同分相方法的例子。

1. 电容分相异步电动机　在单相电容分相异步电动机中，其副绕组的回路串联了一个电容器，然后再和主绕组并联到同一个电源上。电容器的作用是使副绕组回路的阻抗呈容性，从而使副绕组在起动时的电流领先电源电压一个相位角。由于主绕组的阻抗是感性的，它的起动电流落后电源电压一个相位角。因此电动机起动时，副绕组起动电流会领先主绕组起动电流一个相位角。

电动机定子接线如图 8-26 所示。电容分相异步电动机实际上是个两相电动机，运行时电动机气隙中产生较强的旋转磁动势，其运行性能较好，功率因数、效率、过载能力都比较好。一般电容运转电动机中电容器电容量的选配主要考虑运行时能产生接近圆形的旋转磁动势，提高电动机运行时的性能。很多家用电器中的单相电动机都采用这种形式。

在实际的应用中，还有很多电动机在起动时使用电容分相，在起动后就切除起动的电容，这种电动机称为单相电容分相起动电动机；也有电动机在起动时使用两个电容分相，在起动后就切除其中的一个起动电容，另一个电容继续参与运行，这种电动机称为单相电容分相起动与运转电动机。

2. 电阻分相起动异步电动机　电阻分相起动异步电动机的副绕组通过一个起动开关和主绕组并联接到单相电源上，如图 8-27 所示。当转子转速上升到一定大小（一般为 75% ~ 80% 的同步速）时，起动开关切断副绕组电路，使电动机运行在只有主绕组通电的情况下。在工程应用中常使用离心式开关，它装在电动机的转轴上随着转子一起旋转，当转速升到一定值时，依靠离心力使开关动作，切断副绕组电路。反转时可以把改变主绕组或者副绕组中的任何一个电源的两出线端对调，实现电动机反转。

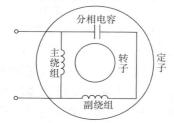

图 8-26　电容分相异步电动机定子接线图

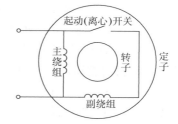

图 8-27　电阻分相起动异步电动机

3. 单相罩极式异步电动机　为了能够达到分相的目的，除了使用定子电路连接上的分相以外，还可以在电动机的结构上做文章。单相罩极式异步电动机就是这样一种电动机。一般来讲，大多数的单相罩极式电动机的定子为凸极式，也有隐极式的，两种定子工作原理完全一样，只是凸极式结构更为简单和有特点。凸极式单相罩极电动机的主要结构如图 8-28 所示，其转子不变，仍然是普通的笼型转子。在每个定子磁极上有集中绕组，即为主绕组。在极靴面的约 1/3 处开有小槽，经小槽放置一个闭合的铜环（短路环）。

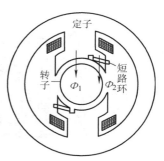

图 8-28　单相罩极式异步电动机结构示意图

当定子磁极绕组通电后，就要产生脉振磁通。其中一部分磁通 Φ_1 经过未被短路环罩住的磁极，另一部分 Φ_2 经过被短路环罩住的磁极。由于 Φ_1 和 Φ_2 在空间上有一个角度差（所差之空间角为半个极面占据的空间电角度），在时间上也有一个角度差（由短路环自行闭合所引起的电磁变化所形成）。此时，在罩极式电动机中就会形成一个椭圆旋转磁场，旋转的方向是从领先相绕组的轴线向着落后相绕组的轴线旋转。由于旋转方向已经确定，因此，即使改变电源两个端点，也不能改变罩极式电动机转子的转向。

　　单相罩极式异步电动机起动转矩小，效率也不高，但是由于其结构简单、制造方便、运行可靠，故仍然广泛应用于小型风扇等小功率驱动装置上。

*8.7　直流电动机

　　直流电动机具有良好的起动性能和宽广平滑的调速特性，因而广泛应用于电力机车、无轨电车、轧钢机、机床和起动设备等需要经常起动并调速的电气传动装置中。此外，小容量直流电动机大多在这种控制系统中以伺服电动机、测速发电动机等形式作为测量、执行元件使用。本节主要介绍直流电动机的特性和使用。

8.7.1　直流电动机的基本结构

　　直流电动机的结构型式很多，但总体上均由定子（静止部分）和转子（运动部分）两大部分组成。

　　1. 直流电动机的静止部分　主磁通的作用是建立主磁场。主磁极由主极铁心和套装在铁心上的励磁绕组组成。机座的作用一是作为磁路的一部分，二是固定主极、换向极和端盖，通常是用铸钢或厚钢板焊成，机座中有磁通通过的部分称为磁轭。换向极装在相邻两极之间，其作用是用来改善换向，也由铁心和绕组组成，换向极绕组与电枢绕组串联。电刷装置是电枢电路的引入（或引出）装置，通过它可以把电动机旋转部分的电流引出到静止的电路里，它与换向器配合能使电动机获得直流电动机的效果。

　　2. 直流电动机的转动部分　电枢铁心既是主磁路的组成部分，又是电枢部分绕组的支撑部件，如图8-29所示。电枢绕组叠放在电枢铁心的槽内，是由按一定规律连接的线圈组成的。它是直流电动机的电路部分，上、下层之间及线圈与铁心之间都要有绝缘，槽口处用槽楔压紧，如图8-30所示。换向器也是直流电动机的重要部件，在发电电动机中可将电枢绕组中交变的电流转换成电刷上的直流，起整流作用，而在直流电动机中将电刷上的直流变为电枢绕组内的交流，即起逆变作用。换向器由许多换向片组成，片间用云母绝缘，电枢绕组的每个线圈的两端分别接到两个换向片上。

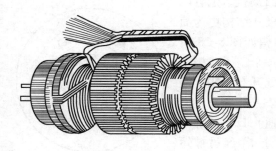

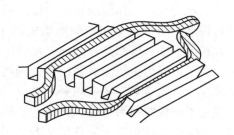

图8-29　电枢铁心　　　　　　　　　　　　图8-30　电枢绕组

8.7.2 直流电动机的分类

除少数微型电动机之外，绝大多数的直流电动机的气隙磁场都是在主磁极的励磁绕组中通以直流电流而建立的。此励磁电流的获得方式不同，电动机的运行性能就有很大的差别。直流电动机的励磁方式可分为他励、并励、串励和复励 4 种。下面介绍这 4 种励磁方式的接法和特点。图 8-31 为直流电动机按励磁方式的分类。

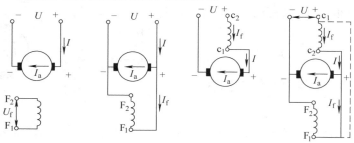

图 8-31 直流电动机按励磁方式的分类

他励直流电动机是励磁绕组与电枢绕组无连接关系，而由其他直流电源供电的直流电动机。并励直流电动机是励磁绕组与电枢绕组并联后加同一电压。串励直流电动机是励磁绕组与电枢绕组串联后加同一电压。复励直流电动机是具有两个励磁绕组：一个与电枢并联，一个与电枢绕组串联。

8.7.3 直流电动机的工作原理

为了说明直流电动机的工作原理，先从一个最简单的模型开始介绍。如图 8-32 所示，在两个固定的永久磁铁 N 极和 S 极之间，放置一个铁质的圆柱体（称为电枢铁心）。电枢铁心与磁极之间的间隙称为空气隙。图中两根导体 ab 和 cd 连接成为一个线圈，并敷设在电枢铁心表面。线圈的首末端分别连接到两片圆弧形的（称为换向片）铜片上。换向片固定在转轴上，换向片之间以及换向片与转轴之间均相互绝缘。这种由换向片构成的整体称为换向器。整个转动部分称为电枢。为了接通电枢和外电路，设置了两个空间固定不动的电刷 A 和 B。

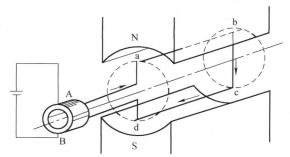

图 8-32 直流电动机的工作原理

当电枢转动时，电刷 A 只能与转到上面的一片换向片相接触，而电刷 B 只能与下面的一片换向片相接触。由外电源从电刷 A 引入直流电流，使电流从正极电刷 A 流入，由负极电刷 B 流出。此时，线圈中电流的路径为：电源正极—电刷 A-a-b-c-d-电刷 B-电源负极。根据左手定则确定的电磁力方向可知，此时的电磁转矩方向是逆时针的。设电枢在电磁转矩的作用下按逆时针方向旋转，当线圈边 ab 由 N 极下面转到 S 极下面，线圈边 cd 由 S 极下面到 N 极下面时，由于换向器的作用，使线圈中的电流改变方向，此时电流的路径为：电源正极—电刷 A-d-c-b-a-电刷 B-电源负极。因为各磁极下线圈中的电流方向并不改变，所以保证了电磁转矩的方向不变，从而使电枢能够连续旋转。

直流电动机的电磁转矩：

$$T = C_T \Phi I_a \tag{8-25}$$

式中，C_T 为转矩常数，$C_T = \dfrac{pN}{2\pi a}$；Φ 为每极磁通；I_a 为电枢电流。

电枢电动势是指直流电动机正负电刷之间的感应电动势，即电枢绕组里每条并联支路的感应电动势：

$$E_a = C_e n \Phi \tag{8-26}$$

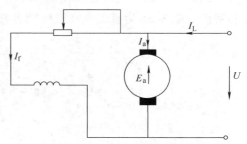

图 8-33　并励直流电动机等效电路

式中，C_e 定义为电动势常数，$C_e = \dfrac{pN}{60a}$；n 为电动机转速。

现以图 8-33 所示并励直流电动机为例，推导出直流电动机的基本方程式：

根据基尔霍夫定律电枢回路的电动势平衡方程式为

$$U = E_a + I_a R_a \tag{8-27}$$

式中，R_a 表示电枢回路电阻。

由式可见，在电动机中，端电压 U 必然大于反电动势 E_a。

8.7.4　直流电动机的机械特性

电动机机械特性是指电动机加上一定的电压和一定的励磁电流时，转速 n 与电磁转矩 T 之间的关系 $n = f(T)$。以他励直流电动机为例，由式（8-25）、式（8-26）、式（8-27）得机械特性的一般表达式为

$$
\begin{aligned}
n &= \frac{U - I_a(R_a + R)}{C_e \Phi} \\
  &= \frac{U}{C_e \Phi} - \frac{R_a + R}{C_e C_T \Phi^2} T \\
  &= n_0 - \beta T
\end{aligned}
\tag{8-28}
$$

式中，R 为电枢回路中串入的外接电阻；n_0 为理想空载转速，$n_0 = U/(C_e \Phi)$；β 为机械特性的斜率，$\beta = (R_a + R)/(C_e C_T \Phi^2)$。

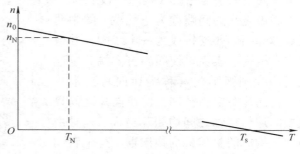

图 8-34　他励直流电动机的机械特性

他励直流电动机的机械特性如图 8-34 所示。

8.7.5　直流电动机的起动

起动就是使电动机从静止状态转动起来。将一台电动机接上直流电源，使之从静止状态开始旋转直至稳定运行，这个过程称为起动过程。

电动机静止时，不能将额定电压直接加到电枢绕组上。因为起动瞬间，由于机械惯性的存在，电动机的转速 n 为零，感应电动势 E_a 也为零，此时电枢电流 $I_s = U_N / R_a$，电枢电阻

R_a 很小，则必然产生过大的电枢电流（也称为起动电流），通常可达到电动机额定电流的 10～20 倍，这么大的电流将引起严重的后果。首先对电动机本身来说，大电流将使换向困难，在换向器表面产生强烈的火花，甚至形成环火；在电枢绕组中产生过大的电磁力，会损坏电枢绕组；同时引起绕组发热导致绝缘损坏。其次过大的电枢电流产生过大的电磁转矩，形成过快的加速度，可能损坏机械传动部件。另外对供电电网来说，过大的起动电流将引起电网电压的波动，从而影响其他接于同一电网上的电气设备的正常运行。因此，除了微型直流电动机由于 R_a 大可以直接起动外，一般的直流电动机是不允许直接起动的。

为了限制起动电流，一般采取减压起动和串电阻起动两种措施。

串励直流电动机的磁通随着电枢电流的增大而增大，由于 $T = C_T \Phi I_a$，故串励直流电动机电磁转矩增大的倍数超过电枢电流增大的倍数，若不考虑饱和的影响，串励直流电动机的电磁转矩与电流的二次方成正比。由此可见，若在允许的最大电流与额定电流比值一定的条件下，串励直流电动机与他励直流电动机相比，其起动转矩大，过载能力强。

8.7.6 直流电动机的调速方法

直流电动机不仅具有良好的起动和制动性能，而且还有非常好的调速性能，因而在调速性能要求较高的电力拖动系统中得到广泛的应用，如龙门刨床、高精度车床、电铲等。

下面以他励直流电动机为例，介绍 3 种调速方法。

1. 电枢串电阻调速 保持 $U = U_N$ 和 $\Phi = \Phi_N$ 不变，仅在电枢回路中插入调速电阻 R，而使同一个负载得到不同转速的方法，称为电枢回路串电阻调速。如图 8-35 所示，串入的电阻越大，得到的转速越低。在电枢回路所串调速电阻 R 上产生很大损耗，减小的部分就是消耗在串接电阻上的损耗。转速越低，损耗越大。可见这种调速方法是不经济的。

虽然电枢串电阻调速方法有功率损耗大、低速时转速不稳、不能连续调速的缺点，但是，由于它的线路简单，所用设备小，故在一些对调速性能要求不高的设备中还有应用。

2. 降低电源电压调速 保持 $\Phi = \Phi_N$ 不变，且电枢回路不

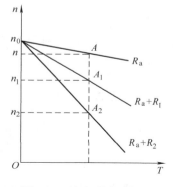

图 8-35 电枢串电阻调速

串电阻，仅降低电枢的电源电压 U，而使同一个负载得到不同转速的方法，称为降压调速。如图 8-36 所示，直流电动机的工作电压不能大于其额定电压，因此电枢电压只能向小于额定电压的方向改变，降低电枢电压的人为机械特性与固有特性平行，硬度不变，电枢电压越低，转速越低。当可调电压源的电压连续变化时，电动机的转速也连续变化，这种调速称为无级调速，与串电阻调速相比，这种调节平滑性好，并且可以得到任意多级调速。可见，调压调速具有良好的调速性能。降低电源电压的调速方法，广泛地应用于对起动、制动和调速性能要求较高的场合，如龙门刨床、轧钢机等。

3. 弱磁调速 保持 $U = U_N$ 和 $R = 0$ 不变，仅减少电动机的励磁电流 I_f 使主磁通减小，而使同一个负载得到不同转速的方法，称为弱磁调速（见图 8-37）。显然，对于同一个负载，主磁通越弱，转速升高的越高。弱磁调速的优点是：励磁电路电阻小，能量损耗小，控制方便，电动机运行效率高，可以连续调节电阻值，实现转速连续调节的无级调速。

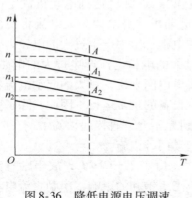

图 8-36   降低电源电压调速

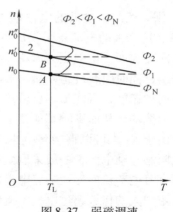

图 8-37   弱磁调速

在他励直流电动机电力拖动系统中，广泛地采用降压向下调速和弱磁向上调速的双向调速方法，来扩大调速范围，可以在调速范围之内的任何需要的转速上运行。

*8.8   控制电动机

控制电动机是一种有特殊性能，并执行特定任务的电动机，主要应用在自动控制系统的领域中，在系统中主要用来检测、传递信号和作为执行机构。其与普通的电力拖动电动机相比，在电磁关系上基本相同，都是基于电磁感应现象；但同时又具有体积小、功率低、控制精确和动态性能好的独特优点，故广泛应用在控制系统、计算机外围设备以及具有特殊要求的工业和国防科学技术方面。

8.8.1   伺服电动机

伺服电动机可以将输入的指令信号转化为电动机转轴输出的角位移或速度，在自动控制系统中常用作执行部件。伺服电动机分为直流和交流两类，一般来讲直流伺服电动机的功率较大，交流伺服电动机的功率较小。

1. 直流伺服电动机   直流伺服电动机实际上就是他励直流电动机。在结构上有永磁式直流伺服电动机和电磁式直流伺服电动机两类。永磁式直流伺服电动机的励磁采用永久磁铁，电磁式直流伺服电动机的励磁则采用励磁绕组。从工作原理上讲，直流伺服电动机同普通的他励直流电动机基本相同。

对于直流伺服电动机，弱磁调节和串电阻调节的效果都不是很好，所以一般通过电枢电压来控制，电枢电压的大小控制着电动机旋转速度的大小，电枢电压的方向控制着电动机转轴的转向，以便能够达到跟踪和"伺服"电枢电压的目的。电枢电压又由给定信号和反馈回来的检测信号的差值确定，由此可以构成闭环反馈控制系统。

直流伺服电动机的机械特性在不同电枢电压的情况下为一组平行直线，是非常理想的机械特性（见图 8-38）。

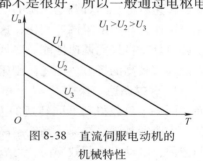

图 8-38   直流伺服电动机的机械特性

2. 交流伺服电动机　交流伺服电动机实际上就是一台两相异步电动机，交流伺服电动机的定子由两相绕组构成。但这两相绕组的作用是不同的，其中一相叫作励磁绕组 f，这相绕组始终通有一定频率的交流电压 U_f，另一相叫作控制绕组 k，这相绕组通有用来控制电动机的交流信号电压 U_k，其频率和励磁绕组中一样。当控制信号为零时，信号要求电动机停转，但是由于此时交流伺服电动机变为一个旋转起来的单相异步电动机，它仍然会以原有的速度旋转，从而使电动机无法准确地执行控制信号发出的停转指令，控制信号无法有效地控制电动机，达不到"伺服"的效果。这种现象称为交流伺服电动机的自转。在实际中，通常加大交流伺服电动机转子的电阻，转子的电阻增大了，会使临界转差率提高，从而会产生一个制动转矩，在控制绕组中的信号消失后，电动机停转。

直流电动机的机械特性为线性特性，机械特性比较硬，动态响应快，容量也比较大，但也存在结构复杂、换向需要很好地解决等问题。与之相比，交流伺服电动机的结构较简单，抗扰性好，但是功率较小。在工程实践中可以根据不同的使用场合和要求来选用适当的伺服电动机。

8.8.2　测速发电机

测速发电机是一种测量回转机械转动速度的电磁元件，在控制系统中作为反馈回路的检测元件，与控制给定信号作差构成闭环控制系统。测速发电机有直流测速发电机和交流测速发电机两种。

1. 直流测速发电机　直流测速发电机有两种形式：一种是微型的他励直流测速发电机，也叫作电磁式直流测速发电机；另一种是永磁式直流测速发电机，其结构类型与直流测速发电机大致相同。测速发电机的输出电压与转速成正比，从理论上来讲，这是非常好的线性特性。直流测速发电机在外界温度、电枢反应等的影响下，其输出特性尚不能保持严格的线性关系，会产生一定的误差。对于这些误差，可以根据其产生原因的不同，分别采用电路网络、结构改进和最高限速等方法对误差进行补偿。

2. 交流测速发电机　交流测速发电机的结构与交流伺服电动机的结构类似，在定子端有两相绕组，转子有空心杯式转子，也有笼型转子。笼型转子的特性比较差，精度不高，应用受到一定的局限，空心杯式转子精度较高，惯量小，应用较为广泛。

交流测速发电机的定子上安放有相互正交的两相绕组，如图 8-39 所示。图中，励磁绕组匝数为 N_1，输出绕组匝数为 N_2。当转子静止不动时，给励磁绕组上加单相励磁电压 U_1，绕组中有电流流过，其定转子气隙中就产生一个脉振磁场，其磁通为 Φ_{10}，磁通变化会产生感应电动势，电动势大小与磁通成正比，此时电动机转子静止，因此在输出绕组上没有电压输出。

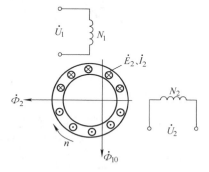

图 8-39　交流测速发电机工作原理示意图

当外界机械拖动电动机转子转动时，转子中的导体就会做切割磁力线的运动，产生感应电动势 E_2 和感应电流 I_2，这部分感应电流不断变化又产生了磁场，其磁通为 Φ_2，磁通的大小又与电流 I_2 的大小成正比，也是一个交变的磁通。由电磁感应的基本原理可知，这个磁

通与磁通 Φ_{10} 正交。电动机转子在不断转动，则在输出绕组（匝数 N_2）中又会产生一个感应电动势。这个感应电动势与磁通 Φ_2 成正比，而磁通又与转速和电流成正比，这样根据正比的传递关系，就可以得到，在输出绕组上会产生一个与电动机转速成线性正比关系的电动势，将这个电动势引出，就得到了与速度相对应的电动势信号。

8.8.3　步进电动机

步进电动机是一种非常重要的控制电动机。它是一种通过将脉冲电信号转换为角位移的执行装置，所以又叫作脉冲电动机。步进电动机主要应用在对位置控制精度要求比较高的场合，如绘图仪器、打印机以及精密仿形机床的驱动控制上，输出转矩也比较大，可以直接带动负载运行。

从励磁的方法上来分，步进电动机分为反应式、永磁式和感应式。其中，反应式步进电动机应用最为普遍，其结构如图 8-40 所示。这是一台三相反应式步进电动机，由定子和转子构成。步进电动机定子的铁心由硅钢片叠成，定子上的磁极突出，并绕有定子绕组，分为几相，用来控制步进电动机的运行。转子也由硅钢片叠成，转子的磁极情况类似于凸极式同步电动机的转子，叫作转子的齿。另外，根据不同的要求，有的电动机转子上还有小齿。

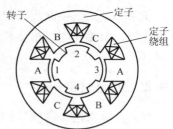

图 8-40　三相反应式步进
电动机结构

图 8-41 是一台三相步进电动机，定子上共有 6 个磁极，这些磁极平均分布于定子的圆周上，相对的磁极作为一相，共有三相；转子上有 4 个齿。其工作原理如下：

图 8-41　三相步进电动机的工作原理

当电动机开始运行时，首先给 A 相施加一定宽度的脉冲电压，B 相、C 相均不通电，这时，A 相就形成了一个磁场，根据磁通要走最小路径的特点，电磁转矩就会将转子旋转到和A 相轴线一致的地方，如图 8-41a 所示；在下一时刻，将 A 相断电，C 相保持不通电的状态，同时在 B 相施加与前一时刻 A 相脉冲宽度相同的脉冲电压，这时电磁转矩就将转子驱动到与 B 相轴线相一致的地方，电动机转子转过一个角度，如图 8-41b 所示；随之将 B 相断电，A 相保持前一时刻的不通电状态，C 相加脉冲，电动机转子又转过一个角度，如图 8-41c所示。如此循环往复，就可以使电动机不停地旋转，这也是"步进"一词的来历。

永磁式步进电动机的定子结构与反应式步进电动机的定子结构大致相同，也是硅钢片叠成的铁心，在上面有控制绕组；转子是永磁磁钢，有一定数目的磁极构成。

感应式步进电动机的定子结构与反应式步进电动机的定子结构也大致相同，转子的结构与电磁减速式同步电动机相同，铁心上开有小槽，齿距与定子小齿相同。

步进电动机每改变一次通电方式，电动机就旋转过一个角度，称为一拍。经过一拍转子旋转的角度称为步距角，用 θ_b 表示。电动机一个通电周期的循环拍数 N 与步矩角的乘积叫作齿距角，用 θ_t 表示。步距角可以表示为

$$\theta_b = \frac{360°}{NZ_t}$$

式中，Z_t 为电动机的转子齿数。

三相步进电动机可以在 A、B、C 三相轮流通电，这样一个通电周期结束，电动机转子就旋转一圈，经过三拍，这种通电方式叫作三相单三拍，相数和拍数前面已经介绍过了，所谓的"单"是指在每次通电时只有一相绕组得电。与之相对应，还有三相双三拍，这是指在每次通电时，三相定子绕组中有两相绕组得电，经过三拍转子旋转一周。其通电的相序为：AB-BC-CA-AB。在双三拍通电方式下，每次通电时电动机转子将与两相绕组的合成磁场轴线相重合。

三相步进电动机除了三拍的运行方式外，还有三相单双六拍的通电方式。其通电方式为：A-AB-B-BC-C-CA-A。这样一来，旋转一周将经过六拍，电动机的旋转将更趋平稳，"步进"现象在低速时比三拍运行时不明显。

如欲使电动机反转，则将电动机的通电相序改变即可。三相单三拍反转时的通电相序：A-C-B-A；三相双三拍反转时的通电相序：AC-CB-BA-AC；三相单双六拍的通电相序：A-AC-C-CB-B-BA-A。更多相的步进电动机的通电方式与三相时的通电方式大同小异。

本 章 小 结

1. 电动机是实现电能与机械能相互转换的机电设备。电动机是将电能转换为机械能的旋转机械，电动机可分为直流电动机和交流电动机两大类。三相交流异步电动机的使用最为广泛。

2. 三相异步电动机的结构分为定子和转子两大部分。按转子结构不同分为笼型和绕线转子两种。笼型结构简单，维护方便，应用广泛。

3. 给三相异步电动机定子绕组通入三相对称电流便在空间产生旋转磁场，旋转磁场的转向与三相绕组通入的电流相序一致，也决定了转子的转动方向。将 3 根电源线中的任意两根对调即可使电动机反转。

4. 异步电动机转子的转速恒小于旋转磁场的转速，这就是"异步"名称的由来。旋转磁场转速 $n_1 = 60f_1/p$，转子转速 $n = (1-s)60f_1/p$，通过改变 f_1、p 或 s 可以改变异步电动机的转速。

5. 三相异步电动机的额定转矩 $T_N = 9550 \dfrac{P_N}{n_N}$，式中 P_N 的单位为 kW，n_N 的单位为 r/min，电动机的过载能力 $\lambda_m = T_m/T_N$，起动能力 $K_{st} = T_{st}/T_N$。三相异步电动机的转矩 $T = K\dfrac{sR_2}{R_2^2 + (sX_{20})^2}U_1^2$，$T \propto U_1^2$，$U_1 \downarrow$，$n$、$T$ 都降低。转矩还与 R_2 有关，$R_2 \uparrow$，机械特性变软。笼型异步电动机具有硬的机械特性。

6. 三相异步电动机直接起动时起动电流大，为了减小对电网的冲击，若起动频繁时必须采取适当的方法减小起动电流。笼型电动机应采取减压起动措施，降低起动电流的同时也降低了起动转矩；绕线转子异步电动机可采用在转子回路中串接电阻起动的方法，既可减小起动电流，又能提高起动转矩。

7. 三相异步电动机常采用电气制动中的反接制动和能耗制动两种方法制动。

8. 单相异步电动机没有起动转矩，不能自起动，常用罩极法或分相法获得起动转矩。

9. 直流电动机的结构复杂，但调速性能好，按励磁方式分为他励、并励、串励和复励4种。学习直流电动机要掌握电磁转矩、电枢反电动势和电枢回路电动势平衡方程式3个基本公式：$T = C_T \Phi I_a$、$E_a = C_e n \Phi$、$U = E_a + I_a R_a$。

10. 伺服电动机是一种执行元件，它的起动、停止和转向是根据控制信号电压的有无和极性而定的，当负载一定时，转速的快慢则取决于控制信号电压的大小。

11. 步进电动机是一种将电脉冲信号变换为角位移或直线位移的执行元件，其位移量与输入的电脉冲数成正比。

自 测 题

8.1　三相异步电动机转差率 $s = 0$ 时，其转速为（　　）。

(a) 额定转速　　　　　　　　(b) 同步转速　　　　　　　　(c) 零

8.2　采用减压法起动的三相异步电动机起动时必须处于（　　）。

(a) 轻载或空载　　　　　　　(b) 满载　　　　　　　　　　(c) 超载

8.3　三相异步电动机的旋转方向取决于（　　）。

(a) 电源电压的大小　　　　　(b) 电源频率的高低　　　　　(c) 定子电流的相序

8.4　三相异步电动机的同步转速取决于（　　）。

(a) 电源频率　　　　　　　　(b) 磁极对数　　　　　　　　(c) 电源频率和磁极对数

8.5　三相异步电动机的转速 n 越高，其转子电路的感应电动势 E_2（　　）。

(a) 越大　　　　　　　　　　(b) 越小　　　　　　　　　　(c) 不变

8.6　起重设备上的异步电动机常采用的起动方法是（　　）。

(a) 直接起动法　　　　　　　(b) 减压起动法　　　　　　　(c) 转子回路串接电阻起动法

8.7　三相异步电动机在运行中转子突然被卡住而不动，则电动机的电流将（　　）。

(a) 不变　　　　　　　　　　(b) 减小　　　　　　　　　　(c) 增大

习 题

8.1　简述三相异步电动机的转动原理。

8.2　一台异步电动机的额定转速为1450r/min，其同步转速是多少？额定转差率是多少？磁极对数是多少？

8.3　有一台6极三相绕线转子异步电动机，在 $f = 50\text{Hz}$ 的电源上带额定负载动运行，其转差率为0.02，求定子磁场的转速及频率和转子磁场的频率和转速。

8.4　已知 Y180M-4 型三相异步电动机，其额定数据如下：$P_N = 18.5\text{kW}$，$U_N = 380\text{V}$，$n_N = 1470\text{r/min}$，$\eta_N = 91\%$，$\cos\varphi_N = 0.86$，$I_{st}/I_N = 7.0$，$T_{st}/T_N = 2.0$，$T_{max}/T_N = 2.2$，三角形联结。试求：（1）额定电流 I_N；（2）额定转差率 s_N；（3）额定转矩 T_N、最大转矩 T_{max}、起动转矩 T_{st}。

8.5　已知一台三相异步电动机的额定数据如下：$P_N = 4\text{kW}$，$U_N = 380\text{V}$，$n_N = 1470\text{r/min}$，$\eta_N = 91\%$，$\cos\varphi_N = 0.86$，$I_{st}/I_N = 7.0$，$T_{st}/T_N = 2.0$，$T_{max}/T_N = 2.2$。试求：（1）磁极对数与额定转差率；（2）当电源

线电压为 380V 时，该电动机应如何接法？这时的额定电流与起动电流各为多少？（3）当电源线电压为 220V 时，该电动机又应如何接法？这时的额定电流与起动电流又各为多少？

8.6　三相异步电动机的额定数据如下：$P_N = 2.8kW$，$n_N = 1370r/min$，$\triangle/\curlyvee$，220V/380V，10.9A/6.3A，$\lambda_N = 0.84$，$f = 50Hz$，转子电压 110V，转子绕组星形联结，转子电流 17.9A。试求：（1）额定负载时的效率；（2）额定转矩；（3）额定转差率。

8.7　某三相异步电动机，铭牌数据如下：$P_N = 37kW$，$U_N = 380V$，$n_N = 2950r/min$。试问这台电动机应采用哪种接法？其同步转速 n_0 和额定转差率 s_N 各是多少？当负载转矩为 $100N \cdot m$ 时，与 s_N 相比，s 是增加还是减小？当负载转矩为 $140N \cdot m$ 时，s 又有何变化？

8.8　已知一台三相异步电动机的额定数据为：功率 30kW，电流 57.5A，电压 380V，效率 90%，频率 50Hz，转差率 0.02，极数 4，过载系数 2，接法（三角形）。试求：（1）旋转磁场对转子转速及转子电流的频率；（2）额定转矩和最大转矩；（3）功率因数。

8.9　绕线转子异步电动机，电压为 380V，$\triangle$ 联结，额定功率为 40kW，额定转速为 1470r/min，$T_{st}/T_N = 1.2$。试求：（1）额定转矩 T_N；（2）采用 $\curlyvee$-$\triangle$ 起动时，负载转矩须应小于何值？

8.10　801-2 型三相异步电动机的额定数据如下：$U_N = 380V$，$I_N = 1.9A$，$P_N = 0.75kW$，$n_N = 2825r/min$，$\lambda_N = 0.84$，星形联结。试求：（1）在额定情况下的效率 η_N 和额定转矩 T_N；（2）若电源线电压为 220V，该电动机应采用何种接法才能正常运转？此时的额定线电流为多少？

8.11　一台并励直流电动机，$P_N = 96kW$，$U_N = 440V$，$I_N = 255A$，$I_f = 5A$，$n_N = 500r/min$，$R_a = 0.078\Omega$。试求：（1）电动机的额定输出转矩；（2）在额定电流时的电磁转矩；（3）当 $I_a = 0$ 时电动机的转速；（4）在总制动转矩不变的情况下，当电枢中串入 0.1Ω 电阻而达稳定时的转速。

8.12　一台并励直流电动机的额定值为：$U_N = 440V$，$P_N = 100kW$，$I_N = 255A$，$I_{fN} = 5A$，$n_N = 500r/min$，$\eta_N = 85\%$，已知电枢电阻 $R_a = 0.1\Omega$。试求：（1）电动机理想空载转速；（2）电动机额定输出转矩和电磁转矩；（3）在负载转矩不变的情况下，若使转速下降到 460r/min，电枢电路中应串入电阻 R 的阻值；（4）转速下降到 460r/min 时，电动机的输出功率。

第9章

继电器-接触器控制电路

ℹ️ 知识单元目标

- 能够理解常用低压电器的结构、原理与作用，具备通过电器的文字符号正确识别电器的能力。
- 能够理解自锁、互锁、过载保护、短路保护和失电压保护的作用与实现方法，具备正确分析简单控制电路的能力。
- 能够理解基本控制环节的组成、作用与工作过程，具备设计简单控制回路的能力。

🎤 讨论问题

- 常用低压电器有哪些，在电路中各自发挥什么作用？
- 交流接触器有何用途，主要由哪几部分组成，各起什么作用？
- 阅读继电器-接触器控制回路时应把握哪些原则？
- 怎样理解互锁的控制方式，可以起到什么作用？
- 行程开关与按钮有何相同之处与不同之处？

现代工农业生产中广泛地使用着各种自动控制系统，而这些控制系统的执行机构大多是由电动机来实现的。因此，电力传动装置是现代生产机械中的一个重要部分，它由电动机、传动机构和控制电动机的电气设备3个主要环节所组成。

为了提高生产率，使电动机按照生产机械所需的预定顺序进行工作，通常采用一些诸如继电器、接触器及按钮等控制电器来实现生产过程的自动控制。这些主要由继电器、接触器和按钮等电器所组成的控制系统一般称为继电器-接触器控制系统。

任何一种继电器-接触器控制系统的控制电路，都是由一些最基本的单元所组成。为了便于理解控制回路的组成及工作原理，本章将首先介绍一些最常用的低压控制电器，然后以应用较为广泛的三相笼型异步电动机为控制对象，讨论一些典型低压控制电路。

9.1 常用低压控制电器

低压控制电器指的是额定工作电压在1200V以下的电气设备。常用的低压控制电器的分类形式有很多，这里从其操作的驱动力将其分为手动电器和自动电器两类。

9.1.1 手动电器

1. 刀开关　刀开关（Q）是一种常见的手动电器，如图9-1所示。刀开关由触刀（动触点）和静触点装在胶木底板上构成，在具体应用中分为单极、双极和 3 极等几种。

刀开关主要用在 500 V 以下的低压用电设备上，用作不频繁接通和切断电源，也可用在小功率电动机不频繁的起、停操作。这类开关往往和短路保护装置熔断器（FU）组装在一起。

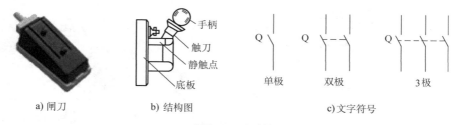

a) 闸刀　　　　　　　b) 结构图　　　　　　　　c) 文字符号

图 9-1　刀开关

2. 组合开关　组合开关（SC）又称为转换开关，常用来作为电源的引入开关，也常用来直接起停小容量的电动机，某些局部照明电路也常用它进行控制。

组合开关由多层动、静触片组装在绝缘盒内构成。动触片安装在中间转轴上，图 9-2a 所示为其结构示意图，通过手柄转动转轴使动触点和静触点接通与断开，从而实现多条线路、不同连接方式的相互转换。图 9-2b 为用组合开关来起、停三相异步电动机的硬件接线图。

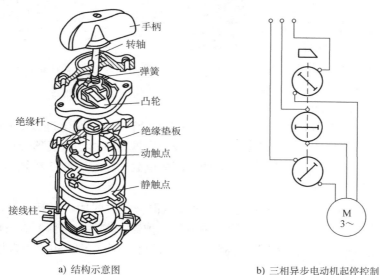

a) 结构示意图　　　　　　　　　b) 三相异步电动机起停控制

图 9-2　组合开关

3. 按钮　按钮（SB）是控制系统中下达指令的主令电器，通常用来接通和断开控制回路。其触点分为动合（常开）和动断（常闭）两种。图 9-3a、b 所示为复合按钮的结构示意图及图形符号。

当用手按压按钮帽时，动触点向下移动，使动断触点断开，而动合触点闭合。当手松开按钮帽时，由于复位弹簧的作用，使按钮恢复到原来的状态。按钮和开关的不同之处就在于此。

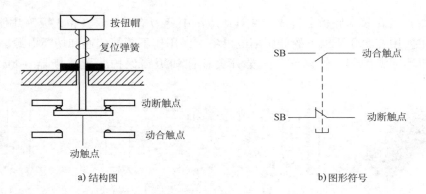

a) 结构图　　　　　　　　　　　b) 图形符号

图 9-3　复合按钮

9.1.2　自动电器

1. 断路器　断路器也叫自动开关，是现在常用的一种低压保护电器，可实现短路、失电压和过载保护。图 9-4a 为其实物图，图 9-4b 为结构原理图。在实际应用中，主触点一般通过手动操作来闭合，开关的脱扣机构是连杆装置。主触点闭合后连杆被锁钩锁住，当电路发生故障时，脱扣机构就会在相应脱扣器的作用下将锁钩脱开，主触点在复位弹簧的作用下迅速断开。在断路器中，脱扣器有过电流脱扣器和欠电压脱扣器等，它们都是电磁铁。在正常情况下，过电流脱扣器的衔铁都处

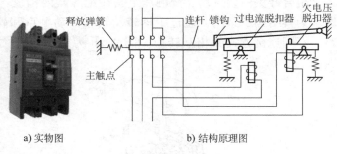

a) 实物图　　　　　b) 结构原理图

图 9-4　断路器

于释放状态，欠电压脱扣器处于吸合状态，如图 9-4b 所示。当发生过载或过电流故障时，与主回路串联的线圈将会产生较强的电磁吸力，吸引衔铁向下移动从而顶开锁钩，使主触点断开。当发生欠电压故障时，与主回路并联的线圈的电磁力变小，衔铁在复位弹簧的作用下被释放，从而使主触点断开。

2. 熔断器　熔断器（FU）是根据电流超过规定值一定时间后，以其自身产生的热量使熔体熔化，从而使电路断开的原理制成的一种电流保护器，主要由熔体和熔管两个部分及外加填料等组成。熔体通常使用电阻率较高的易熔合金材料制成。图 9-5 为常用熔断器的结构图。

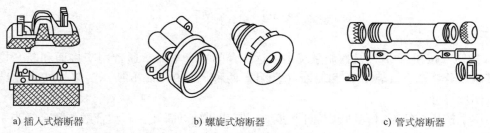

a) 插入式熔断器　　　　　　　　b) 螺旋式熔断器　　　　　　　　c) 管式熔断器

图 9-5　熔断器

　　由于各种电气设备都具有一定的过载能力，允许在一定条件下较长时间运行，而当负载超过允许值时，就要求保护熔体在一定时间内熔断。还有一些设备起动电流很大，但起动时间很短，所以要求对这些设备的保护特性要适应设备运行的需要，要求熔断器在电动机起动时不熔断，在短路电流作用下和超过允许过负荷电流时，能可靠熔断，起到保护作用。熔体额定电流选择偏大，负载在短路或长期过负荷时不能及时熔断；选择过小，可能在正常负载电流作用下就会熔断，影响正常运行。为保证设备正常运行，必须根据负载性质合理地选择熔体额定电流。

（1）照明电路

熔体额定电流 = 被保护电路上所有照明电器工作电流之和

（2）电动机

1）单台直接起动电动机：熔体额定电流 =（1.5 ~ 2.5）× 电动机额定电流

2）多台直接起动电动机：总保护熔体额定电流 =（1.5 ~ 2.5）× 各台电动机电流之和

（3）配电变压器低压侧

熔体额定电流 =（1.0 ~ 1.5）× 变压器低压侧额定电流

（4）电焊机

熔体额定电流 =（1.5 ~ 2.5）× 负荷电流

（5）电子整流元件

熔体额定电流 = 1.57 × 整流元件额定电流

说明：熔体额定电流的数值范围是为了适应熔体的标准件额定值。

3. 交流接触器　接触器（KM）是一种自动化的控制电器，主要用于频繁接通或断开交、直流电路，具有控制容量大、可远距离操作等优点，配合继电器可以实现定时操作、联锁控制、各种定量控制和失电压及欠电压保护，广泛应用于自动控制回路。其主要控制对象是电动机，也可用于控制其他电力负载，如电热器、照明、电焊机、电容器组等。

　　接触器按被控电流的种类可分为交流接触器和直流接触器。这里主要介绍常用的交流接触器，如图9-6所示。交流接触器又可分为电磁式和真空式两种。

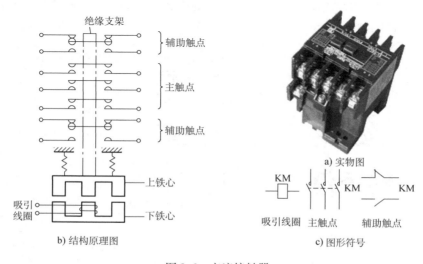

图 9-6　交流接触器

交流接触器是广泛用作电力的开断和控制回路。它利用主触点来开闭电路，用辅助触点来执行控制指令。主触点一般只有常开触点，而辅助触点常有两对具有常开和常闭功能的触点，小型的接触器也经常作为中间继电器配合主回路使用。

交流接触器主要由4部分组成：

1）电磁系统包括吸引线圈、动铁心和静铁心。

2）触点系统包括3个主触点和两个常开、两个常闭辅助触点，它和动铁心是连在一起互相联动的。

3）灭弧装置。一般容量较大的交流接触器都设有灭弧装置，以便迅速切断电弧，免于烧坏主触点。

4）绝缘外壳及附件包括各种弹簧、传动机构、短路环、接线柱等。

当线圈通电时，静铁心产生电磁吸力，将动铁心吸合，由于触点系统是与动铁心联动的，因此动铁心带动3条动触片同时运行，触点闭合，从而接通电源。当线圈断电时，吸力消失，动铁心联动部分依靠弹簧的反作用力而分离，使主触点断开，切断电源。

4. 继电器　继电器是一种当输入量（电、磁、声、光、热）达到一定值时，输出量将发生跳跃式变化的自动控制器件，广泛应用于电力保护、自动化、运动、遥控、测量和通信等装置中。

继电器的种类很多，按作用原理分为电磁继电器、固态继电器、时间继电器、温度继电器、速度继电器、加速度继电器、热继电器等。这里重点介绍电磁继电器、时间继电器和热继电器。

（1）电磁继电器　电磁继电器（KV）一般由铁心、线圈、衔铁、触点簧片等组成，如图9-7所示。只要在线圈两端加上一定的电压，线圈中就会流过一定的电流，从而产生电磁效应，衔铁就会在电磁力吸引的作用下克服返回弹簧的拉力吸向铁心，从而带动衔铁的动触点与静触点（常开触点）吸合。当线圈断电后，电磁的吸力也随之消失，衔铁就会在弹簧的反作用力返回原来的位置，使动触点与原来的静触点（常闭触点）吸合。这样吸合、释放，从而达到了在电路中的导通、切断的目的。对于继电器的"常开、常闭"触点，可以这样来区分：继电器线圈未通电时处于断开状态的静触点称为"常开触点"；处于接通状态的静触点称为"常闭触点"。

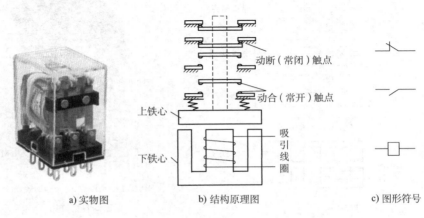

a) 实物图　　　　b) 结构原理图　　　　c) 图形符号

图 9-7　电磁继电器

（2）时间继电器　凡是继电器感测元件得到动作信号后，其执行元件（触点）要延迟一段时间才动作的继电器称为时间继电器（KT）。时间继电器是一种利用电磁原理或机械原理实现延时控制的控制电器。它的种类很多，有空气阻尼型、电动型和电子型等。

在交流电路中常采用空气阻尼型时间继电器，它利用空气通过小孔节流的原理来获得延时动作，延时范围大（有 $0.4 \sim 60s$ 和 $0.4 \sim 180s$ 两种）。其由电磁系统、延时机构和触点 3 部分组成，结构简单，但准确度较低。时间继电器的实物和图形符号如图 9-8 所示。

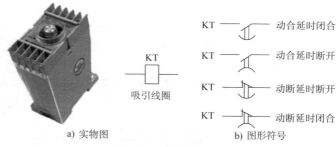

a) 实物图

b) 图形符号

图 9-8　时间继电器

时间继电器可分为通电延时型和断电延时型两种类型。

（3）热继电器　热继电器（FR）是由流入热元件的电流产生热量，使有不同膨胀系数的双金属片发生形变，当形变达到一定距离时，就推动连杆动作，使控制回路断开，从而使接触器失电，主回路断开，实现电动机的过载保护。继电器作为电动机的过载保护元件，以其体积小、结构简单、成本低等优点在生产中得到了广泛应用。热继电器如图 9-9 所示。

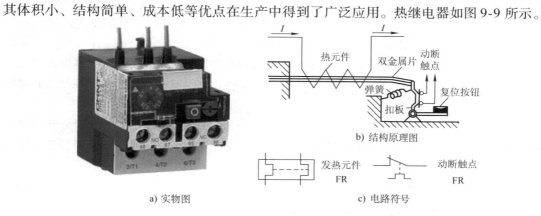

a) 实物图

b) 结构原理图

c) 电路符号

图 9-9　热继电器

5. 行程开关　行程开关（ST）又称限位开关，就是一种由物体的位移来决定电路通断的开关，在日常生活中最易碰到的例子就是冰箱了。当打开冰箱时，冰箱里面的灯就会亮，而关上门就熄灭了，这是因为门框上有个开关，被门压紧时灯的电路断开，门一开就放松了，于是就自动把电路闭合使灯点亮，用到的开关开关就是行程开关。行程开关如图 9-10 所示。

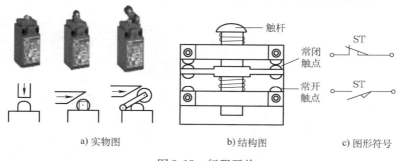

a) 实物图

b) 结构图

c) 图形符号

图 9-10　行程开关

思 考 题

1. 接触器与继电器有什么区别？各自有什么用途？
2. 热继电器的作用是什么？在电路中应如何连接？
3. 为什么说交流接触器具有失电压保护功能？

9.2　继电器-接触器控制系统举例

9.2.1　继电器-接触器控制电路的阅读方法

采用继电器、接触器等低压电器组成的有触点的控制系统，称为继电器-接触器控制系统。例如，在生产生活中常见的电动机的起、停控制和正、反转控制等。

学习继电器-接触器控制系统，首先要读懂各种控制电路图。由各种电器的图形符号和文字符号按照一定的目的连接而成的电路图即为控制电路图，下面简要介绍一下控制电路图的一般阅读方法。

1）读图前应了解机械设备，熟悉工艺过程，掌握具体生产过程对控制电路的要求。

2）一般控制电路图分为两个部分：主电路和控制电路。主电路的负载是电动机等执行设备，通断电流较大，要用通断电流能力较大的电器（如接触器等）来操作，为保证系统地安全运行，主电路中常设有保护电器（如熔断器和热继电器的热元件）；控制电路是为了实现对负载的运行情况进行控制，一般通过按钮、行程开关等电器发出指令，控制接触器吸引线圈的工作状态来完成。

3）为了表达清楚，方便识图，在同一控制电路中，同一电器的各个不同部分常出现在不同的位置。例如，接触器的主触点在主电路中，而线圈和辅助触点则在控制电路中，但是它们都用同一文字符号标注。

4）电路中的所有电器的状态均指常态。

9.2.2　电动机继电器-接触器控制电路

1. 笼型三相异步电动机的起、停控制

（1）三相异步电动机点动控制　所谓点动，即按下起动按钮时电动机转动工作，手松开按钮时电动机停转。点动控制多用于机床刀架、横梁、立柱等快速移动和机床对刀等场合。

图9-11所示为三相异步电动机的点动控制电路。主电路由隔离开关QS、熔断器FU、交流接触器KM的主触点及三相异步电动机构成。控制电路由按钮SB和交流接触器KM的线圈串联连接而成。

QS为电源的隔离开关，QS只在不带负载的情况下接通或切断电源，以便于在检修或电路长时间不工作时断开电源。FU用于短路保护。

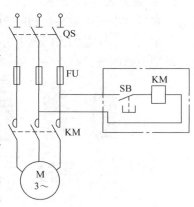

图9-11　点动控制

电路的具体操作过程如下：

起动过程：闭合隔离开关 QS，接通电源，按下按钮 SB，控制电路接通，交流接触器 KM 线圈通电，接触器主触点闭合，电动机 M 运转。

停止过程：松开按钮 SB，控制回路被切断，接触器 KM 线圈断电，接触器主触点断开，电动机 M 停止运行。

（2）三相异步电动机单向连续运转控制电路　图 9-12 所示为三相异步电动机单向连续运转控制电路，具有过载、断相保护、失电压保护及短路保护功能。与点动控制电路（见图 9-11）比较，主电路中增加了热继电器的热元件，控制电路中增加了一个常闭按钮（停止按钮）、接触器 KM 的一个辅助动合（常开）触点及热继电器 FR 的常闭触点。接触器 KM 的辅助动合触点与起动按钮并联，则对起动按钮进行闭合锁定，简称"自锁"。自锁的作用是当手离开按钮时，SB$_2$ 复位断开，接触器 KM 的辅助常开触点闭合，维持接触器自身继续通电，保持电动机连续运转。

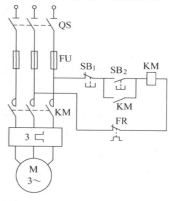

图 9-12　单向连续运转控制

电路的具体操作过程如下：

起动过程：闭合隔离开关 QS，接通电源，按下按钮 SB$_2$，控制电路接通，交流接触器 KM 线圈通电，接触器主触点及辅助常开触点闭合，电动机 M 运转，松开按钮 SB$_2$，电动机继续运转。

停止过程：按下停止按钮 SB$_1$，控制电路断开，接触器 KM 线圈断电，KM 的主触点和辅助常开触点均断开，电动机断电停止运行。

当电动机过载或断相时，主回路电流增大，当电流增大至热继电器的动作电流值时，热继电器动作，控制回路的常闭触点断开，切断控制电路，使接触器 KM 线圈断电，主触点断开，电动机停止运行，从而起到保护作用。

如果在电动的运行过程中出现电源电压降低或者电源断电现象时，交流接触器 KM 的线圈由于欠电压而使吸引磁力减小，返回常态，主电路和控制电路均断电，电动机停止运行。电源恢复后，由于起动按钮 SB$_2$ 和接触器 KM 辅助常开触点均处于断开状态，电动机不会自行起动，有效地保证人身及设备安全。

2. 三相异步电动机的正、反转控制　实际生产中，经常需要改变电动机的旋转方向，如车床工作台的前进与后退、起重机的提升与下降等。从前面的讨论可知，只要任意对调接到电动机的三相电源中的两相即可实现电动机的反转。

图 9-13 所示为三相异步电动机正、反转控制电路，这里使用两套起动按钮和交流接触器分别控制电动机的正转和反转。

电路的具体操作过程如下：

正转起动：首先闭合隔离开关 QS，接通电源。按下正转起动按钮 SB$_1$，正转控制接触

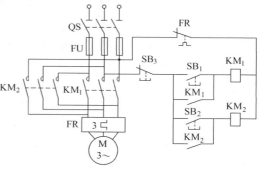

图 9-13　三相异步电动机正、反转控制

器 KM_1 线圈通电，其主触点闭合，电动机正转运行，辅助常开触点闭合，松开按钮 SB_1，由于 KM_1 的自锁功能，电动机继续保持正转运行。

停止过程：按下停止按钮 SB_3，控制回路断开，接触器线圈断电，接触器恢复常态，其主触点及辅助常开触点断开，电动机停止运行。

反转起动：电动机在停车的状态下，按下反转起动按钮 SB_2，反转接触器 KM_2 线圈通电，其主触点闭合，电动机反转运行，辅助常开触点闭合，松开按钮 SB_2，由于 KM_2 的自锁功能，电动机继续保持反转运行。

在实际操作中，要注意两个接触器主触点之间的连接方式。在主回路中，KM_1 的主触点单独闭合时，电动机正转；KM_2 的主触点单独闭合时，电动机反转，这时，从电动机 M 接至三相电源的 3 根导线中的任意两根通过 KM_2 的主触点进行位置对调。图 9-13 所示的控制回路，如果在电动机正转（反转）运行时按下按钮 SB_2（SB_1），两个接触器的 6 个主触点同时闭合，电源发生短路。

为了避免这种事故的发生，控制电路必须保证两个接触器线圈不能同时通电吸合，为此，在控制电路中，两个接触器的线圈分别与对方的一个辅助常闭触点串联，如图 9-14a 所示。这样，当正转接触器 KM_1 线圈通电时，KM_2 串联的辅助常闭 KM_1 断开，切断反转控制接触器线圈电路，这时即使未按停止按钮 SB_3 而误按反转起动按钮 SB_2，反转接触器线圈也不会通电，反之亦然。这种互相制约的控制方式称为"互锁"。

除了利用接触器互锁外，还可以利用复合按钮进行互锁，控制电

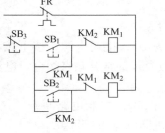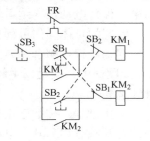

a) 接触器互锁　　　　　b) 按钮互锁

图 9-14　互锁电路

路如图 9-14b 所示。每一个复合按钮都有一副常开触点和一副常闭触点。两个起动按钮的常闭触点分别与对方的接触器线圈串联。当按下正转起动按钮 SB_1 时，它的常闭触点断开，使反转控制线圈电路断开。当按下反转起动按钮 SB_2 时，它的常闭触点断开，使正转控制线圈电路断开。因此，采用复合按钮，在改变电动机转向时可以不必先停车，只要按下相应的另一个按钮即可。

3. 三相异步电动机的时间控制　时间控制是指按照所需要的时间间隔来接通、断开或换接被控电路，以控制生产机械的各种动作。在生产中，控制过程都是以时间为依据进行控制的，如工件的加热时间控制，电动机按时间先后顺序的起、停控制等。前一章所讨论的三相异步电动机丫-△减压起动就是典型的时间控制，起动时定子三相绕组连接成星形，起动一段时间后，转子转速接近额定转速，这时将定子星形联结转换成三角形联结。

图 9-15 所示为三相异步电动机丫-△换接起

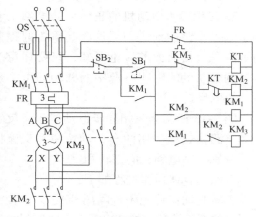

图 9-15　三相异步电动机丫-△换接起动

动的控制电路，控制电路通过时间继电器实现丫-△的换接延时。

电路的具体操作过程如下：

起动过程：首先闭合隔离开关 QS，接通电源。按下起动按钮 SB_1，时间继电器 KT 和接触器 KM_2 同时通电吸合，KM_2 的常开主触点闭合，把定子绕组连接成星形，其常开辅助触点闭合，接通接触器 KM_1。KM_1 的常开主触点闭合，将定子接入电源，电动机在星形联结下起动。KM_1 的一对常开辅助触点闭合，进行自锁。经一定延时，KT 的常闭触点断开，KM_2 断电复位，接触器 KM_3 通电吸合。KM_3 的常开主触点接通将定子绕组接成三角形，使电动机在额定电压下正常运行。

停止过程：按下停止按钮 SB_2，控制回路断电，交流接触器 KM_1 和 KM_3 的线圈断电，对应主触点断开，电动机停止运行。

控制回路中，KM_2 和 KM_3 的辅助常闭触点的作用是构成"互锁"环节，使接触器 KM_2 和 KM_3 同时只能有一个通电，以免影响电路正常运行。

4. 顺序起停控制　在生产中，很多生产机械都安装有多台电动机，根据工艺流程的需要，有些电动机必须按照一定的顺序起停。例如，某些大型车床，其主轴电动机必须在液压泵电动机运行为主轴提供润滑油以后才能起动。这就要求控制回路采用不同顺序"联锁"控制。

图 9-16 所示为两台电动机顺序起动控制电路。电路的具体操作如下：

起动过程：首先闭合隔离开关 QS，接通电源。按下按钮 SB_2，接触器 KM_1 线圈通电，其与接触器 KM_2 线圈串联的辅助常开触点及主触点闭合，电动机 M_1 起动。按下按钮 SB_4，接触器 KM_2 线圈通电，其主触点闭合，电动机 M_2 起动。

停止过程：按下按钮 SB_3，M_2 电动机停止运行，按下按钮 SB_1，M_1 电动机停止运行。这里需要注意的是，只有在 M_1 电动机运转的前提下，M_2 电动机才能起动、停车。在正常运行中，只要 M_1 电动机停车，M_2 电动机也随之停车。

5. 三相异步电动机的行程控制　生产中，由于某些工艺和安全的要求，经常需要控制一些设备的行程或位置。车床功能工作台的往

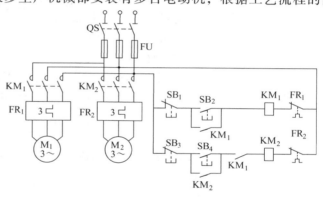

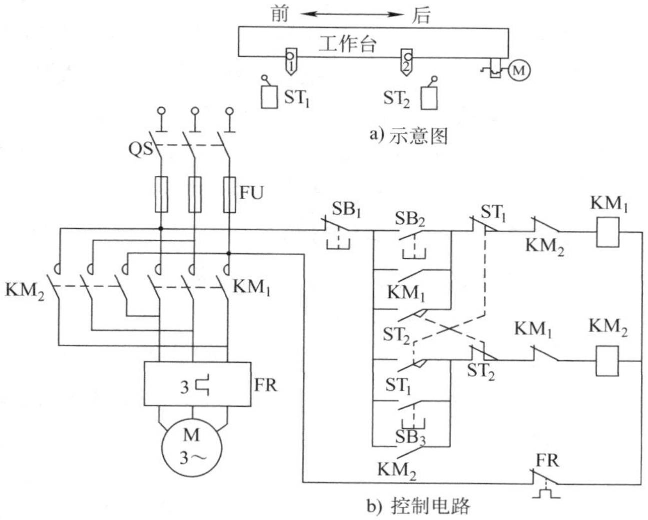

图 9-16　三相异步电动机顺序起动控制

图 9-17　行程控制

返循环运动就是一个典型的应用。

图9-17a是用行程开关来控制车床工作台往返运动的示意图，其控制电路如图9-17b所示。控制电路具体操作如下：

正向运行：首先闭合隔离开关 QS，接通电源。按下正转起动按钮 SB$_2$，正转接触器 KM$_1$ 线圈通电，电动机正转运行，假设此时工作台向前运行（向左移动）。当工作台运行到预设位置时，挡块1压下行程开关 ST$_1$，其常闭触点断开，切断 KM$_1$ 线圈电路，KM$_1$ 线圈断电，电动机停止正向转动，接触器 KM$_1$ 恢复常态。同时，ST$_1$ 的常开触点闭合，使接触器 KM$_2$ 线圈通电，其主触点闭合，电动机反向转动，使工作台向后运行（向右移动）。挡块1离开 ST$_1$ 后，ST$_1$ 恢复常态。

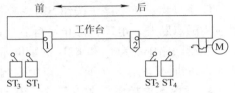

反向运行：当工作台向后运行到达预设位置时，挡块2压下行程开关 ST$_2$，其常闭触点断开，切断 KM$_2$ 线圈电路，KM$_2$ 线圈断电，电动机停止反向转动，接触器 KM$_2$ 恢复常态。同时，ST$_2$ 常开触点闭合，使接触器 KM$_1$ 线圈通电，其主触点闭合，电动机又正向运行。电动机就会这样循环地往返运行。当按下按钮 SB$_1$ 时，电动机停止运行。

图9-18　采用冗余设计的行程控制电路示意图

在某些场合，为了进一步提高设备安全性，常采用冗余设计，如图9-18所示，当 ST$_1$、ST$_2$ 出现故障时，ST$_3$、ST$_4$ 起作用，有效防止工作台超出极限位置而发生严重事故。

思　考　题

1. 什么是主回路？什么是控制电路？它们各自的作用是什么？
2. 如何理解自锁、互锁的功能？
3. 试设计图9-18的控制电路。

本　章　小　结

1. 用继电器、接触器及按钮等有触点的控制电路来实现自动控制，称为继电-接触器控制。它是目前中、小型工厂企业应用最广泛的电力拖动自动控制方式。

2. 继电-接触器控制的基本电路有电动机的点动、连续运行，正、反转运行、Y-△转换，顺序起停、行程控制等。Y-△转换是通过时间继电器来实现控制的，行程控制用来控制工作过程中工件或设备的位置和行程。

3. 熔断器 FU 可以实现短路保护和严重过载保护。欠电压是指电动机工作时，引起电流增加甚至使电动机停转，失电压（零电压）是指电源电压消失而使电动机停转，在电源电压恢复时，电动机可能自动重新起动（亦称自起动），易造成人身或设备故障。常用的失电压和欠电压保护有：对接触器实行自锁；用低电压继电器组成失电压、欠电压保护。过载保护是为防止三相电动机在运行中电流超过额定值而设置的保护。常采用热继电器 FR 保护，也可采用熔断器保护。

自　测　题

9.1　在电动机的连续运转控制中，其控制关键是（　　）。

（a）自锁触点　　　　　　（b）互锁触点　　　　　　（c）机械联锁

9.2　在电动机的继电器-接触器控制电路中，自锁环节的功能是（　　）。

（a）具有零电压保护　　　（b）保证起动后持续运行　　　（c）兼有点动功能

9.3　在电动机的继电器-接触器控制电路中，失（零）电压保护的功能是（　　）。

（a）防止电源电压降低烧毁电动机

（b）防止停电后再恢复供电时，电动机自行起动

（c）实现短路保护

9.4　在三相笼型电动机的正、反转控制电路中，为了避免主电路的电源两相短路采取的措施是（　　）。

（a）自锁　　　　　　　　（b）互锁　　　　　　　　（c）接触器

9.5　图 9-19 所示控制电路的作用是（　　）。

（a）按一下 SB₁，接触器 KM 通电，并连续运行

（b）按住 SB₁，KM 通电，松开 SB₁，KM 断电，只能点动

（c）按一下 SB₂，接触器 KM 通电，并连续运行

9.6　分析图 9-20 所示控制回路，当接通电源后其控制作用正确的是（　　）。

（a）按下 SB₂，接触器 KM 通电动作；按下 SB₁，KM 断电恢复常态

（b）按着 SB₂，KM 通电动作，松开 SB₂，KM 即断电

（c）按下 SB₂，KM 通电动作，按下 SB₁，不能使 KM 断电恢复常态，除非切断电源

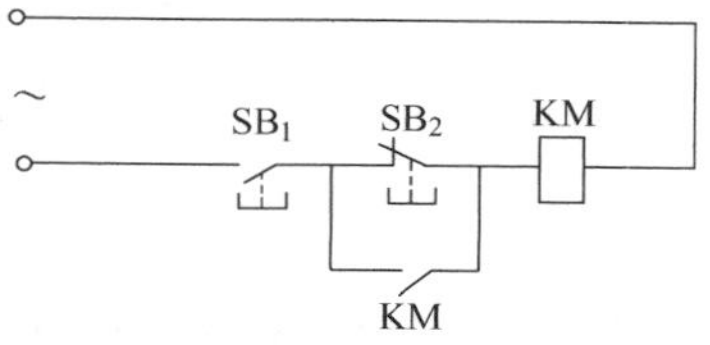

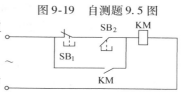

图 9-19　自测题 9.5 图

图 9-20　自测题 9.6 图

9.7　在电动机的继电器-接触器控制电路中，热继电器的功能是实现（　　）。

（a）短路保护　　　　　　（b）零电压保护　　　　　　（c）过载保护

9.8　在电动机的继电-接触器控制电路中，热继电器的正确连接方法应当是（　　）。

（a）热继电器的发热元件串接在主电路中，而把它的动合触点与接触器线圈串接在控制电路中

（b）热继电器的发热元件串接在主电路中，而把它的动断触点与接触器线圈串接在控制电路中

（c）热继电器的发热元件并接在主电路中，而把它的动断触点与接触器线圈并接在控制电路中

习　　题

9.1　简述交流接触器的工作原理。

9.2　请简要叙述如何正确读图。

9.3　根据图 9-21 所示电路接线做实验时，将开关 QS 合上后按下起动按钮 SB₂，发现有下列现象，试分析和处理故障：（1）接触器 KM 不动作；（2）接触器 KM 动作，但电动机不转动；（3）电动机转动，但一松手电动机就不转；（4）接触器动作，但吸合不上；（5）接触器触点有明显颤动，噪声较大；（6）接触器线圈冒烟甚至烧坏；（7）电动机不转动或者转得极慢，并有"嗡嗡"声。

9.4　图 9-22 中有几处错误？请改正。

9.5　试画出三相笼型电动机既能连续工作，又能点动工作的继电器-接触器控制电路。

9.6　画出电动机既能连续运转又能点动的正、反转控制回路。控制要求为：（1）具有过载保护；（2）改变转向时不需先按停止按钮。

9.7　某升降机由电动机拖动，为避免事故，要求用行程开关作上升和下降的限位保护，并要求电路具有短路保护和过载保护，试画出该升降机的主回路和控制回路。

9.8　某三相异步电动机的控制系统，要求具有过载、短路、失电压保护，可在 3 处起停，试画出控制电路。

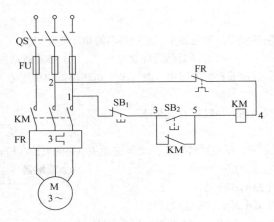

图 9-21　习题 9.3 图

9.9　两台电动机 M_1 和 M_2 顺序起动的控制要求是：起动 M_1 后才能起动 M_2；M_2 可单独停车，也可以使 M_1 和 M_2 同时停车。设接触器 KM_1 控制 M_1，KM_2 控制 M_2，试画出控制电路。

9.10　试画出两台电动机顺序起停的控制电路，控制要求是：M_1 起动后 M_2 才能起动，M_2 停车后 M_1 才能停车，用接触器 KM_1 控制 M_1，KM_2 控制 M_2。

9.11　图 9-23 所示电路为某控制电路的一部分，其中时间继电器 KT 的动作时间整定为 7s，ST 为行程开关。试说明按下起动按钮 SB_1 后接触器 KM_1 何时通电动作？何时断电恢复常态？

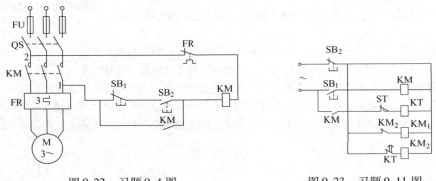

图 9-22　习题 9.4 图　　　　　　图 9-23　习题 9.11 图

9.12　图 9-24 所示为某工作台的运动控制回路，读懂电路，回答怎样修改控制电路，使其能实现工作台自动往复运动？

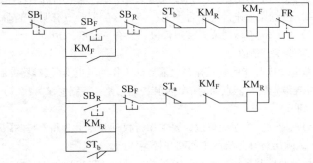

图 9-24　习题 9.12 图

9.13 在图 9-25 中，要求按下起动按钮后能顺序完成下列动作：（1）运动部件 A 从 1 到 2；（2）接着 B 从 3 到 4；（3）接着 A 从 2 回到 1；（4）接着 B 从 4 回到 3。试画出控制电路。（提示：用 4 个行程开关，装在原位和终点，每个有一常开触点和一常闭触点。）

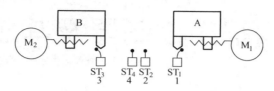

图 9-25 习题 9.13 图

9.14 如在题 9.13 中完成上述动作后能自动循环工作，则控制电路又该如何？

第10章
可编程序控制器及其应用

📕 知识单元目标

- 能够了解可编程序控制器的结构、原理与编程指令，具备正确阅读控制程序的能力。
- 能够理解可编程序控制器系统的设计方法，具备设计简单控制系统的能力。

🎤 讨论问题

- 简述 PLC 有哪些主要功能？
- PLC 与传统继电器逻辑系统相比有哪些优点？
- 什么是扫描周期？它主要受哪些因数制约？
- PLC 有哪几种输入模式？各自有什么特点？
- 编写 PLC 程序时应注意哪些基本规则？
- 执行微分型指令和非微分型指令有什么区别？什么情况下需使用微分型指令？

继电器-接触器控制系统，机械触点多，接线复杂，可靠性低，设计、更新周期长，已经无法满足现代生产过程复杂多变的控制要求，现代工业生产迫切需要一种新的控制器的出现以弥补其不足。随着计算机技术的飞速发展，融合计算机功能与继电器-接触器系统的新的控制系统应运而生，它就是可编程序控制器。

可编程序控制器（Programmable Controller，PC）是一种专门为在工业环境下应用而设计的数字运算操作的电子装置。它采用可以编制程序的存储器，用来在其内部存储执行逻辑运算、顺序运算、计时、计数和算术运算等操作的指令，并能通过数字式或模拟式的输入和输出，控制各种类型的机械或生产过程。

早期的可编程序控制器称作可编程逻辑控制器（Programmable Logic Controller），简称 PLC，它主要用来代替继电器实现逻辑控制。随着技术的发展，这种装置的功能已经大大超过了逻辑控制的范围，因此，今天这种装置称作可编程序控制器，简称 PC。但是为了避免与个人计算机（Personal Computer）的简称混淆，所以将可编程序控制器仍简称 PLC。

现代 PLC 具有功能强、通用灵活、可靠性高、工作速度快、环境适应性好、编程简单、使用方便以及体积小、重量轻、功耗低等一系列优点。它具有丰富的输入/输出接口，并且具有较强的驱动能力。

本章主要介绍 PLC 的基本结构和工作原理、编程语言与指令系统、梯形图程序的设计方法及其在工业控制中的简单应用。目前国内外 PLC 的产品种类很多，但它们的基本结构、工作原理相同，基本功能、指令系统及编程方法相似。为方便教学和自学，本章以西门子 S7-200 系列 PLC 为背景机介绍 PLC 的相关内容。

10.1　可编程序控制器的结构和工作原理

10.1.1　PLC 的一般结构

PLC 的种类繁多，功能和指令系统也不尽相同，但其结构和工作原理则大同小异，一般由中央处理单元（CPU）、输入/输出（I/O）电路、存储器、电源等几个主要部分构成，如图 10-1 所示。

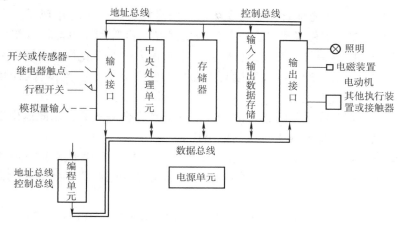

图 10-1　PLC 结构示意图

1. 中央处理机　中央处理机是 PLC 的大脑，它由中央处理器（CPU）和存储器等组成。

（1）中央处理器　中央处理器（CPU）一般由控制电路、运算器和寄存器组成，这些电路一般都集成在一个芯片上。CPU 通过地址总线、数据总线和控制总线与存储单元、输入/输出（I/O）接口电路相连接。

不同型号的 PLC 可能使用不同的 CPU 部件，制造厂家使用 CPU 部件的指令系统编写系统程序，并固化到只读存储器 ROM 中。CPU 按系统程序赋予的功能，接收编程器键入的用户程序和数据，存入随机存储器 RAM 中，CPU 按扫描方式工作，从 0000 首址存放的第一条用户程序开始，到用户程序的最后一个地址，不停地周期性扫描，每扫描一次，用户程序就执行一次。

（2）存储器　存储器是具有记忆功能的半导体电路，用来存放系统程序、用户程序、逻辑变量和其他一些信息。在 PLC 中使用的两种类型存储器为 ROM（只读存储器）和 RAM（随机存储器）。ROM 中的内容是由 PLC 的制造厂家写入的系统程序，并且永远驻留（PLC 去电后再加电，ROM 内容不变）。系统程序一般包括检查程序、翻译程序、监控程序。RAM 是可读可写存储器，读出时，RAM 中的内容不被破坏；写入时，刚写入的信息就会消除原来的信息。RAM 中一般存放用户程序、逻辑变量、供内部程序使用的工作单元。

2. 电源部件　电源部件将交流电源转换成供 PLC 中央处理器、存储器等电子电路工作所需要的直流电源，使 PLC 能正常工作，PLC 内部电路使用的电源是整体的能源供给中心，它的好坏直接影响 PLC 的功能和可靠性，因此目前大部分 PLC 采用开关式稳压电源供电。

3. 输入、输出部分　这是 PLC 与被控设备相连接的接口电路。用户设备需输入 PLC 的各种控制信号，如限位开关、操作按钮、选择开关、行程开关以及其他一些传感器输出的开关量或模拟量（要通过模数变换进入机内）等，通过输入接口电路将这些信号转换成中央处理器能够接收和处理的信号。输出接口电路将中央处理器送出的弱电控制信号转换成现场需要的强电信号输出，以驱动电磁阀、接触器、电动机等被控设备的执行元件。

（1）输入接口电路　现场输入接口电路一般由光耦合电路和微电脑输入接口电路组成。

1）光耦合电路。采用光耦合电路与现场输入信号相连是为了防止现场的强电干扰进入 PLC。光耦合电路的关键器件是光耦合器，一般由发光二极管和光电晶体管组成。在光耦合器的输入端加上变化的电信号，发光二极管就产生与输入信号变化规律相同的光信号。光电晶体管在光信号的照射下导通，导通程度与光信号的强弱有关。在光耦合器的线性工作区，输出信号与输入信号有线性关系。

由于输入和输出端是靠光信号耦合的，在电气上是完全隔离的，因此输出端的信号不会反馈到输入端，也不会产生地线干扰或其他串扰。

2）微电脑的输入接口电路。它一般由数据输入寄存器、选通电路和中断请求逻辑电路构成，这些电路集成在一个芯片上。现场的输入信号通过光电耦合送到输入数据寄存器，然后通过数据总线送给 CPU。

（2）输出接口电路　它一般由微机输出接口电路和功率放大电路组成。

微机输出接口电路一般由输出数据寄存器、选通电路和中断请求电路集成而成。CPU 通过数据总线将要输出的信号放到输出数据寄存器中。功率放大电路是为了适应工业控制的要求，将微机输出的信号加以放大。PLC 一般采用继电器输出，也有的采用晶闸管或晶体管输出。

除了上面介绍的这几个主要部分外，PLC 上还配有和各种外围设备的接口，均用插座引出到外壳上，可配接编程器、计算机、打印机、录音机以及 A/D、D/A、串行通信模块等，可以十分方便地用电缆进行连接。

10.1.2　PLC 的基本工作原理

PLC 虽具有微机的许多特点，但它的工作方式却与微机有很大不同。微机一般采用等待命令的工作方式，如常见的键盘扫描方式或 I/O 扫描方式，有键按下或 I/O 动作则转入相应的子程序，无键按下则继续扫描。PLC 则采用循环扫描工作方式，在 PLC 中，用户程序按先后顺序存放，如 CPU 从第一条指令开始执行程序，直至遇到结束符后又返回第一条，如此周而复始不断循环。这种工作方式是在系统软件控制下，顺次扫描各输入点的状态，按用户程序进行运算处理，然后顺序向输出点发出相应的控制信号。整个工作过程可分为 5 个阶段：自诊断、与编程器等的通信、输入采样、用户程序执行、输出刷新，其工作过程框图如图 10-2 所示。

1）每次扫描用户程序之前，都先执行故障自诊断程序。自诊断内容为 I/O 部分、存储器、CPU 等，发现异常停机显示出错。若自诊断正常，继续向下扫描。

图 10-2　PLC 工作过程框图

2）PLC 检查是否有与编程器和计算机的通信请求，若有则进行相应处理，如接收由编程器送来的程序、命令和各种数据，并把要显示的状态、数据、出错信息等发送给编程器进行显示。如果有与计算机等的通信请求，也在这段时间完成数据的接收和发送任务。

3）PLC 的中央处理器对各个输入端进行扫描，将输入端的状态送到输入状态寄存器中，这就是输入采样阶段。

4）中央处理器 CPU 将指令逐条调出并执行，以对输入和原输出状态（这些状态统称为数据）进行"处理"，即按程序对数据进行逻辑、算术运算，再将正确的结果送到输出状态寄存器中，这就是程序执行阶段。

5）当所有的指令执行完毕时，集中把输出状态寄存器的状态通过输出部件转换成被控设备所能接受的电压或电流信号，以驱动被控设备，这就是输出刷新阶段。

PLC 经过这 5 个阶段的工作过程，称为一个扫描周期，完成一个周期后，又重新执行上述过程，扫描周而复始地进行。扫描周期是 PLC 的重要指标之一，在不考虑第二个因素（与编程器等通信）时，扫描周期 T 为

T =（读入一点时间 × 输入点数）+（运算速度 × 程序步数）+（输出一点时间 × 输出点数）+ 故障诊断时间

显然扫描时间主要取决于程序的长短，一般每秒钟可扫描数十次以上，这对于工业设备通常没有什么影响。但对控制时间要求较严格，响应速度要求快的系统，就应该精确地计算响应时间，细心编排程序，合理安排指令的顺序，以尽可能减少扫描周期造成的响应延时等不良影响。

10.1.3　PLC 的分类及应用场合

1. PLC 产品的分类　按结构形状分类，PLC 可分为整体式和机架模块式两种。整体式结构的 PLC 是将中央处理机、电源部件、输入和输出部件集中配置在一起，结构紧凑，体积小，重量轻和价格低。小型 PLC 常采用这种结构，适用于工业生产中的单机控制。机架模块式 PLC 是将各部分单独的模块分开，如中央处理机模块、电源模块、输入模块、输出模块等，使用时可将这些模块分别插入机架底板的插座上，配置灵活、方便，便于扩展。可根据生产实际的控制要求配置各种不同的模块，构成不同的控制系统，一般大、中型 PLC 采用这种结构。

按 PLC 的 I/O 点数、存储容量和功能来分，大体可以分为大、中、小 3 个等级。小型 PLC 的 I/O 点数在 120 点以下，用户程序存储器容量为 2KB（1K = 1024，存储一个"0"或"1"的二进制码称为一"位"，一个字为 16 位）以下，具有逻辑运算、定时、计数等功能，它适合开关量的场合，可用它实现条件控制及定时、计数控制、顺序控制等，也有些小型 PLC 增加了模拟量处理、算术运算功能，其应用面更广；中型 PLC 的 I/O 点数在 120 ~ 512

点之间，用户程序存储器容量达 2~8KB，具有逻辑运算、算术运算、数据传送、数据通信、模拟量输入/输出等功能，可完成既有开关量又有模拟量较为复杂的控制；大型 PLC 的 I/O 点数在 512 点以上，用户程序存储器容量达到 8KB 或 8KB 以上，具有数据运算、模拟调节、联网通信、监视、记录、打印等功能，能进行中断控制、智能控制、远程控制，在用于大规模的过程控制中，可构成分布式控制系统，或整个工厂的自动化网络。

2. PLC 的应用场合

（1）用于开关逻辑控制 这是 PLC 最基本的应用范围。可用 PLC 取代传统继电器-接触器控制，如机床电气、电机控制中心等；也可取代顺序控制，如高炉上料、电梯控制、货物存取、运输、检测等。

（2）用于机械加工的数字控制 PLC 和计算机控制（CNC）装置组合成一体，可以实现数值控制，组成数控机床。

（3）用于机器人控制 可用一台 PLC 实现 3~6 轴的机器人控制。

（4）用于闭环过程控制 现代大型 PLC 都配有 PID 子程序或 PID 模块，可实现单回路、多回路的调节控制。

（5）用于组成多级控制系统，实现工厂自动化网络。

目前 PLC 已广泛应用于钢铁、采矿、水泥、石油、化工、电力、机械制造、汽车装卸、造纸、纺织、环保以及娱乐等，为各行各业工业自动化提供了有力的工具，促进了机电一体化的实现。

10.2 可编程序控制器的技术性能指标

10.2.1 PLC 的基本技术指标

各厂家的 PLC 产品技术性能各不相同，且各有特色，这里只介绍基本的、常见的技术性能指标。

1. 输入/输出点数 输入/输出点数（I/O 点数）即指 PLC 外部输入、输出端子数。这是最重要的一项技术指标。

2. 扫描速度 一般以执行 1000 步指令所需时间来衡量扫描速度，故单位为 ms/千步；也有时以执行一步的指令时间计，如 μs/步。

3. 内存容量 内存容量一般以 PLC 所能存放用户程序多少衡量。在 PLC 中程序指令是按"步"存放的（一条指令往往不止一"步"），一"步"占用一个地址单元，一个地址单元一般占用两个字节，如一个内存容量为 1000 步的 PLC 可推知其内存为 2KB。

4. 指令条数 这是衡量 PLC 软件功能强弱的主要指标。PLC 具有的指令种类越多，说明其软件功能越强。

5. 内部寄存器 PLC 内部有许多寄存器用以存放变量状态、中间结果、数据等。还有许多辅助寄存器可供用户使用，这些辅助寄存器常可以给用户提供许多特殊功能或简化整体系统设计。因此，寄存器的配置情况常是衡量 PLC 硬件功能的一个指标。

6. 高功能模块 PLC 除了主控模块外还可以配接各种高功能模块。主控模块实现基本控制功能，高功能模块则可实现某一种特殊的专门功能。高功能模块的多少，功能强弱常是衡量 PLC 产品水平高低的一个重要标志。目前已开发出的常用高功能模块有 A/D 模块、D/A 模块、高速计数模块、速度控制模块、位置控制模块、轴定位模块、温度控制模块、远程通信模块、高级语言编辑以及各种物理量转换模块等。

这些高功能模块使 PLC 不但能进行开关量顺序控制，而且能进行模拟量控制，可进行精确的定位和速度控制，可以和计算机进行通信，还可以直接用高级语言进行编程，给用户提供了强有力的工具。

10.2.2 S7-200 系列 PLC 的性能介绍

西门子 S7-200 系列属于整体式小型 PLC，将 CPU 模块、I/O 模块和电源装在一个箱型机壳内。S7-200 系列 PLC 适用于多种设备控制，可以在一定范围内替换继电器控制电路，并能够完成简单的控制以及较复杂的逻辑控制，应用领域极为广泛，覆盖几乎所有与自动检测、自动控制有关的工业及民用领域，包括电力设施、民用设备、环境监测设备等。

S7-200 系列 PLC 提供多种具有不同 I/O 点数的 CPU 模块和数字量、模拟量 I/O 扩展模块供用户选用，内置高速计数器、PID 控制器、RS485 通信/编程接口、PPI 通信协议、MPI 通信协议和自由方式通信功能，可以扩展到 248 点数字量 I/O 或 35 路模拟量 I/O，有 26KB 程序和数据存储空间，还配备许多专用的特殊功能模块，如模拟量输入/输出模块、热电偶/热电阻模块、通信模块等，使功能得到扩展。

1. CPU 模块 S7-200 提供 5 种 CPU 模块，分别为 CPU221、CPU222、CPU224、CPU224XP、CPU226。其中，CPU221 本机集成 6 输入/4 输出共 10 个数字量 I/O 点，无 I/O 扩展能力；CPU222 本机集成 8 输入/6 输出共 14 个数字量 I/O 点，可连接 2 个扩展模块。两款 CPU 可用于小点数控制场合。CPU224 本机集成 14 输入/10 输出共 24 个数字量 I/O 点，可连接 7 个扩展模块，是具有较强控制能力的控制器。CPU224XP 本机集成 14 输入/10 输出共 24 个数字量 I/O 点，2 输入/1 输出共 3 个模拟量 I/O 点，可连接 7 个扩展模块，同时还新增多种功能，如内置模拟量 I/O、位控特性、自整定 PID 功能、线性斜坡脉冲指令、诊断 LED、数据记录及配方功能等，是具有模拟量 I/O 和强大控制能力的新型 CPU。CPU226 本机集成 24 输入/16 输出共 40 个数字量 I/O 点，可连接 7 个扩展模块，最大扩展至 248 路数字量 I/O 点或 35 路模拟量 I/O 点，13KB 程序和数据存储空间，可完全适用于一些复杂的中小型控制系统。S7-200 系列 PLC 不同型号 CPU 的技术参数见表 10-1。

2. 扩展模块 为了更好地满足应用需求，S7-200 为用户提供了多种类型的扩展模块。扩展模块有输入/输出扩展、热电偶/热电阻输入扩展和通信扩展三种类型，通过总线连接器（插件）和 CPU 模块连接。S7-200 系列 PLC 输入/输出扩展模块的主要技术性能见表 10-2。

扩展单元正常工作需要 DC +5V 电源，此电源由 CPU 通过总线连接器提供。扩展单元的 DC 24V 输入点和输出点电源，可由基本单元的 DC 24V 电源供电，但要注意基本单元所提供的最大电流能力。

3. S7-200 的通信功能 S7-200 的 CPU 模块自带的 RS485 串行通信支持 PPI、DP/T、自由通信口协议和 PROFIBUS 点对点协议。每个网络可设置 126 个站、32 个主站。通信接口可以实现与下列设备的通信：运行编程软件的计算机、文本显示器 TD200、OP（操作员面板），以及 S7-200 CPU 之间的通信；通过自由通信口协议，可以与其他厂家的设备进行串行通信。

表 10-1　S7-200PLC 技术指标

特性		CPU221	CPU222	CPU224	CPU224XP	CPU226
本机 I/O	数字量	6 入/4 出	8 入/6 出	14 入/10 出	14 入/10 出	24 入/16 出
	模拟量				2 入/1 出	
最大扩展模块数量		0	2	7	7	7
数据存储区大小		2048KB	2048KB	8192KB	10240KB	10240KB
掉电保持时间		50h	50h	100h	100h	100h
程序存储器	可在运行模式下编辑	4096KB	4096KB	8192KB	12288KB	16384KB
	不可在运行模式下编辑	4096KB	4096KB	12288KB	16384KB	24576KB
高速计数器	单相	4 路 30kHz	4 路 30kHz	6 路 30kHz	4 路 30kHz / 2 路 200kHz	6 路 30kHz
	双相	2 路 20kHz	2 路 20kHz	4 路 20kHz	3 路 20kHz / 1 路 100kHz	4 路 20kHz
脉冲输出（DC）		2 路 20kHz				
模拟电位器		1		2		
实时时钟		卡		内置		
通信口		1 × RS485	1 × RS485	1 × RS485	2 × RS485	2 × RS485
浮点运算		有				
数字 I/O 映像区大小		256（128 入/128 出）				
布尔指令执行速度		$0.22\mu s$/指令				

表 10-2　S7-200 系列 PLC 输入/输出扩展模块的主要技术性能

类型	数字量扩展模块			模拟量扩展模块		
扩展模块型号	EM221	EM222	EM223	EM231	EM232	EM235
输入点	8	无	4/8/16	3	无	3
输出点	无	8	4/8/16	无	2	1
隔离组点数	8	2	4	无	无	无
输入电压	DC 24V		DC 24V			
输出电压		DC 24V 或 AC 24～230V	DC 24V 或 AC 24～230V			
A/D 转换时间				<250μs		<250μs
分辨率				12bit A/D 转换	电压：12bit 电流：11bit	12bit A/D 转换

4. S7-200 的编程软件　STEP 7 是专门为 S7-200 设计的在个人计算机 Windows 操作系统下运行的编程软件。用户可以用语句表（STL）、梯形图（LAD）和功能块图（FBD）编程，不同的编程语言编制的程序可以相互转换，可以用符号表来定义程序中使用的变量地址对应的符号，使程序便于设计和理解。STEP 7 为用户提供两套指令集，即 SIMATIC 指令集（S7-200方式）和国际标准指令集（IEC 1131-1 方式）。通过调制解调器可以实现远程编程，可以用单次扫描和强制输出等方式来调试程序和进行故障诊断。

10.2.3 S7-200 系列 PLC 的寄存器及数据存取

在对 PLC 进行编程之前首先应了解其内部的寄存器及 I/O 配置情况，同时用户需熟悉并按照存储区的功能进行使用。表 10-3 为 S7-200 CPU 存储器的范围及特性。

表 10-3 S7-200 CPU 存储器的范围及特性

描述		CPU221	CPU222	CPU224	CPU 224XP CPU 224XPsi	CPU226
用户程序大小						
在运行模式下编辑		4096KB	4096KB	8192KB	12288KB	16384KB
不在运行模式下编辑		4096KB	4096KB	12288KB	16384KB	24576KB
用户数据大小		2048KB	2048KB	8192KB	10240KB	10240KB
输入映像寄存器		I0.0 ~ I15.7	I0.0 ~ I15.7	I0.0 ~ I15.7	I0.0 ~ I15.7	I0.0 ~ I15.7
输出映像寄存器		Q0.0 ~ Q15.7	Q0.0 ~ Q15.7	Q0.0 ~ Q15.7	Q0.0 ~ Q15.7	Q0.0 ~ Q15.7
模拟量输入（只读）		AIW0 ~ AIW30	AIW0 ~ AIW30	AIW0 ~ AIW62	AIW0 ~ AIW62	AIW0 ~ AIW62
模拟量输出（只写）		AQW0 ~ AQW30	AQW0 ~ AQW30	AQW0 ~ AQW62	AQW0 ~ AQW62	AQW0 ~ AQW62
变量存储器（V）		VB0 ~ VB2047	VB0 ~ VB2047	VB0 ~ VB8191	VB0 ~ VB10239	VB0 ~ VB10239
局部存储器（L）		LB0 ~ LB63	LB0 ~ LB63	LB0 ~ LB63	LB0 ~ LB63	LB0 ~ LB63
位存储器（M）		M0.0 ~ M31.7	M0.0 ~ M31.7	M0.0 ~ M31.7	M0.0 ~ M31.7	M0.0 ~ M31.7
特殊存储器（SM） 只读		SM0.0 ~ SM179.7 SM0.0 ~ SM29.7	SM0.0 ~ SM299.7 SM0.0 ~ SM29.7	SM0.0 ~ SM549.7 SM0.0 ~ SM29.7	SM0.0 ~ SM549.7 SM0.0 ~ SM29.7	SM0.0 ~ SM549.7 SM0.0 ~ SM29.7
定时器		T0 ~ T255	T0 ~ T255	T0 ~ T255	T0 ~ T255	T0 ~ T255
保持接通延时	1ms	T0，T64	T0，T64	T0，T64	T0，T64	T0，T64
	10ms	T1 ~ T4， T65 ~ T68	T1 ~ T4， T65 ~ T68	T1 ~ T4， T65 ~ T68	T1 ~ T4， T65 ~ T68	T1 ~ T4， T65 ~ T68
	100ms	T5 ~ T31， T69 ~ T95	T5 ~ T31， T69 ~ T95	T5 ~ T31， T69 ~ T95	T5 ~ T31， T69 ~ T95	T5 ~ T31， T69 ~ T95
开/关延时	1ms	T32，T96	T32，T96	T32，T96	T32，T96	T32，T96
	10ms	T33 ~ T36， T97 ~ T100	T33 ~ T36， T97 ~ T100	T33 ~ T36， T97 ~ T100	T33 ~ T36， T97 ~ T100	T33 ~ T36， T97 ~ T100
	100ms	T37 ~ T63， T101 ~ T255	T37 ~ T63， T101 ~ T255	T37 ~ T63， T101 ~ T255	T37 ~ T63， T101 ~ T255	T37 ~ T63， T101 ~ T255
计数器		C0 ~ C255	C0 ~ C255	C0 ~ C255	C0 ~ C255	C0 ~ C255
高速计数器		HC0 ~ HC5	HC0 ~ HC5	HC0 ~ HC5	HC0 ~ HC5	HC0 ~ HC5
顺序控制继电器（S）		S0.0 ~ S31.7	S0.0 ~ S31.7	S0.0 ~ S31.7	S0.0 ~ S31.7	S0.0 ~ S31.7
累加器寄存器		AC0 ~ AC3	AC0 ~ AC3	AC0 ~ AC3	AC0 ~ AC3	AC0 ~ AC3
跳转/标号		0 ~ 255	0 ~ 255	0 ~ 255	0 ~ 255	0 ~ 255
调用/子程序		0 ~ 63	0 ~ 63	0 ~ 63	0 ~ 63	0 ~ 127
中断程序		0 ~ 127	0 ~ 127	0 ~ 127	0 ~ 127	0 ~ 127
正/负跳变		256	256	256	256	256
PID 回路		0 ~ 7	0 ~ 7	0 ~ 7	0 ~ 7	0 ~ 7

S7-200 将信息存于不同的存储器单元，一个存储单元规定为一个字节单元，每个字节单元为8位，都有唯一的地址，用户可以明确指出要访问的存储器地址，在使用时用"标识符＋字节地址＋位序"的形式来表述其中的每一位，如位寻址 I3.4，其中 I 表示是对输入映像寄存器进行访问，3 代表字节3，"."用来进行字节地址与位号的分隔，4 表示字节的位或位号，即8位（0~7）中的第4位，如图10-3所示。

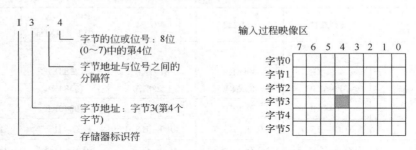

图 10-3　字节. 位寻址示意图

使用这种寻址方式，可以按照字节、字或双字来访问许多存储区（V、I、Q、M、S、L 及 SM）中的数据。若要访问 CPU 中的一个字节、字或双字数据，则必须以类似位寻址的方式给出地址，包括存储器标识符、数据大小以及该字节、字或双字的起始字节地址，表 10-4 为 S7-200 CPU 的操作数范围。

表 10-4　S7-200 CPU 的操作数范围

存取方式		CPU221	CPU222	CPU224	CPU224XP CPU224XPsi	CPU226
位存取（字节. 位）	I	0.0 ~ 15.7	0.0 ~ 15.7	0.0 ~ 15.7	0.0 ~ 15.7	0.0 ~ 15.7
	Q	0.0 ~ 15.7	0.0 ~ 15.7	0.0 ~ 15.7	0.0 ~ 15.7	0.0 ~ 15.7
	V	0.0 ~ 2047.7	0.0 ~ 2047.7	0.0 ~ 8191.7	0.0 ~ 10239.7	0.0 ~ 10239.7
	M	0.0 ~ 31.7	0.0 ~ 31.7	0.0 ~ 31.7	0.0 ~ 31.7	0.0 ~ 31.7
	SM	0.0 ~ 165.7	0.0 ~ 299.7	0.0 ~ 549.7	0.0 ~ 549.7	0.0 ~ 549.7
	S	0.0 ~ 31.7	0.0 ~ 31.7	0.0 ~ 31.7	0.0 ~ 31.7	0.0 ~ 31.7
	T	0 ~ 255	0 ~ 255	0 ~ 255	0 ~ 255	0 ~ 255
	C	0 ~ 255	0 ~ 255	0 ~ 255	0 ~ 255	0 ~ 255
	L	0.0 ~ 63.7	0.0 ~ 63.7	0.0 ~ 63.7	0.0 ~ 63.7	0.0 ~ 63.7
字节存取	IB	0 ~ 15	0 ~ 15	0 ~ 15	0 ~ 15	0 ~ 15
	QB	0 ~ 15	0 ~ 15	0 ~ 15	0 ~ 15	0 ~ 15
	VB	0 ~ 2047	0 ~ 2047	0 ~ 8191	0 ~ 10239	0 ~ 10239
	MB	0 ~ 31	0 ~ 31	0 ~ 31	0 ~ 31	0 ~ 31
	SMB	0 ~ 165	0 ~ 299	0 ~ 549	0 ~ 549	0 ~ 549
	SB	0 ~ 31	0 ~ 31	0 ~ 31	0 ~ 31	0 ~ 31
	LB	0 ~ 63	0 ~ 63	0 ~ 63	0 ~ 63	0 ~ 63
	AC	0 ~ 3	0 ~ 3	0 ~ 3	0 ~ 255	0 ~ 255

（续）

存取方式		CPU221	CPU222	CPU224	CPU224XP CPU224XPsi	CPU226
字存取	IW	0 ~ 14	0 ~ 14	0 ~ 14	0 ~ 14	0 ~ 14
	QW	0 ~ 14	0 ~ 14	0 ~ 14	0 ~ 14	0 ~ 14
	VW	0 ~ 2046	0 ~ 2046	0 ~ 8190	0 ~ 10238	0 ~ 10238
	MW	0 ~ 30	0 ~ 30	0 ~ 30	0 ~ 30	0 ~ 30
	SMW	0 ~ 164	0 ~ 298	0 ~ 548	0 ~ 548	0 ~ 548
	SW	0 ~ 30	0 ~ 30	0 ~ 30	0 ~ 30	0 ~ 30
	T	0 ~ 255	0 ~ 255	0 ~ 255	0 ~ 255	0 ~ 255
	C	0 ~ 255	0 ~ 255	0 ~ 255	0 ~ 255	0 ~ 255
	LW	0 ~ 62	0 ~ 62	0 ~ 62	0 ~ 62	0 ~ 62
	AC	0 ~ 3	0 ~ 3	0 ~ 3	0 ~ 3	0 ~ 3
	AIW	0 ~ 30	0 ~ 30	0 ~ 62	0 ~ 62	0 ~ 62
	AQW	0 ~ 30	0 ~ 30	0 ~ 62	0 ~ 62	0 ~ 62
双字存取	ID	0 ~ 12	0 ~ 12	0 ~ 12	0 ~ 12	0 ~ 12
	QD	0 ~ 12	0 ~ 12	0 ~ 12	0 ~ 12	0 ~ 12
	VD	0 ~ 2044	0 ~ 2044	0 ~ 8188	0 ~ 10236	0 ~ 10236
	MD	0 ~ 28	0 ~ 28	0 ~ 28	0 ~ 28	0 ~ 28
	SMD	0 ~ 162	0 ~ 296	0 ~ 546	0 ~ 546	0 ~ 546
	SD	0 ~ 28	0 ~ 28	0 ~ 28	0 ~ 28	0 ~ 28
	LD	0 ~ 60	0 ~ 60	0 ~ 60	0 ~ 60	0 ~ 60
	AC	0 ~ 3	0 ~ 3	0 ~ 3	0 ~ 3	0 ~ 3
	HC	0 ~ 5	0 ~ 5	0 ~ 5	0 ~ 5	0 ~ 5

10.3 S7-200 基本指令系统

可编程序控制器是按照用户的控制要求编写程序来进行工作的，程序的编制就是使用特定的编程语言把一个控制任务描述出来。国内外 PLC 生产厂家采用的编程语言大同小异，程序的表达方式基本有 3 种：梯形图（LAD）、语句表（STL）和功能块图（FBD）。其中梯形图和语句表编程较为常见，在介绍基本指令之前先将这两种表达方式加以简要说明。

梯形图（LAD）是一种图形语言，它沿用了传统的继电器-接触器控制中的继电器触点、线圈、串并联等术语和图形符号，利用计算机强大的算力及友好的人机交互，还加入了许多功能强且使用灵活的指令，使得编程更加容易。梯形图比较形象、直观，对于熟悉继电器-接触器控制系统的工程师来说，也更容易接受。世界范围内各 PLC 生产厂家都把梯形图作为第一用户编程语言。

语句表（STL）是一种与计算机汇编语言类似的编程语言，它使用英文名称的缩写字母来表达 PLC 各种功能的助记符号。由多条语句组成的能完成一定功能的一个程序段又称为网络（Network），语句表中的每一条指令一般由指令助记符和作用器件两部分组成。

虽然不同品牌 PLC 的梯形图、语句表都存在一定的差异，但基本的编程原理与编程方法是一致的。S7-200 PLC 的指令系统根据其功能特点可划分为位逻辑指令、逻辑操作指令、数字运算指令、比较指令、转换指令、计数指令、中断指令、传送指令等。

S7-200 提供两种指令集用于完成各种自动化任务，一种是 SIMATIC 指令集，另一种是国际电工委员会可编程序控制器标准（IEC 1131）。本节只介绍基于 SIMATIC 指令集的位逻辑指令、逻辑操作指令、数字运算指令等常用的基本指令，其余指令用户可以查询相关的可编程序控制器的编程手册。

10.3.1　位逻辑指令

位逻辑指令用来处理二进制的位信号，可以用来描述输入触点信号的有无，或者输出线圈的得电与失电。位逻辑指令扫描信号状态的"1"和"0"位，并依据布尔逻辑对它们进行组合，其产生的逻辑运算结果将被存储到状态字"RLO"中。

1. 触点　在利用梯形图进行编程中，位元件通常会使用类似继电器-接触器控制系统中的触点符号来表示，被扫描的操作数对应地址标注在触点符号的上方，如图 10-4 所示。

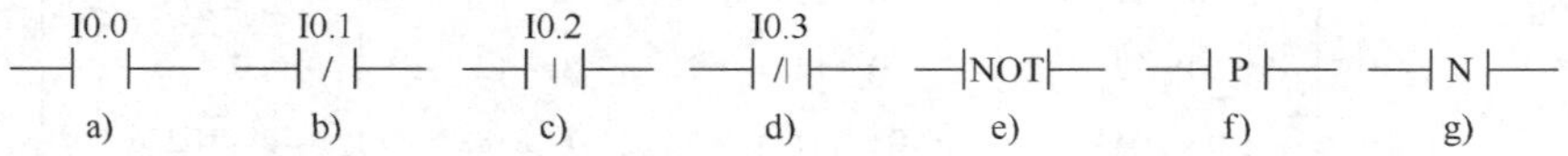

$$\underset{a)}{\overset{I0.0}{\dashv\ \vdash}} \quad \underset{b)}{\overset{I0.1}{\dashv / \vdash}} \quad \underset{c)}{\overset{I0.2}{\dashv\ \vdash}} \quad \underset{d)}{\overset{I0.3}{\dashv /\! \vdash}} \quad \underset{e)}{\dashv NOT \vdash} \quad \underset{f)}{\dashv P \vdash} \quad \underset{g)}{\dashv N \vdash}$$

图 10-4　触点

根据初始状态及动作方向，触点分为标准常开触点、标准常闭触点、立即常开触点、立即常闭触点、取反指令、正转换指令与负转换指令。

标准常开触点符号如图 10-4a 所示，表示触点在常态下处于打开状态，常开触点也称为动合触点。如果扫描到该触点操作数为"1"则触点动作，即触点闭合；如果扫描到该触点操作数为"0"则不动作，即触点仍然处于打开状态。

标准常闭触点符号如图 10-4b 所示，表示触点在常态下处于闭合状态，常闭触点也称为动断触点。如果扫描到该触点操作数为"1"则触点动作，即触点断开；如果扫描到该触点操作数为"0"则不动作，即触点仍然处于闭合状态。

标准常开触点与标准常闭触点所使用的操作数可以是 I、Q、M、L、D、T、C。

立即常开触点与立即常闭触点符号如图 10-4c、d 所示。立即触点不依靠扫描周期进行更新，它会立即更新，在指令执行时得到物理输入值，但此时过程映像寄存器并不刷新。

取反指令符号如图 10-4e 所示，其作用是改变信号流输入的状态，即由 0 变 1 或由 1 变为 0。

正转换指令与负转换指令符号如图 10-4f、g 所示。正转换指令的作用是当检测到每一次正转换（由 0 到 1）时让信号流接通一个扫描周期。负转换指令的作用是当检测到每一次负转换（由 1 到 0）时让信号流接通一个扫描周期。

2. 线圈　线圈也使用与继电器-接触器控制系统中线圈一样的符号来表示，如图 10-5 所示。根据其功能可分为输出线圈、立即输出线圈、置位线圈、立即置位线圈、复位线圈与立即复位线圈。

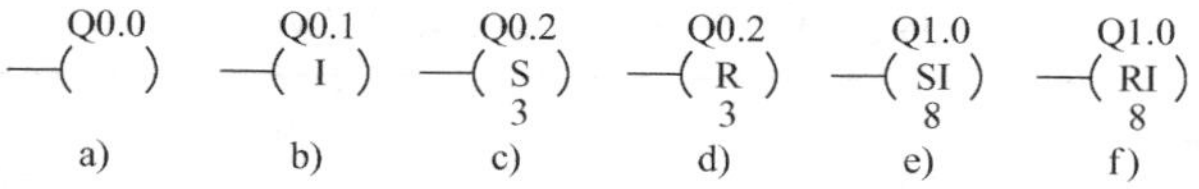

图 10-5　线圈

输出线圈符号如图 10-5a 所示，用来将新值写入输出点的过程寄存器，当输出指令执行时，S7-200 CPU 将输出过程寄存器中的位接通或断开。输出线圈只能出现在梯形图逻辑串的最右边。

输出线圈所使用的操作数可以是 Q、M、L、D。

立即输出线圈符号如图 10-5b 所示，当指令执行时，立即输出指令将新值同时写到物理输出点和相应的过程映像寄存器中。

置位与复位线圈符号如图 10-5c、d 所示，其作用是将从指定地址开始的 N 个点置位或者复位。如果用户的复位对象是一个定时器或计数器，则指令不但复位定时器或计数器对应位，而且清除定时器或计数器的当前值。

立即置位与立即复位线圈如图 10-5e、f 所示，其作用是将指定地址开始的 N 个点立即置位或立即复位。当指令执行时，将置位值或复位值立即写入物理输出点和相应的过程映像寄存器位置，而非立即指令只把置位值或复位值写入过程映像寄存器。

3. 位逻辑指令操作实例　某三相异步电动机单向连续运转控制系统，起动按钮 SB1 与触点 I0.0 连接，停止按钮与触点 I0.1 连接，Q0.0 为系统输出继电器触点，其控制梯形图与对应语句表如图 10-6 所示。

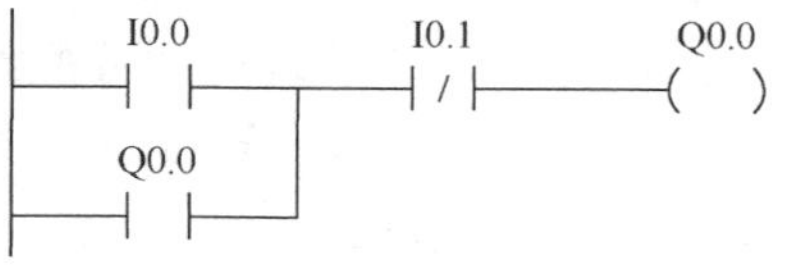

a) 梯形图　　　　　　　　　　　b) 语句表

图 10-6　三相异步电动机单向连续运转控制指令

从梯形图结构可以看出，常开触点 I0.0 与常闭触点 I0.1 为串联"与"逻辑，常开触点 I0.0 与常开触点 Q0.0 为并联"或"逻辑，当 I0.0 或 Q0.0 闭合，且 I0.1 接通时，输出线圈 Q0.0 才能接通。

具体控制过程为：当起动按钮 SB1 按下，停止按钮 SB2 未被按下时，常开触点 I0.0 与常闭触点 I0.1 均接通，输出线圈 Q0.0 接通，常开触点 Q0.0 接通，松开起动按钮 SB1，由于触点 Q0.0 接通，故输出线圈保持接通状态；输出线圈接通状态下，按下停止按钮 SB2，常闭触点 I0.1 断开，输出线圈 Q0.0 断开，对应触点 Q0.0 断开，松开按钮 SB2，输出线圈 Q0.0 保持断开状态。

10.3.2　逻辑操作指令

逻辑操作指令包括"取反""与""或""异或"等指令。

1. 取反指令　取反指令的作用是将输入 IN 执行取反（求补）操作，并将结果装载到存储单元 OUT 中，有效操作数见表 10-5。

表 10-5　取反指令的有效操作数

输入/输出	数据类型	操作数
IN	BYTE	IB、QB、VB、MB、SMB、SB、LB、AC、＊VD、＊LD、＊AC、常数
	WORD	IW、QW、VW、MW、SMW、SW、T、C、LW、AC、AIW、＊VD、＊LD、＊AC、常数
	DWORD	ID、QD、VD、MD、SMD、SD、LD、AC、HC、＊VD、＊LD、＊AC、常数
OUT	BYTE	IB、QB、VB、MB、SMB、SB、LB、AC、＊VD、＊LD、＊AC
	WORD	IW、QW、VW、MW、SMW、SW、T、C、LW、AC、＊VD、＊LD、＊AC
	DWORD	ID、QD、VD、MD、SMD、SD、LD、AC、＊VD、＊LD、＊AC

图 10-7 为取反指令实例，INV_W 为字取反指令，当 I4.0 接通时，将 AC0 中的字值取反，结果重新放在 AC0 中。

图 10-7 中，EN 为使能输入端，ENO 是使能输出端。当 EN 输入为 ON 时，取反指令才能被执行，且当指令被执行无错误时，ENO 输出为 ON，将使能信号传递至下一个元素。ENO 允许以串联（水平方向）方式连接下一级指令，不能以并联（垂直方向）方式连接。如果在指令执行过程中检测到错误，则使能信号会在生成错误的指令处终止并且 ENO 为 OFF。

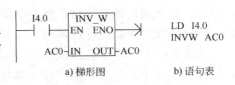

　　　　　　a) 梯形图　　　　　　b) 语句表

图 10-7　取反指令实例

2. 逻辑"与""或"和"异或"指令　逻辑与指令对两个输入值 IN1 和 IN2 的相应位执行逻辑与运算，并将计算结果装载到分配给 OUT 的存储单元中。逻辑或指令对两个输入值 IN1 和 IN2 的相应位执行逻辑或运算，并将计算结果装载到分配给 OUT 的存储单元中。逻辑异或指令对两个输入值 IN1 和 IN2 的相应位执行逻辑异或运算，并将计算结果装载到存储单元 OUT 中。与、或和异或指令的有效操作数见表 10-6。

表 10-6　与、或和异或指令的有效操作数

输入/输出	数据类型	操作数
IN1，IN2	BYTE	IB、QB、VB、MB、SMB、SB、LB、AC、＊VD、＊LD、＊AC、常数
	WORD	IW、QW、VW、MW、SMW、SW、T、C、LW、AC、AIW、＊VD、＊LD、＊AC、常数
	DWORD	ID、QD、VD、MD、SMD、SD、LD、AC、HC、＊VD、＊LD、＊AC、常数
OUT	BYTE	IB、QB、VB、MB、SMB、SB、LB、AC、＊VD、＊AC、＊LD
	WORD	IW、QW、VW、MW、SMW、SW、T、C、LW、AC、＊VD、＊AC、＊LD

图 10-8 为与、或和异或指令实例，WAND_W 为字与指令，WOR_W 为字或指令，WXOR_W 为字异或指令。当 I4.0 接通时，字与指令将 AC0 和 AC1 中的相应位进行逻辑与操作，并将结果保存到 AC0 中；字或指令将 AC1 和 VW100 中的相应位进行逻辑或操作，并将结果保存到 VW100 中；字异或指令将 AC1 和 AC0 中的相应位进行异或操作，并将结果保存到 AC0 中。

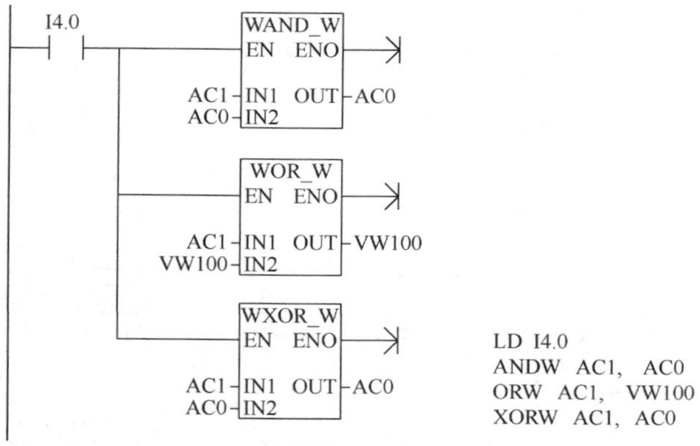

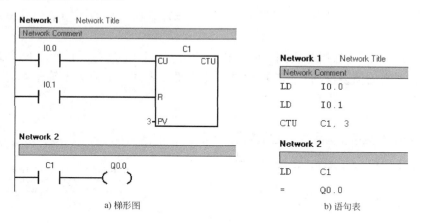

LD I4.0
ANDW AC1, AC0
ORW AC1, VW100
XORW AC1, AC0

a) 梯形图   b) 语句表

图 10-8 与、或和异或指令实例

10.3.3 计数器指令

S7-200 CPU 的计数指令包括增计数指令、减计数指令和增减计数指令。

1. 增计数指令 图 10-9 为增计数指令实例,其功能是当输入 I0.0 出现 3 个上升沿后 Q0.0 接通。指令具体执行过程为:在每一个 CU 输入状态从低到高时从当前值进行递增计数,当 C1 的当前值大于等于 PV 的预设值(本例为 3)时,计数器位 C1 置位接通,输出寄存器 Q0.0 接通。当复位端 R 接通或者执行复位指令后,计数器被复位。当它达到最大值(32767)后,计数器停止计数。

图 10-9 增计数指令实例

2. 减计数指令 与增计数指令相反,减计数指令在每个 CD 输入状态从低到高时从当前值进行递减计数。图 10-10 为减计数指令实例,其功能是当输入 I0.2 出现 3 个上升沿后 Q0.1 接通,同时 Q0.2 断开。指令具体执行过程为:系统上电后,计数器 C2 的 CTD 被置为 3,由于 C2 未接通,此时,Q0.1 断开,Q0.2 接通,之后在每个 CD 输入状态从低到高时从当前值进行递减计数,当 I0.2 出现 3 次上升沿后,C2 的当前值等于 0,计数器位 C2 置位接通,输出寄存器 Q0.1 接通,Q0.2 断开。当装载输入端(LD)接通时,计数器位被复位,并将计数器的当前值设为预设值 PV。

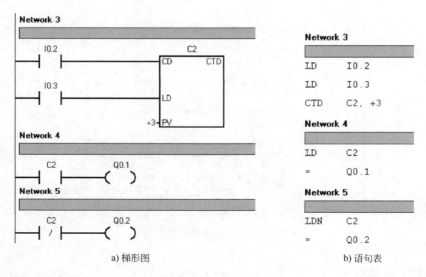

图 10-10　减计数指令实例

3. 增/减计数指令　增/减计数指令在每一个增计数输入 CU 的低到高时增计数，在每一个减计数输入 CD 的低到高时减计数。计数器保存当前计数值。在每一次计数器执行时，预设值 PV 与当前值做比较，当计数器的当前值大于等于预设值 PV 时，计数器位被置位接通；否则，计数器位关断。当复位端 R 接通或者执行复位指令后，计数器被复位。

当达到最大值（32767）时，在增计数输入端的下一个上升沿导致当前计数值变为最小值（-32768）。当达到最小值（-32768）时，在减计数输入端的下一个上升沿导致当前计数值变为最大值（32767）。

图 10-11 为增/减计数指令实例，I0.0 进行增计数，I0.1 进行减计数，I0.2 进行复位操作，即将计数器当前值复位为 0。其功能是当计数器 C48 的当前值大于等于 4 时，计数器位 C48 置位接通，输出寄存器 Q0.0 接通。

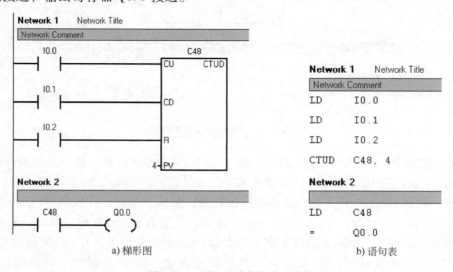

图 10-11　增/减计数指令实例

为更加直观体现增/减计数指令的执行过程，给出执行时序图如图 10-12 所示。

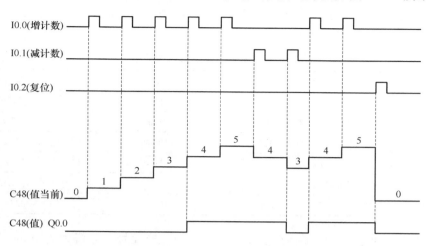

图 10-12　增/减计数指令时序图

计数器的有效操作数见表 10-7。

表 10-7　计数器有效操作数

输入/输出	数据类型	操作数
Cxxx	WORD	C0 ~ C255
CU、CD、LD、R	BOOL	I、Q、V、M、SM、S、T、C、L、信号流
PV	INT	IW、QW、VW、MW、SMW、SW、LW、T、C、AC、AIW、＊VD、＊LD、＊AC、常数

10.3.4　定时器指令

S7-200 CPU 提供的定时器指令包括接通延时定时器指令（TON、TONR）、断开延时定时器指令（TOF）以及时间间隔定时器指令（BITIM、CITIM）。这里只介绍接通延时与断开延时定时器。表 10-8 为定时器的功能图及功能说明。

表 10-8　定时器的功能图与功能说明

功能图	符号	功能说明
T××× IN TON PT ???ms	TON	接通延时定时器，用于测定单独的时间间隔。当输入条件接通时开始计时，当延时时间等于设定值时定时器触点动作。当输入条件断开时，立即复位
T××× IN TONR PT ???ms	TONR	保持型接通延时定时器，工作方式基本和 TON 相同，不同的是当输入条件断开后当前值将会被保持，输入条件再次接通后累计定时；另外，需专门复位
T××× IN TOF PT ???ms	TOF	断开延时定时器，用于在输入断开之后延长一定时间间隔。当输入条件接通时不计时，触点动作（常开闭合，常闭断开），当前值清零；当输入条件断开时，开始计时，到达设定值时触点复位，当前值保留

在使用定时器时，其编号与分辨力是对应的，S7-200 CPU 提供了三种分辨力，具体编号与分辨力对应关系见表 10-9，当前值的每个单位均为时基的倍数。例如，使用 10ms 定时器时，计数 50 表示经过的时间为 500ms。

表 10-9 编号与分辨力对应关系

定时器类型	编号	分辨力	最大值
TON、TOF	T32、T96	1ms	32.767s
	T33～T36，T97～T100	10ms	327.67s
	T37～T63，T101～T255	100ms	3276.7s
TONR	T0、T64	1ms	32.767s
	T1～T4、T65～T68	10ms	327.67s
	T5～T31、T69～T95	100ms	3276.7s

图 10-13 为接通延时定时器指令实例，T33 为定时器编号，分辨力为 10ms，IN 为输入使能端，PT 为设定值，定时时长为设定值与分辨力的乘积，即该定时器的定时时长为 1s。具体执行过程为：当 I0.0 接通后，定时器开始计时，I0.0 保持接通达到 1s 时，定时器 T33 的常开触点接通，Q0.0 接通。I0.0 断开后，T33 清零复位。

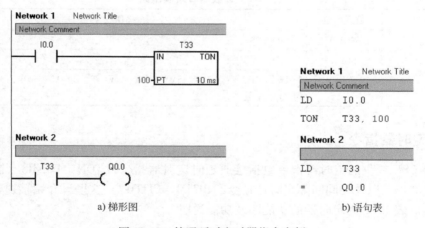

a) 梯形图   b) 语句表

图 10-13 接通延时定时器指令实例

这里需要注意的是，当 I0.0 接通达到 1s 而没有断开时，T33 触点动作，同时，当前值继续累加，达到 327.67s 时定时器停止；如果 I0.0 接通未到 1s 断开，T33 立即清零复位。

图 10-14 为保持型接通延时定时器指令实例，定时器 T0 分辨力为 1ms，设定定时时长为 1s，当 I0.0 接通时间达到 1s 时，T0 的常开触点接通，Q0.0 接通，I0.1 接通时，T0 复位。

与 TON 定时器不同的是，如果输入 I0.0 维持到 500ms 时断开，T0 不会立即复位，而是将 500ms 保持住，当 I0.0 再次接通时累计定时，直至接通时长达到 1s 时，T0 常开触点接通，Q0.0 接通。

图 10-15 为断开延时定时器指令实例，定时器 T37 的分辨力为 100ms，设定时长为 1s，

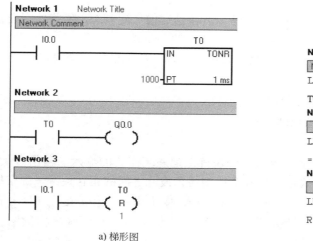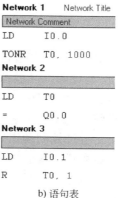

a) 梯形图　　　　　　　　　　　　　b) 语句表

图 10-14　保持型接通延时定时器指令实例

当输入 I0.0 接通时，定时器清零复位，常开触点 T37 接通，Q0.0 接通。I0.0 断开时 T37 开始定时，1s 后 T37 动作，对应常开触点断开，Q0.0 断开。

如果 T37 在定时时间未到 1s 时 I0.0 接通，定时器立即清零复位。

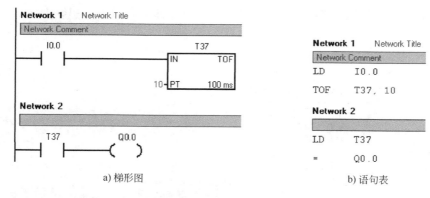

a) 梯形图　　　　　　　　　　　　　b) 语句表

图 10-15　断开延时定时器指令实例

10.4　PLC 控制系统设计

10.4.1　PLC 的应用设计步骤

PLC 控制系统是以程序形式来体现其控制功能的，大量的工作时间将用在软件设计，也就是程序设计上。程序设计对于初学者通常采用继电器系统设计方法中的逐渐探索法，以步为核心，一步一步设计下去，一步一步修改调试，直到完成整个程序的设计。由于 PLC 内部继电器数量大，其接点在内存允许的情况下可重复使用，具有存储数量大、执行快等特点，故对于初学者采用此法设计可缩短设计周期。PLC 程序设计可遵循以下 6 步进行：

1）确定被控系统必须完成的动作及完成这些动作的顺序。

2）分配输入/输出设备，即确定哪些外围设备是送信号到PLC，哪些外围设备是接收来自PLC信号的，并将PLC的输入、输出口与之对应进行分配。

3）设计PLC程序画出梯形图。梯形图体现了按照正确的顺序所要求的全部功能及其相互关系。

4）实现用计算机对PLC的梯形图直接编程。

5）对程序进行调试（模拟和现场）。

6）保存已完成的程序。

显然，在建立一个PLC控制系统时，必须首先把系统需要的输入、输出数量确定下来，然后按需要确定各种控制动作的顺序和各个控制装置彼此之间的相互关系。确定控制上的相互关系之后，就可进行编程的第二步——分配输入/输出设备，在分配了PLC的输入/输出点、内部辅助继电器、定时器、计数器之后，就可以设计PLC程序画出梯形图。在画梯形图时要注意每个从左边母线开始的逻辑行必须终止于一个继电器线圈或定时器、计数器，与实际的电路图不一样。梯形图画好后，使用编程软件直接把梯形图输入计算机并下装到PLC进行模拟调试，修改↔下装直至符合控制要求。

10.4.2 PLC控制系统设计举例

1. 三相异步电动机正、反转控制 三相异步电动机的正、反转继电器控制电路如图10-16a所示，PLC控制的输入/输出接线图如图10-16b所示，梯形图如图10-16c所示。

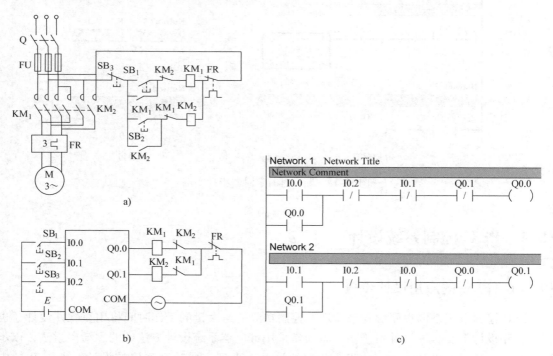

图 10-16 三相异步电动机的正、反转控制

控制过程分析如下：

首先设计 PLC 控制的外部接线图。SB_1、SB_2、SB_3 这 3 个外部按钮是 PLC 的输入变量，可分配为 $I0.0$、$I0.1$、$I0.2$；输出有两个交流接触器 KM_1、KM_2，它们是 PLC 输出端须控制的设备，可分配为 $Q0.0$、$Q0.1$。

根据继电-接触器控制电路画出对应的梯形图，按下正转起动按钮 SB_1，$I0.0$ 接通，$Q0.0$ 线圈得电并自锁，使 KM_1 线圈通电，电动机开始正转运行；按下停止按钮 SB_3，$I0.2$ 为 "1" 状态，其动断触点断开，使 $Q0.0$ 线圈失电，电动机停止运行。

在梯形图中，将 $Q0.0$ 和 $Q0.1$ 的动断触点分别与对方的线圈串联，可以保证 $Q0.0$ 和 $Q0.1$ 的线圈不会同时通电，因此 KM_1 和 KM_2 的线圈不会同时通电，这种安全措施在继电器电路中称为 "互锁"。除此之外，在梯形图中还设置了所谓的 "按钮联锁"，即将反转起动按钮连接的 $I0.1$ 的动断触点与正转输出继电器 $Q0.0$ 线圈串联，将正转起动按钮连接的 $I0.0$ 的动断触点与反转输出继电器的 $Q0.1$ 线圈串联。设 $Q0.0$ 接通，电动机正转，这时如果想改为反转运行，可以不按停止按钮 SB_3，直接按反转起动按钮 SB_2，$I0.1$ 变为 "1" 状态，它的动断触点断开，使 $Q0.0$ 线圈失电，同时它的动合触点接通，使 $Q0.1$ 线圈通电，电动机由正转变为反转。

梯形图中的联锁、互锁电路只能保证 PLC 内及与 $Q0.0$、$Q0.1$ 对应的硬件交流接触器线圈不会同时接通，但如果因主电路电流过大或接触器损坏，某一交流接触器的主触点被电弧熔焊，其线圈断电后主触点仍然是接通的，这时如果另一交流接触器线圈通电，仍将造成三相电源短路事故。为了防止出现这种情况，应在 PLC 外部设置由 KM_1 和 KM_2 的辅助动断触点组成的硬件互锁电路，见图 10-16b。假设 KM_1 的主触点被电弧熔焊，这时它的与 KM_2 线圈串联的辅助动断触点处于断开状态，因此 KM_2 线圈不可能得电。

2. 限位控制　双向限位的继电-接触器控制电路如图 10-17a 所示，PLC 控制的输入/输出接线图如图 10-17b 所示，梯形图如图 10-17c 所示。

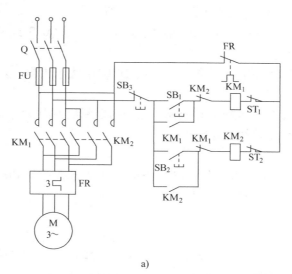

a)

图 10-17　限位控制

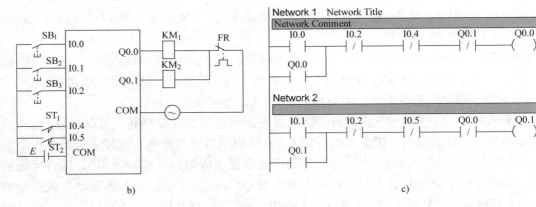

图 10-17　限位控制（续）

图中 ST_1 和 ST_2 为限位开关，安装在预定位置上。

按下正转起动按钮 SB_1，输入继电器 I0.0 常开触点闭合，输出继电器 Q0.0 接通并自锁，Q0.0 的常闭触点断开输出继电器 Q0.1 的线圈，实现互锁，这时接触器 KM_1 得电吸合，电动机正向运转，运动部件向前运行。

当运行到终端位置时，装在运动物件上的撞块碰撞限位开关 ST_1，ST_1 的常开触点闭合，使输入继电器 I0.4 的常闭触点断开，Q0.0 线圈断开，KM_1 失电释放，电动机断电停转，运动部件停止运行。

按下反向起动按钮 SB_2 时，输入继电器 I0.1 常开触点闭合，输出继电器 Q0.1 接通并自锁，Q0.1 的常闭触点断开输出继电器 Q0.0 的线圈，实现互锁，接触器 KM_2 得电吸合，电动机反向运转，运动部件向后运行至撞块碰撞限位开关 ST_2 时，I0.5 的常闭触点断开 Q0.1 的线圈，KM_2 失电释放，电动机停转，部件停止运行。

停机时按下停机按钮 SB_3，I0.2 的两对常闭触点断开 Q0.0 或 Q0.1 的线圈，KM_1 或 KM_2 失电释放，电动机停机。

过载时，热继电器 FR 常闭触点断开，KM_1 或 KM_2 线圈失电，KM_1 或 KM_2 触点断开，电动机停机。

3. 三相异步电动机 Y- △换接起动控制　继电-接触器控制的 Y- △起动电路如图 10-18a 所示，PLC 控制输入/输出接线图如图 10-18b 所示。

控制过程分析如下：

首先设计 PLC 控制的外部接线图。SB_1、SB_2 两个外部按钮是 PLC 的输入变量，可分配为 I0.0、I0.1；输出有三个交流接触器 KM_1、KM_2、KM_3，它们是 PLC 的输出端须控制的设备，可分配为 Q0.0、Q0.1、Q0.2。

图 10-18a 是三相笼型异步电动机 Y- △换接减压起动控制电路。工作过程如下：先合上电源开关 Q，按下起动按钮 SB_1，接触器 KM_1、KM_2 线圈得电，其主触点同时闭合，电动机定子绕组作星形联结减压起动。KM_1 的动合辅助触点闭合自锁，KM_2 的动断辅助触点断开，与接触器 KM_3 实现互锁。由于时间继电器 KT 的线圈与 KM_1 同时得电，所以，经过预先整定好的时间（Y联结起动时间），通电延时断开的动断触点断开使 KM_2 线圈失电，KM_2 主触

点断开,而延时闭合的动合触点闭合使 KM_3 线圈通电自锁,其主触点 KM_3 闭合将电动机定子绕组连接成△全压正常运行。根据 PLC 控制的输入/输出接线图,读者可画出梯形图。

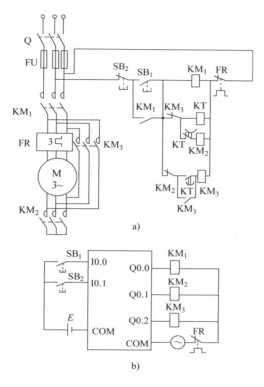

图 10-18 三相异步电动机丫-△换接起动控制

本 章 小 结

1. 可编程序控制器(PLC)是在继电器控制和程序控制的基础上发展起来的。它是一种面向工业控制的微型计算机系统,具有灵活、可靠、通用性强、工作速度快、环境适应性好、编程简单、使用方便等优点。

2. PLC 的程序编制通常有梯形图和指令助记符两种形式,两者相互对应。梯形图语言借鉴了继电器-接触器控制电路的概念和形式,直观、易掌握,是程序设计中主要采用的语言形式。

3. 目前国内外 PLC 的产品种类很多,但它们的基本结构、工作原理相同,基本功能、指令系统及编程方法相似。本章以西门子 S7-200 PLC 为背景机介绍 PLC 的结构、编程语言与指令系统、梯形图程序的设计方法及其在工业控制中的简单应用,其中采用的常用技术(如自锁、互锁、延时等)是分析和设计梯形图所必须掌握的。

习 题

10.1 什么是可编程序控制器,它有哪些主要特点?

10.2 说明 PLC 的主要结构及各部分的主要作用。

10.3 说明 PLC 的工作过程。

10.4 写出图 10-19 所示梯形图所对应的语句表。

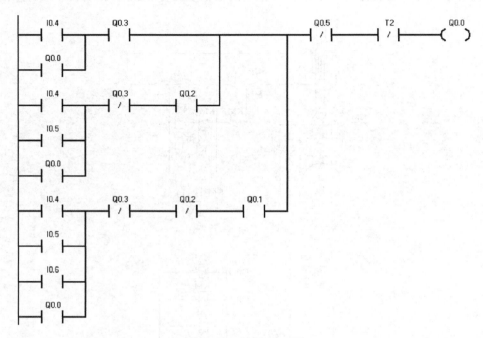

图 10-19 习题 10.4 图

10.5 根据图 10-20 给出的梯形图绘出输出时序图。

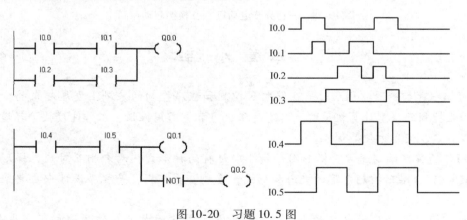

图 10-20 习题 10.5 图

10.6 用定时指令编写一个程序，实现控制：用 I0.0 接通 10s 后 Q0.0 接通并保持，定时器则立即复位。Q0.0 在接通 10s 后自动断开。画出梯形图。

10.7 用定时指令编写一个流水灯控制程序，实现控制：启动按钮 I0.0 接通后 1 号灯亮 2s 后灭，2 号灯亮 2s 后灭，3 号灯亮 2s 后灭，1 号灯亮 2s 后灭，依此循环。停止按钮 I0.1 接通后，所有灯全部熄灭。画出梯形图。

10.8 用计数指令实现习题 10.7 的要求，画出梯形图。

10.9 用计数指令编写一个能记录 1 万个计数脉冲的计数器程序，画出梯形图。

10.10　用定时指令与计数指令编写一个程序,实现控制:电动机正向点动两次后,延时 5s,电动机反转运行。画出梯形图。

10.11　利用定时指令编程,产生连续的方波信号输出,其周期为 1s,占空比为 1:1。

10.12　设某工件加工过程分为 4 道工序完成,共需要 30s,其时序要求如图 10-21 所示,I0.0 为运行控制开关,而且每次启动均从第一道工序开始。利用计数指令实现上述加工工序要求,画出梯形图。

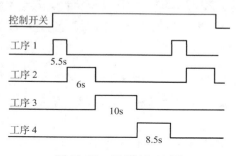

图 10-21　习题 10.12 图

10.13　一个 4 组按键抢答器,任一组抢先按下按键后,显示器能及时显示该组的编号并使蜂鸣器发出声音,同时锁住所有抢答器,使其他组按键无效,抢答器有复位开关,复位后可重新抢答。根据上述要求,编写程序,画出梯形图。

第11章

电工测量与非电量电测

知识单元目标

● 能够理解常用电工仪表的结构特点和工作原理，学会对常用几种电工测量仪表的使用方法。

● 理解用电桥法比较测量的含义，掌握用电桥法测量电阻、电感、电容的工作原理及方法。

● 掌握常用的非电量测量的工作原理及测量方法，会用不同的传感器测量温度、转速、压力。

讨论问题

● 指示仪表是怎样分类的？

● 测量交流电流或电压可以选用几种结构的指示仪表？

● 为什么磁电系仪表不能直接测量交流，而电磁系仪表可以测量交流？

● 用万用表测电阻时，应该注意些什么？

● 比较光电式与霍耳式测速仪的优缺点。

● 试述热电阻传感器和热电偶传感器的区别。

11.1 常用电工仪表

11.1.1 电工测量仪表、仪器的分类

1. 度量器 度量器是复制和保存测量单位用的实物复制体，如标准电池是电动势单位"伏特"的度量器，标准电阻是电阻单位"欧姆"的度量器。此外还有标准电容、标准电感、标准互感等。

2. 较量仪器 较量仪器必须与度量器同时使用才能获得测量结果，即利用它将被测量与度量器进行比较后得到被测量的数值大小，诸如电桥、电位差计等都是较量仪器。由于使用场合不同，较量仪器有不同的测量精度或比较精度，如 ±(0.5、0.1、0.05、0.02、0.01、0.005、0.002、0.001、0.0005)% 级等。工业测量或一般实验室测量用低精度即可。

3. 直读式仪表 能直接读出被测量大小的仪表称为直读式仪表，诸如电流表、电压表等。这类仪表的示值分度是与度量器比较而进行分度的，在测量过程中无需再用度量器就可直接获得测量结果。此类仪表是利用电流的磁效应、热效应、化学效应等作为仪表的结构基础的。按仪表的结构原理分类有磁电系、电磁系、电动系、静电系、感应系等。

随着电子技术的发展，数字式仪表的使用日渐广泛，已经发展到较高水平，测量精度可

达 ±0.05%、±0.01%、±0.001%、±0.0001%，灵敏度一般为 1μV 或更高水平。

直读式仪表种类虽然比较繁多，但是基本原理都是用被测物理量 x 付出一定的微小能量，转换成测量机构的机械转角 α（或数字表的数字显示）用来表示被测量的大小，即转角 α 是被测量的函数：

$$\alpha = f(x)$$

由此可见，仪表本身是一个电/机能量转换装置，所以它的结构分作测量电路和测量机构两部分。测量电路的作用是把被测量诸如电流、电压、功率等物理量变换成测量机构可以直接接受并作出反应的电磁量，如电流表中的分流器、电压表中的分压器都属于测量电路。测量机构是实现电/机能量转换的核心部分，它的种类比较多，所谓磁电系、电磁系、电动系等仪表就是按测量机构的工作原理分类的。

总之，测量电路和测量机构的关系可以用图 11-1 的框图表示出来。

图 11-1　电工测量仪表的组成框图

11.1.2　磁电系测量仪表

任何形式的测量机构都包含有驱动装置、控制装置和阻尼装置 3 个部分。驱动装置是产生转动力矩的装置，在此进行能量转换将使仪表的活动部分产生偏转或位移。磁电系仪表的驱动原理是利用了载流导体在磁场中受力作用，像直流电动机那样形成电磁转矩而驱使指针偏转。因此，磁电系测量机构不论是用来测电压还是测电流，它所能直接接受的电磁量是电流。为了减小驱动装置的能量消耗，输给它的电流应尽量小，图 11-2 是磁电系仪表的结构。它的固定部分包括马蹄形永久磁铁、极掌 NS 及圆柱形铁心等。极掌与铁心之间的空气隙的长度是均匀的，其中产生均匀的辐射方向的磁场，如图 11-3 所示。仪表的可动部分包括铝框及线圈，前后两根半轴 O 和 O'、螺旋弹簧及指针等。铝框套在铁心上，铝框上绕有线圈，线圈的两头与连在半轴 O 上的两个螺旋弹簧的一端相接，弹簧的另一端固定，以便将电流通入线圈。指针也固定在半轴 O 上。磁电系测量机构的工作原理可用图 11-3 的示意图说明。

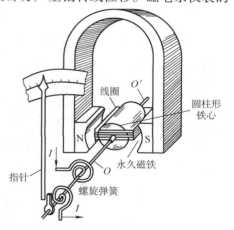

图 11-2　磁电系仪表的结构

若线圈中通以如图 11-2 所示的电流 I 时，便产生顺时针方向的电磁转矩 T（单位为 gf·cm，1kgf = 10N）

$$T = \frac{BNS}{9810}I \tag{11-1}$$

式中，B 为空气隙的磁感应强度，单位为 Gs；N 为线圈的匝数；S 为线圈包围的面积，单位为 cm²；I 为通过线圈的电流。

由式（11-1）可见，驱动转矩与电流成正比。指针与线圈固定为一体，两者一起转动。

欲使指针能确切指示出电流的大小，这里要靠控制装置的作用了。即电流 I 产生驱动转矩，而控制装置产生反转矩，制止线圈旋转。当转矩平衡时指针停止转动而指示出转角 α 正比于电流的大小。产生反转矩的方法一般分为4种：①利用游丝的弹力；②利用吊丝或张丝的弹力；③利用活动部分的重力；④利用涡流的反作用力。

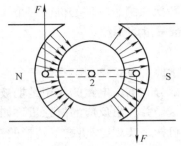

其中前两种更多用。图11-2的机构中用了游丝作为控制装置。所谓游丝是一个扭矩很小的平面弹簧，其一端固定在支架上，另一端固定在转轴上。所以线圈带动转轴转动时游丝便产生阻力扭矩：

$$T_\alpha = W\alpha \tag{11-2}$$

式中，W 是游丝的反抗力矩系数；α 是活动部分的转角。当驱动转矩与阻力扭矩平衡时，即

图11-3　磁电系测量机构中的转矩

$$T = T_\alpha \tag{11-3}$$

此时指针的转角为

$$\alpha = \frac{BNS}{9810W}I = S_1 I$$

式中，S_1 称作磁电系仪表的灵敏度，它不随电流而变。

作为测量机构的第三个组成部分是阻尼装置，由于活动部分向最后平衡位置的运动过程中积蓄了一定的动能，会冲过平衡位置形成往返振荡，许久才能停止下来，不便于读取数据。阻尼器是为了消除这些振荡而设置的。常用的方法有：①磁电式阻尼器；②空气阻尼器；③磁感应阻尼器。

图11-2的机构中应用了磁电式阻尼器。由于绕电流线圈的框架是用轻金属制成的，是封闭环。它在转动时也会切割磁力线产生感应电流。该电流在磁场中形成的电磁转矩总是与线圈的转动方向相反，故能促使指针尽快停下来。只要指针摆动则阻尼力矩总是存在的。

以上是磁电系测量机构的简单工作原理。概括起来，磁电系测量机构有下列特点：

1）有高的灵敏度。可达 10^{-10}A/分格或更高。

2）由于磁感应强度分布均匀，误差易于调整，可以制成高精度仪表。目前，准确度可突破0.1级到0.05级。

3）测量机构的功耗小。

4）由于游丝不仅有产生反转矩的作用，决定着仪表的灵敏度和准确度，同时又是线圈驱动电流的引入线，故此类仪表的过载能力差。

5）驱动电流是正弦交流电时，驱动转矩的平均值等于零，因此磁电系仪表不能直接用来测量交流电。欲测交流电时需附加整流电路，称为整流系仪表。由于晶体管特性的非线性及分散性，使得仪表度盘分度不均匀，降低了仪表的准确度。

1. 磁电系电流表　由上述可知，磁电系测量机构可以直接用来测量直流电流。但由于线圈的导线很细而且电流是通过游丝引入的，故两者都不允许流过大的电流。为了扩大量程，需在线圈上并联分流电阻 R_S。电路模型画在图11-4中。设指针满度偏转时线圈电流为 I_P，线圈的电阻为 R_P，流入接线端钮电流 I 时：

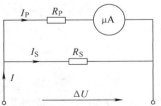

图11-4　电流表量程的扩展

$$I_P = I \frac{R_S}{R_S + R_P}$$

则电流量程的扩展倍数为

$$n = \frac{I}{I_P} = \frac{R_S + R_P}{R_S} \qquad (11\text{-}4)$$

$$R_S = \frac{1}{n-1} R_P \qquad (11\text{-}5)$$

多量程电流表分流电阻的计算方法可通过图 11-5 所示的双量限电流表说明。

带"。"号的端钮为公共端，设"＋1"端钮的电流量程扩展倍数为 n_1，有

$$R_S = R_{S1} + R_{S2} = \frac{1}{n_1 - 1} R_P$$

则"＋2"端钮电流量程的扩展倍数为 n_2：

$$n_2 = \frac{R_{S1} + R_{S2} + R_P}{R_{S2}} = \frac{R_S + R_P}{R_{S2}}$$

所以

$$R_{S2} = \frac{R_S + R_P}{n_2} \qquad (11\text{-}6)$$

依此类推不难看出多量限电流表分流电阻的计算方法。

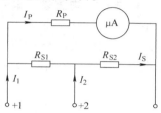

图 11-5　双量限电流表

2. 磁电系电压表　因为磁电系测量机构的指针偏角与电流成正比，所以当线圈电阻一定时指针偏角就正比于其两端电压：

$$\alpha \propto \frac{U}{R_P}$$

又由于线圈电阻并不大，所以指针满偏时其两端电压较低，仅仅在毫伏级。为了测量较高电压，必须在线圈上串联分压电阻 R_d，图 11-6 为电路模型，设指针满偏时电流为 I_P。对应于满偏时被测电压为 1V，则总回路电阻为

$$R = \frac{1}{I_P} \qquad (11\text{-}7)$$

即每伏满偏电阻为 R(单位为 Ω)。量程为 U 时的总电阻为

$$R_u = \left(\frac{R}{V} \right) U \qquad (11\text{-}8)$$

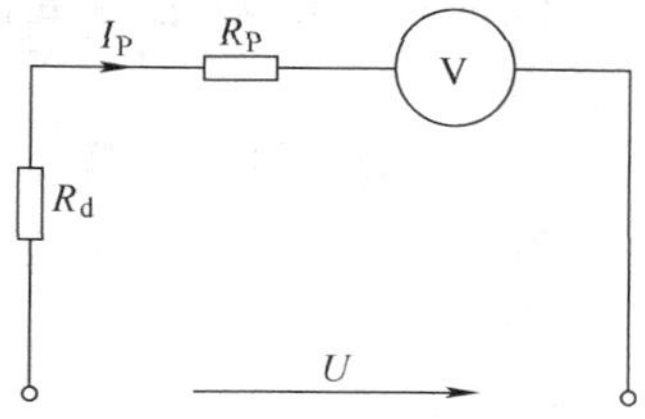

外接分压电阻为

$$R_d = R_u - R_P \qquad (11\text{-}9)$$

图 11-6　磁电系电压表

11.1.3　电磁系测量仪表

电磁系测量机构的驱动装置是利用了电流的磁效应。当被测电流通过线圈时形成磁场，利用磁极的吸引和排斥作用使指针偏转。这是一种简单可靠的测量机构，具体分作两种类型：吸引型测量机构和排斥型测量机构。下面以排斥型测量机构为例说明其工作原理。

图 11-7 是排斥型测量机构。这种测量机构的特点是指针的转轴沿固定线圈的轴线通过。在线圈中间的转轴上安装了可动铁片，与它相对应装有固定软铁片。这两块铁片有一部分相重迭但不接触。当线圈通以被测电流时两铁片都被磁化。它们的同一侧极性相同从而产生排斥力，使转轴上的动片围绕轴转动。转轴上同样用游丝产生反作用力矩。当驱动转矩与反作用力矩平衡时指针稳定下来。因驱动转矩与电流有一定关系，故指针可直接指出电流值。

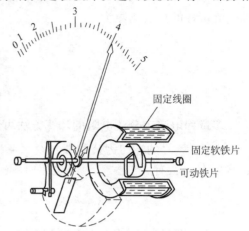

图 11-7　排斥型测量机构

1. 电磁系电流表　电磁系测量机构的电流线圈是固定的，可以直接与被测电路相接，无需经过游丝引入电流而且线圈导线可以很粗，所以不需设置分流器，可直接做成大电流表。

这种仪表常把线段做成两段式，改变线圈的串并联方式即可达到改变量程的目的。图 11-8 是双量程电流表接线图，AC 和 BD 分别是两个电流线圈端钮。按图 11-8a 的接线方式是把两个线圈串联起来，其量程是 I；若按图 11-8b 的方式接线时是把两个线圈并联起来，量程为 $2I$。

2. 电磁系电压表　不管用什么测量机构测量电压，总是希望从被测回路索取的能量愈小愈好，故要求电压表的内阻愈大愈好。因此，用电磁系测量机构做电压表时电流线圈用很细的导线绕制，匝数也增多。为了扩大量限同样采用串联分压电阻的办法，形式与图 11-6 相同。

概括起来电磁系测量机构有如下特点：

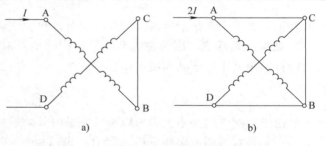

a)　　　　　　　　　　　　b)

图 11-8　双量程电流表线圈的接线图

1）结构简单，过载能力强，直通电流可达 400A，而无需附加分流器。

2）电流方向改变而磁性吸力依然存在，故可制成交直流两用仪表。

3）转矩与被测电流的二次方成正比，故刻度不均匀。指针偏转小时测量误差大。

4）磁滞、涡流以及外磁场将影响仪表的准确度，必须加完善的屏蔽措施。

5）频率响应差。

6）消耗的功率大。

11.1.4　电动系测量仪表

图 11-9a 是电动系测量机构的结构图。这种机构的特点是利用了一个固定载流线圈和一个可以旋转的载流线圈之间的相互作用驱动可动线圈旋转，从而带动指针指示出被测量的大小。可动线圈所受的力示于图 11-9b 中。它属于电动力，所以称作电动系测量机构。在构造上固定线圈做得比较大，导线也粗，往往是两个线圈重迭起来，变更串并联方式来改变仪表的量程，接线方式仍同图 11-8。可动线圈做得比较小，导线也比较细，通过游丝引入电流，

同时游丝产生反作用力矩与驱动转矩相平衡。阻尼器多用空气式的。

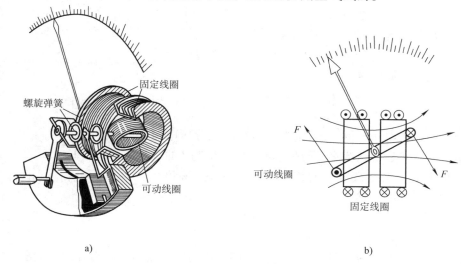

图 11-9　电动系测量机构的结构图

电动系测量机构的特点是：

1）消除了电磁系仪表中软铁片磁滞和涡流的影响，所以有较高的准确度。

2）交直流两用。

3）可制成多种用途的仪表，如功率表、频率计、相位计等。

4）频率响应差。若采用补偿措施可用于中频。

5）需要很好的屏蔽以防干扰。

1. 电动系电流表　电动系测量机构用来测电流时可以把固定线圈和可动线圈串联起来。如图 11-10 所示，符号图中横画的粗线段 A 表示固定线圈，竖画的细线段 B 表示旋转线圈。因为流过两线圈的是同一电流，相位差等于零，即 $\cos\varphi = 1$，故指针的转角与电流的二次方成正比，即

$$\alpha = KI^2 \tag{11-10}$$

所以标尺的刻度也是不均匀的。又由于动圈电流是通过游丝引入的，所以欲测大电流需附加分流器。

2. 电动系电压表　如图 11-11 所示，把固定线圈和旋转线圈串联起来再串上分压电阻 R_d 即可用来测量电压。为提高仪表灵敏度，固定线圈的匝数比较多。

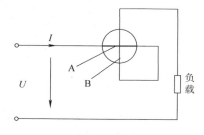

图 11-10　电动系电流表

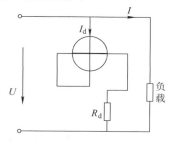

图 11-11　电动系电压表

3. 电动系功率表　功率等于电流与电压的乘积，可见欲测功率就要求测量机构能同时对两个变量作出反应，而电动系仪表正好具备这样的特性。如图 11-12 所示，把固定线圈串在负载中，有负载电流 I_L 流过，因此这个线圈称为电流线圈；再把可动线圈串上分压电阻后与电源并联，流过这个线圈的电流正比于电源电压，即

$$I_V = \frac{U}{Z_V} \qquad (11\text{-}11)$$

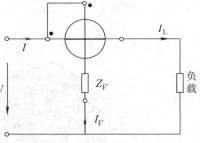

图 11-12　功率表接线图

所以把这个线圈称为电压线圈，Z_V 是它的阻抗。在分压电阻很大的情况下，可近似认为 Z_V 是纯电阻，所以 I_V 与 I 的相位差便是负载电压与负载电流的相位差 φ，则指针偏角正比于负载的有功功率，即

$$\alpha = KUI\cos\varphi \qquad (11\text{-}12)$$

这样的功率表称为有功功率表或瓦特表。

功率表的电流线圈做成多量程的，电流线圈分作两段，用串并联组合改变量程。电压线圈可串不同的分压电阻组成几个量程。例如，D26-W 型电动系功率表，它的电流量程为 0.5/1A，电压量程为 125/250/500V。4 个电流线圈接线柱排成方阵，4 个电压线圈排成单排，分作 3 档，其中有一个公共端"·"。功率表的表盘是按瓦特刻度的，但读数时必须注意到所用的电流、电压线圈的量程，两者相乘积与刻度相比较决定读数的倍率系数。例如，所用的电流线圈的量限为 1A，电压线圈的量限为 250V，则满刻度量程为 250W，满刻度只有 125 分度，故倍率系数为 2。

电动系测量机构驱动转矩的方向是由两个电流方向共同决定的，接线时需要把两线圈打"·"号端连在一起，否则指针会反转，像图 11-12 是正确的连接，图 11-13a 是错误的连接。另外，内部所串的分压电阻必须串在不打"·"号的一端，像图 11-13b 也是错误的连接，因为此时两线圈的电位差比较大，静电作用会影响驱动转矩导致测量误差增大，或把绝缘击穿。

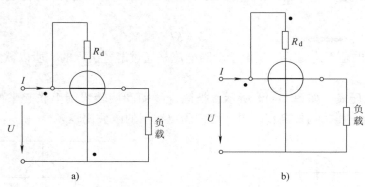

图 11-13　功率表的错误接线

11.1.5　万用表

万用表是一种具有多种测量功能的仪表，是实验室及电工人员必备的仪表。万用表的指示器是磁电系仪表，所以用来测量直流电流、直流电压很方便，往往做成多量程用转换开关

选择，量限很宽。如常用的电流量限从几十微安到几十安分作若干档，电压量限从几伏到几百伏分作几档，有的能上千伏。万用表还可以测量交流电流、交流电压、电阻、电感、电容等，所以才称作万用表。万用表测量直流量的原理与磁电系仪表相同，不再表述。下面重点介绍直流电阻和交流量的测量。

1. 直流电阻的测量　用磁电系微安表头测量直流电阻的原理是直接利用了欧姆定律，即在恒定电压的作用下流过电阻的电流与电阻成反比，所以电流表头可以刻成电阻刻度。图 11-14a 是最简单的原理图；图 11-14b 是表盘的电阻刻度。图 11-14a 中 R_x 是被测电阻，R_P 是表头电阻，R_1 是固定电阻，则流过表头的电流为

$$I_P = \frac{U}{R_P + R_1 + R_x} = \frac{U}{R_x + R_i} \tag{11-13}$$

式中，R_i 称作表头的内阻。

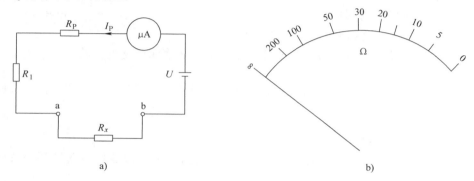

图 11-14　欧姆表的原理

在电压一定条件下，I_P 只随 R_x 而变化。当 ab 端开路时意味着被测电阻等于无穷大，此时 $I_P = 0$ 指针不偏转，那么此时的刻度值应为 "∞"。当 ab 间短路时，意味着 ab 间的外接电阻 $R_x = 0$，此时 I_P 最大。可以适当选择 R_i，使得在 $R_x = 0$ 时让电表指针正好指向满度，此刻表头刻度为 "0"，故欧姆表的刻度从左到右为从 "∞" 到 "0"。显然，表头刻度是很不均匀的，如图 11-14b 所示。由式（11-13）可见，当 $R_x = R_i$ 时指针正好指在标尺的中央，故 R_i 称作欧姆表的中心电阻。

实际的欧姆表中常用干电池作为电源，用久后端电压有所下降，给测量结果带来误差。为克服这一弊病，实用电路增设有欧姆调零电路，原理图示于图 11-15 中。其中 RP 是 Ω 调零电位器，它有一部分串在分流支路，一部分与 R_P 相串。当电池的电压有所变化时，调整 RP 以改变分流比来补偿电压的降低。因此，在使用欧姆表之前，首先应在 $R_x = 0$ 的条件下调整 RP，使指针指向零位。

由图 11-14b 可见，要在有限的标尺上刻出从 0 ~ ∞ 的电阻值是不可能的。被测电阻大时，阻值变化引起的指针偏转

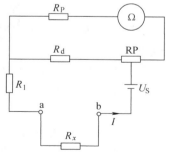

图 11-15　欧姆表的调零电路

角很微小，阻值的分辨率太低，实际上已没有使用价值。一般情况下指针偏转角在满偏的 20% ~ 70% 的范围内时误差是比较小的。例如，MF-30 万用表的中心电阻是 25Ω，则被测电

阻在 100Ω 以内是可以读数的。要想拓宽测量范围，需要按 1/10/100/1k/10k 的比率更换中心电阻值。所以用万用表测电阻时一般分作 5 档，各档倍率分别为 $\times 1$、$\times 10$、$\times 100$、$\times 1k$、$\times 10k$。则被测阻值为

$$R_x = 读数 \times 倍率$$

还应注意，测量同一阻值可以选不同倍率，但准确度差别大。只有指针靠近中心阻值时测量结果较为准确。这与使用电流表、电压表时的误差分布规律不同。

2. 交流量的测量　磁电系表头是不能直接测量交流量的。需把交流量整成直流才能被磁电系表头反映出来，这时就改称为整流系仪表了。通常把表头接成图 11-16 所示的半波整流形式，再接入二极管 VD_2 的目的是为了消除 VD_1 反向电流的影响，同时也避免了 VD_1 的反向击穿。

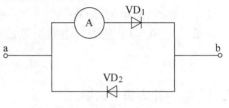

图 11-16　整流系仪表表头

由于表头有惯性，其偏转角取决于平均转矩，即取决于电流的平均值。实际刻度是把平均值换算为有效值而刻度的，故有如下关系：

$$I_{cp} = \frac{1}{T}\int_0^{\frac{T}{2}} i\mathrm{d}t = 0.45I \tag{11-14}$$

$$I = 2.22I_{cp} \tag{11-15}$$

3. 使用万用表的注意事项

1）万用表是一种多功能、多量程的仪表，使用之前一定要选准功能选择开关及合适的量程，否则会造成损坏仪表的事故。

2）不论测完电阻、电流还是低电压，用完后要把功能选择开关拨到高电压档去。这样下次使用时不论出现什么错误操作也不致于损坏仪表，否则，若仍停在电流档或电阻档，在下次用来测高电压时，要是忘记了选择功能开关就要损坏仪表。另外测完电阻后若不把功能开关拨离电阻档，由于遇上偶然的原因，可能把两表笔相碰，长此下去将消耗电池。

3）由于以上原因，在使用万用表时要养成一个良好的习惯，操作之前一定要先检查功能开关及量程是否正确。

4）每次测量电阻时，一定要先校零点。

11.1.6　兆欧表

欲测量大电阻，比如电气设备的绝缘电阻，用前述的欧姆表已经无能为力了，必须改用兆欧表（阻值以 $M\Omega$ 为单位，$1M\Omega = 10^6\Omega$）。在兆欧表中需用的电源常用手摇发电机供给，故在工程上常把这种表称作绝缘电阻表（亦称摇表）。手摇发电机以 120r/min 或稍高的速度摇动，可以发出 100V 或更高的电压，常用的有 100V、500V、1000V、2500V 等几种产品。

1. 兆欧表的作用原理　兆欧表中的测量机构为磁电系流比计，它是一种特殊的磁电系仪表。图 11-17 是常用的交叉式流比计结构图。

两个线圈的电流由手摇发电机供电，用两根导流丝引入，再由一根导流丝将两电流导出。因游丝的力矩很小可忽略不计，当线圈不通电时，其上没有力矩的作用，它可以停留在任意位置，这是流比计的显著特点。

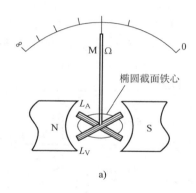
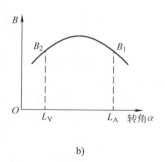

图 11-17　交叉式流比计结构图

交叉式流比计的电路原理图如图 11-18 所示。在手摇发电机的作用下，电流线圈 L_A 通过电流 I_A，电压线圈 L_V 通以电流 I_V，两电流分别产生力矩：

$$T_A = KI_A B_1(\alpha)$$
$$T_V = KI_V B_2(\alpha)$$

而且必须满足让两个电流产生力矩的方向相反，T_A 沿顺时针方向，T_V 沿逆时针方向。不难看出，发电机手柄不摇时 T_A、T_V 等于零，指针可停在任意位置。相反，当手柄摇动时，两电流分别产生转矩。当 $T_A = T_V$ 时指针静止在平衡位置，这时有

$$KI_A B_1(\alpha) = KI_V B_2(\alpha)$$
$$\frac{I_A}{I_V} = \frac{B_2(\alpha)}{B_1(\alpha)} \tag{11-16}$$

此式为流比计的力矩平衡条件。因为磁感应强度是转角 α 的函数，所以 I_A 与 I_V 的比值决定了指针的转角 α，故此称作流比计。又因为两线圈由同一电源供电，所以 I_A 与 I_V 之比又取决于两支路电阻之比，故有

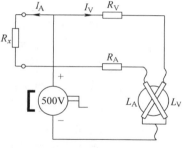

图 11-18　交叉式流比计电路原理图

$$\alpha = f\left(\frac{I_A}{I_V}\right) = f\left(\frac{R_V}{R_A + R_x}\right) \tag{11-17}$$

可见，R_x 发生变化时，两电流比值将发生变化。两线圈力矩不再平衡而引起转动，所以两线圈所处位置的磁感应强度 B 的比值也必然变化。因此，随着线圈转动两力矩趋向新的平衡。假如在 R_{x1} 的情况下指针停在图示的中央位置。如果出现 $R_x > R_{x1}$ 时，I_A 减小。此时 T_A 减小而 T_V 保持原值，所以指针沿反时针方向转动。随之 $B_1(\alpha)$ 增大而 T_A 增大，T_V 却减小，两力矩趋向新的平衡。这时 α 角减小了。显然线圈 L_A 中的电流 I_A 随被测电阻 R_x 而变化，把线圈 L_V 中的电流做成固定的，那么不同的 R_x 值将使指针静止在不同位置，指示出不同的被测电阻值。事实上，手摇发电机不能保证 I_V 固定不变，但是 I_A、I_V 由同一电源供电，所以它们的比值是不变的，不会影响测量结果。

图 11-19 是 5050 型绝缘电阻表的接线图。图中 L_A 及 L_V 是两个主测量线圈，作用原理同前。这里又增设了两线圈，L_2 为零点平衡线圈，L_1 为无穷大平衡线圈。图中 L、E 为被测电阻的接线端，测量时 E 端与设备金属构件连接，L 端接电路导体部分。当 L、E 间开路

时，线圈 L_A 中无电流，只有 L_V 和 L_1 中流过同一电流。但是两线圈产生的转矩方向相反，能使线圈平衡在逆时针方向的最大位置。此时指针指着"8"，表示 L、E 间外接电阻为无穷大。当 L、E 间短路时 I_A 为最大，L_V 中电流同前但作用不及 I_A，因此 I_A 能使指针沿顺时针方向偏转。靠 I_V 的作用使指针平衡在顺时针方向的最大位置。此时指针指着"0"，表示 L、E 间的被测电阻为零。当 R_x 为任意值时，指针停留的位置是由 I_A/I_V 的比值决定的。I_A 取决于 R_x，故 R_x 可由指针偏角 α 刻度。

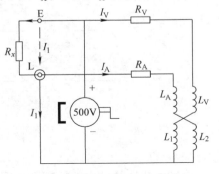

图 11-19　5050 型绝缘电阻表

值得注意的是，兆欧表往往用来测量电气设备的绝缘电阻，这时仪表本身的两个接线端钮 L、E 之间的绝缘电阻与被测电阻是并联的，在高压作用下，仪表绝缘表面漏电流是不可忽视的。如图 11-19 所示，流过线圈 L_A 的电流是流过被测电阻电流和漏电流 I_1 的总和。它要影响测试误差。为了克服这一弊病，可在 L 端的外围套一个铜环，此时漏电流 I_1 直接流向发电机的负极而不再经过测量电路了。

2. 使用兆欧表应注意以下问题

1）要正确选择绝缘电阻表的工作电压，低压绝缘电阻表用来测量低压设备的绝缘电阻而不能用高压绝缘电阻表，否则有可能损坏绝缘。测高压电气设备的绝缘电阻用高压绝缘电阻表，否则用低压绝缘电阻表不能鉴别高压设备的绝缘好坏。

2）检查电气设备的绝缘电阻时首先应断开电源并进行短路放电。

3）测量用引线要用绝缘良好的单根线，不要扭在一起，不要和地及设备接触。

4）使用前应对绝缘电阻表先做一次开路和短路试验。短路试验时将 L、E 端子轻轻碰一下即可，不可久连。

5）接线时要认清接线端子，E 端接设备金属构件，L 端接电路导体，不可接错。

6）手柄转速保持在 120r/min 左右。

7）检查大电容的绝缘时，检查完毕先断开引线而后停止摇动手柄，否则电容储能会作用于仪表。

8）用摇表检查完的电气设备要进行放电，尤其是检查完电容器务必放电。

思　考　题

1. 磁电系、电磁系、电动系直读仪表的测量机构主要由哪些部件构成？

2. 磁电系测量机构为什么只适用于直流测量？有什么办法用它来测量交流吗？

3. 把交流电压通入磁电系测量机构，能够使指针偏转，所以磁电系仪表可以用来测量交流电压，这种说法对吗？

4. 用万用电表测量阻值较大的电阻（如 $10k\Omega$ 以上）时，两只手分别握住两个测量用的表笔铜棒能否得到正确的结果？为什么？

11.2　电桥法比较测量

用电桥测量电阻、电感、电容等参数是一种比较测量的方法，它是将被测量与标准度量器相比较得出测量结果的。

11.2.1　用直流电桥测量电阻

1. 测量原理　用电桥测量直流电阻的方法如图 11-20 所示。电桥平衡时检流计指示零，平衡条件是相对臂的电阻乘积相等，即

$$R_2 R_x = R_1 R_S \tag{11-18}$$

所以

$$R_x = \frac{R_1}{R_2} R_S \tag{11-19}$$

式中，R_x 为被测电阻；R_S 步进式标准电阻；R_1、R_2 为比例臂。

当调节 R_S 使电桥平衡时，由标准臂读出被测电阻。影响测量精度的因素有标准电阻的准确度、比例臂电阻的准确度和检流计的准确度。

2. 电桥法减小测量误差的方法

（1）替代法　如图 11-21 所示，R_x 为被测电阻。当调节 R_S 达到平衡后，以准确度高一级的标准电阻 R_N 通过开关 S_2 替代被测电阻。其他测试条件不变，只调节 R_N 再度使电桥平衡，此时 R_N 的示值即为被测电阻值。这种方法能消除电桥比例臂的误差和标准电阻 R_S 的误差。测量误差只取决于检流计的灵敏度和标准电阻 R_N 的准确度。

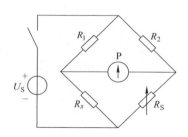

图 11-20　直流电桥

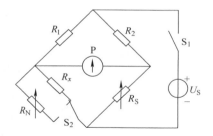

图 11-21　替代法测量电阻

（2）换位抵消法　换位抵消法是适当安排测量方法使测量误差出现一次正误差和一次负误差，使二者相互抵消。如图 11-22 所示，按图 11-22a 测得

$$R_x' = \frac{R_1}{R_2} R_S'$$

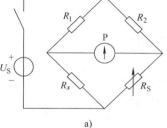

a)

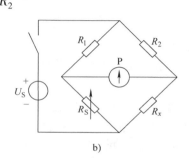

b)

图 11-22　换位抵消法测量电阻

然后按图 11-22b 接线，把 R_x 与 R_S 调换位置，重新调节电桥平衡，测得

$$R_x'' = \frac{R_2}{R_1} R_S''$$

则得最终测量结果为

$$R_x = \sqrt{R_x' R_x''} = \frac{R_x' + R_x''}{2}$$

11.2.2　用交流电桥测量电感、电容

1. 交流电桥的平衡原理　交流电桥的原理如图 11-23 所示，它与直流电桥不同之处在于交流电桥通常由 50Hz、400Hz、1000Hz 的正弦交流电源供电，而 4 个桥臂基于复阻抗进行讨论。按图 11-23a 接线其平衡条件为

$$Z_2 Z_x = Z_1 Z_S \tag{11-20}$$

$$Z_x = \frac{Z_1}{Z_2} Z_S = \left| \frac{Z_1}{Z_2} \right| |Z_S| \underline{/\varphi_1 - \varphi_2 + \varphi_S} \tag{11-21}$$

其中：

$$Z_1 = |Z_1| \underline{/\varphi_1},\ Z_2 = |Z_2| \underline{/\varphi_2},\ Z_S = |Z_S| \underline{/\varphi_S}$$

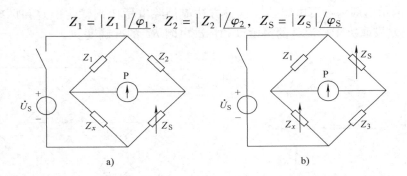

图 11-23　交流电桥

可见交流电桥的平衡条件有两个方面，即参数模的平衡条件和阻抗角的平衡条件。如果臂比为实数，则 Z_x 与 Z_S 必具有同一特性，可以同是电感或同是电容。这种电桥称为臂比电桥。

如果按图 11-23b 接线，则平衡条件为

$$Z_x Z_S = Z_1 Z_3 \tag{11-22}$$

$$Z_x = Z_1 Z_3 Y_S = |Z_1 Z_3| |Y_S| \underline{/\varphi_1 + \varphi_3 - \varphi_S} \tag{11-23}$$

式中，$Z_1 = |Z_1| \underline{/\varphi_1}$，$Z_3 = |Z_3| \underline{/\varphi_3}$，$Z_S = |Z_S| \underline{/\varphi_S}$。
此时 Z_x 与 Z_S 必具相反的特性，用电容测量电感则相反。这种电桥称为臂乘电桥。

2. 用电桥测量电容　图 11-24 是用臂比电桥测量电容的电路。一般情况下，电容器是有损耗的，用电阻 r_x 表示。所以在标准电容桥臂里串联标准电阻 R_S。根据式（11-20）有

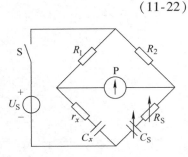

图 11-24　臂比电桥测量电容

$$r_x + \frac{1}{j\omega C_x} = \frac{R_1}{R_2}\left(R_S + \frac{1}{j\omega C_S}\right) = \frac{R_1}{R_2}R_S + \frac{R_1}{R_2}\frac{1}{j\omega C_S}$$

所以平衡条件必须满足

$$\left.\begin{array}{l} r_x = \dfrac{R_1}{R_2}R_S \\[3mm] C_x = \dfrac{R_2}{R_1}C_S \end{array}\right\} \tag{11-24}$$

在测量时需反复调节 R_S 和 C_S 以达到电桥平衡。

3. 用电桥测量电感　类似上述方法可以用标准电感来测量未知电感，但以标准电容来测量电感的臂乘电桥用得更多一些，接线如图 11-25 所示。按照式（11-23）电桥平衡时应满足

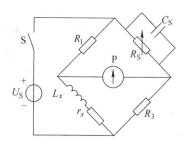

$$r_x + j\omega L_x = R_1 R_3 \left(\frac{1}{R_S} + j\omega C_S\right)$$

$$\left.\begin{array}{l} r_x = \dfrac{R_1 R_3}{R_S} \\[3mm] L_x = R_1 R_3 C_S \end{array}\right\}$$

图 11-25　臂乘电桥测量电感

反复调节 R_S 和 C_S 使电桥达到平衡，在 R_S 和 C_S 的度盘上读出被测值。

11.3　非电量电测

非电量的检测必须用相应的传感器将待测物理量转变为电信号，下面介绍几种常用的非电量的测量方法。

11.3.1　温度的检测

将温度量转换为电阻和电动势是目前工业生产和控制中应用最为普遍的方法。其中，将温度变化转换为电阻变化的称为热电阻传感器，将温度变化转换为热电势变化的称为热电偶传感器。另外，半导体集成温度传感器中利用热释电效应制成的感温元件在测温领域中也得到越来越多的重视。这里只介绍工业上常用的热电阻和热电偶传感器。

1. 热电偶

（1）热电偶的工作原理　热电偶是利用导体或半导体材料的热电效应将温度的变化转换为电动势变化的元件。

所谓热电效应是指两种不同导体 A、B 的两端连接成如图 11-26 所示的闭合回路，若使连接点分别处于不同温度场 T_0 和 T（设 $T > T_0$），则在回路中产生由于接点温度差 $(T - T_0)$ 引起的电势差。通常把两种不同金属的这种组合称为热电偶，A 和 B 称为热电极，温度高的接点称为热端（或工

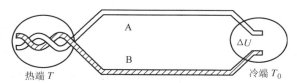

图 11-26　热电效应

作端），温度低的接点称为冷端（或自由端）。

热电效应也称塞贝克效应，这一现象在物理学中已做了深入的研究，得到热电偶回路中产生的电势差为

$$E_{AB}(T,T_0) = \frac{k}{e}(T - T_0)\ln\frac{N_A}{N_B} + \int_{T_0}^{T}(\sigma_A - \sigma_B)dT \tag{11-25}$$

式中，N_A 为材料 A 的电子密度；N_B 为材料 B 的电子密度；σ_A 为导体 A 的汤姆逊系数；σ_B 为导体 B 的汤姆逊系数；k 为玻耳兹曼常数。

由式（11-25）可知，前一项是由于两种不同材料金属连接时产生的接触电势差，取决于材料的电子密度；而后一项是由于同一种材料的均质导体，当两端温度不同时产生的温差电势，即所谓汤姆逊效应。但由于导体汤姆逊效应引起的电势差相比甚小，常可忽略。于是当材料 A、B 的特性（N_A、N_B）为已知时，并使一端温度 T_0 固定，则待测温度 T 是电动势 E（T，T_0）的单值函数。这给工程中用热电偶测量温度带来极大的方便。

为了使热电偶冷端温度 T_0 固定，通常采用一些措施对冷端进行补偿。方法是将冷端置于冰内或恒温槽中，或采用补偿导线法将热电极冷端延伸，或通过补偿电桥法补偿冷端的温度变化。

（2）热电偶基本定律　从式（11-25）中可以得出热电偶的一些基本定律：

1）组成热电偶回路的两种导体材料相同时，无论两接点的温度如何，回路总热电动势为零。

2）若热电偶两接点温度相等，即 $T = T_0$，回路总热电动势仍为零。

3）热电偶的热电动势输出只与两接点温度及材料的性质有关，与材料 A、B 的中间各点的温度、形状及大小无关。

4）在热电偶中插入第三种材料，只要插入材料两端的温度相同，对热电偶的总热电动势没有影响。这一定律称为中间导体定律。

中间导体定律对热电偶测温具有特别重要的实际意义。因为利用热电偶来测量温度时，必须在热电偶回路中接入测量导线或测量仪表，也就是相当于接入第三种材料，如图 11-27 所示。将热电偶的一个接点分开，接入第三种材料 C。当 3 个接点的温度相同（T_0）时，则不难证明：

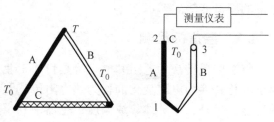

图 11-27　三种导体形成的回路

$$E_{ABC} = E_{AB}(T_0) + E_{BC}(T_0) + E_{CA}(T_0) = 0 \tag{11-26}$$

如果 A、B 接点的温度为 T，其余接点的温度为 T_0，且 $T > T_0$，则回路中的总热电动势为各接点电势之和，即

$$E_{ABC} = E_{AB}(T) + E_{BC}(T_0) + E_{CA}(T_0) \tag{11-27}$$

由式（11-26）得

$$E_{AB}(T_0) = -E_{BC}(T_0) - E_{CA}(T_0)$$

因此

$$E_{ABC}(T,T_0) = E_{AB}(T) - E_{AB}(T_0) = E_{AB}(T,T_0) \tag{11-28}$$

由式（11-28）可以看出，由导体 A、B 组成的热电偶，当插入第三种导体时，只要该

导体两端的温度相同，插入导体 C 后对回路总的热电势无影响。将第三种导体 C 用测量仪表或连接导线代替，并保持两个接点的温度一致，这样就可以对热电动势进行测量而不影响热电偶的热电动势输出了。

（3）常用热电偶　根据热电偶的原理，只要是两种不同金属材料都可以形成热电偶。但是为了保证工程技术中的可靠性以及足够的测量精度，一般说来，要求热电偶电极材料具有热电性质稳定、不易氧化或腐蚀、电阻温度系数小、电导率高、测温时能产生较大的热电动势等要求，并且希望这个热电动势随温度单值地线性或接近线性变化；同时还要求材料的复制性好、机械强度高，制造工艺简单、价格便宜，能制成标准分度。

应该指出，实际上没有一种材料能满足上述全部要求，因此在设计选用热电偶的电极材料时，要根据测温的具体条件来加以选择。

目前，常用热电极材料分贵金属和普通金属两大类，贵金属热电极材料有铂铑合金和铂；普通金属热电极材料有铁、铜、锰白铜（亦称康铜）、镍铬合金、镍硅合金等，还有铱、钨、锌等耐高温材料，这些材料在国内外都已经标准化。不同的热电极材料的测量温度范围不同，一般可将热电偶用于 0~1800℃ 范围的温度测量。

贵金属热电偶电极直径大多在 0.13~0.65mm 范围内，普通金属热电偶电极直径为 0.5~3.2mm。热电极有正、负之分，在其技术指标中会有说明，使用时应注意到这一点。

2. 热电阻　导体（或半导体）的电阻值随温度变化而改变，通过测量其电阻值推算出被测物体的温度，这就是电阻温度传感器的工作原理。电阻温度传感器主要用于测量 −200~500℃ 范围内的温度。

纯金属是热电阻的主要制造材料，热电阻材料的主要特性有：①电阻温度系数要大而且稳定，电阻值与温度之间应具有良好的线性关系；②电阻率高，热容量小，反应速度快；③材料的复现性和工艺性好，价格低；④在测量范围内化学物理性能稳定。

（1）铂电阻　铂电阻与温度之间的关系接近于线性，在 0~630.74℃ 范围内可表示为

$$R_t = R_0(1 + \alpha t + \beta t^2) \tag{11-29}$$

在 −190~0℃ 范围内为

$$R_t = R_0[1 + \alpha t + \beta t^2 + (t - 100)t^2] \tag{11-30}$$

式中，R_0、R_t 为温度为 0℃ 及温度 t 时铂电阻的电阻值；t 为任意温度；α、β、γ 为温度系数，由实验得到 $\alpha = 3.96847 \times 10^{-3}℃^{-1}$，$\beta = -5.847 \times 10^{-7}℃^{-2}$，$\gamma = -4.22 \times 10^{-12}℃^{-4}$。

由式（11-29）、式（11-30）可看出，当 R_0 值不同时，在同样温度下其 R_t 值也不同。目前国内统一设计的一般工业用标准铂电阻 R_0 值有 100Ω 和 500Ω 两种，并将电阻值 R_t 与温度 t 的相应关系统一列成表格，称其为铂电阻的分度表，分度号分别用 Pt100 和 Pt500 表示，但应注意与我国过去用的老产品的分度号相区分。

铂易于提纯，在氧化性介质中，甚至在高温下其物理、化学性质都很稳定。但它在还原气氛中容易被侵蚀变脆，因此一定要加保护套管。

（2）铜电阻　在测量精度要求不高，且测温范围比较小的情况下，可采用铜做热电阻材料代替铂电阻。在 −50~150℃ 的温度范围内，铜电阻与温度呈线性关系，其电阻与温度的函数表达式为

$$R_t = R_0(1 + \alpha t) \tag{11-31}$$

式中，α 为铜电阻温度系数，$\alpha = 4.25 \times 10^{-3} \sim 4.28 \times 10^{-3} ℃^{-1}$；$R_0$、$R_t$ 为温度为 0℃和温度 t 时铜的电阻值。

铜电阻的缺点是电阻率较低，电阻的体积较大，热惯性也大，在100℃以上易氧化，因此，只能用在低温及无侵蚀性的介质中。

我国以 R_0 值在 50Ω 和 100Ω 条件下，制成相应分度表作为标准，供使用者查阅。

3. 热敏电阻 热敏电阻是利用半导体的电阻值随温度变化这一特性制成的一种热敏元件。其主要特点是：

1）敏度高。一般金属当温度变化1℃时，其阻值变化0.4%左右，而半导体热敏电阻变化可达3%~6%。

2）体积小。珠形热敏电阻的探头的最小尺寸达0.2mm，能测热电偶和其他温度计无法测量的空隙、腔体、内孔等处的温度，如人体血管内的温度等。

3）使用方便。热敏电阻阻值范围在 $10^2 \sim 10^5 Ω$ 之间可任意挑选，热惯性小，而且不像热电偶需要冷端补偿，不必考虑线路引线电阻和接线方式，容易实现远距离测量，功耗小。

热敏电阻一般可分为负温度系数（NTC）热敏电阻器、正温度系数（PTC）热敏电阻器和临界温度电阻器（CTR）这3类。通常所说的热敏电阻一般是指 NTC 热敏电阻器，它由某些金属氧化物的混合物制成，如氧化铜、氧化铝、氧化镍、氧化铈等按一定比例混合研磨、成型、锻烧成块，然后采用不同封装形式制成珠状、片状、杆状、垫圈状等各种形状。改变这些混合物的配比成分就可以改变热敏电阻的温度范围、阻值及温度系数。

（1）导电机理 热敏电阻的导电性能主要是由内部的载流子（电子和空穴）密度和迁移率所决定的，当温度升高时外层电子在热激发下，大量成为载流子，使载流子的密度大大增加，活动能力加强，从而导致其阻值的急剧下降。

（2）电阻与温度关系 图11-28 为热敏电阻的电阻-温度特性曲线。显然，热敏电阻的阻值和温度的关系不是线性的，可由下面经验公式表示：

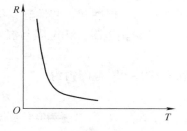

$$R_T = R_0 e^{B\left(\frac{1}{T} - \frac{1}{T_0}\right)} \qquad (11\text{-}32)$$

式中，R_T、R_0 为温度 T、T_0 时的阻值；B 为热敏电阻的材料常数，常取 2000~6000K；T 为热力学温度；T_0 为 0℃或室温（通常情况下）。

图11-28 热敏电阻的
电阻-温度特性曲线

由式（11-32）可得

$$B = \frac{\ln\left(\dfrac{R_T}{R_0}\right)}{\left(\dfrac{1}{T} - \dfrac{1}{T_0}\right)} \qquad (11\text{-}33)$$

若定义 $\dfrac{1}{R_T} \dfrac{dR_T}{dT}$ 为热敏电阻的电阻温度系数 α_T，则由式（11-33）得

$$\alpha_T = \frac{1}{R_T} \frac{dR_T}{dT} = -\frac{B}{T^2} \qquad (11\text{-}34)$$

可见，α_T 是随温度降低而迅速增大的，它决定热敏电阻在全部工作范围内的温度灵敏度。

热敏电阻的测温灵敏度比金属丝的高很多。

（3）耗散常数　当热敏电阻器中有电流通过时，温度随焦耳热而上升，这时热敏电阻器的发热温度 T（K）和环境温度 T_0（K）以及功率 P（W）三者之间的关系为

$$P = UI = K(T - T_0) \tag{11-35}$$

式中，K 为耗散常数，表示使热敏电阻的温度上升 1℃ 所需要的功率（mW/℃）。它取决于热敏电阻的形状、封装形式以及周围介质的种类。

（4）热敏电阻的电流-电压特性　伏安特性是热敏电阻的重要特性之一。它表示加在热敏电阻上的端电压和通过电阻体的电流在电阻本身与周围介质热平衡时的相互关系，如图 11-29 所示。从图中可以看出，当流过热敏电阻的电流很小时，曲线呈直线状，热敏电阻的伏安特性符合欧姆定律；随着电流的增加，热敏电阻的温度明显增加（耗散功率增加），由于负温度系数的关系，其电阻的阻值减少，于是端电

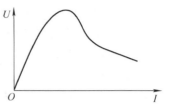

图 11-29　热敏电阻的伏安特性

压的增加速度减慢，出现非线性；当电流继续增加时，热敏电阻自身温度上升更快，使其阻值大幅度下降，其减小速度超过电流增加速度，因此，出现电压随电流增加而降低的现象。

热敏电阻的伏安特性是表征其工作状态的一个重要特性。它有助于正确选择热敏电阻的正常工作范围，如用于测温和控温以及补偿用的热敏电阻，就应当工作在曲线的线性区，也就是说，测量电流要小。这样就可以忽略电流加热所引起的热敏电阻阻值发生的变化，而使热敏电阻的阻值发生变化仅仅与环境温度（被测温度）有关。如果是利用热敏电阻的耗散原理工作的，如测量流量、真空、风速等，就应当工作在曲线的负阻区（非线性段）。热敏电阻使用范围一般是在 $-100 \sim 350$℃ 之间，如果要求特别稳定，最高温度最好是 150℃ 左右。热敏电阻虽然具有非线性特点，但利用温度系数很小的金属电阻与其串联或并联，也可能得到具有一定线性的温度特性。

（5）热敏电阻的应用　热敏电阻可以测温。如果把它用于测量辐射，则成为热敏电阻红外探测器。热敏电阻红外探测器由铁、镁、钴、镍的氧化物混合压制成热敏电阻薄片构成，它具有 -4% 的电阻温度系数，辐射引起温度上升，电阻下降，为了使入射辐射功率尽可能被薄片吸收，通常总是在它的表面加一层能百分之百地吸收入射辐射的黑色涂层。这个黑色涂层对于各种波长的入射辐射都能全部吸收，对各种波长都有相同的响应率，因而这种红外探测器是一种"无选择性探测器"。

水箱温度是汽车等车辆正常行驶所必测的参数，可以用 PTC 热敏元件固定在铜质感温塞内，感温塞插入冷却水箱内，汽车运行时，冷却水的水温发生变化引起 PTC 阻值变化，导致仪表中的加热线圈的电流发生变化，指针就可指示出不同的水温（电流刻度已换算为温度刻度），还可以自动控制水箱温度，以防止水温超高。PTC 热敏元件受电源波动影响极小，所以线路中不必加电压调整器。

11.3.2　转速的检测

测速元件是速度闭环控制系统中的关键元件。为了扩大调速范围，改善低速平稳性，要求测速元件低速输出稳定，纹波小，线性度好。对于模拟量测速元件，通常采用直流测速发电机，它已广泛应用于速度伺服系统中。对于数字式测速元件，为便于计算机控制和提高测

速性能，在机器人和数控系统中，通常采用光电式脉冲发生器（亦称增量编码器）作为速度反馈元件。

1. 模拟测速元件——直流测速发电机　直流测速发电机是能够产生和电动机转轴角速度成比例的电信号的机电装置。它对伺服系统最重要的贡献是为速度控制系统提供转轴速度负反馈。尽管它存在由于空气隙和温度变化以及电刷的磨损而引起测速发电机输出斜率的改变等问题，但它还仍具有在宽广的范围内提供速度信号的能力等优点。因此，直流测速发电机仍是速度伺服控制系统中的主要反馈元件。

（1）直流测速发电机的型式　按照励磁方式划分，直流测速发电机有两种型式：

永磁式：其定子磁极由矫顽力较高的永久磁铁制作，没有励磁绕组。

他励式：定子励磁绕组由外部电源供电，通电时产生磁场。

永磁式测速发电机结构简单，无需外励磁电源，使用便利。目前在伺服系统中应用较多的是永磁式测速发电机。

（2）伺服系统对直流测速发电机的要求　伺服系统对控制元件的基本要求是精确度好、灵敏度高、可靠性好等。具体地说，直流测速发电机在电气性能方面应满足以下几项要求：①输出电压和转速的特性曲线呈线性，即线性度要好；②输出特性的斜率要大；③温度变化对输出特性的影响要小；④输出电压的纹波要小；⑤输出特性的对称性要一致。

（3）直流测速发电机的误差因素　一台理想的测速发电机其输出电压 U_g 应当与其转轴的角速度 ω 成正比例，即

$$U_g = K_g \omega \tag{11-36}$$

事实上，直流测速发电机的输出信号 U_g 中，还包含有纹波分量或无用信号 $U_{n(rip)}$（t），通常称之为测速发电机的噪声。它由以下的各种因数所引起：

1）换向纹波。换向纹波是构成测速发电机噪声的主要部分，它由测速发电机电刷和换向器之间的相对运动引起。

换向器噪声的幅值随转轴的转速增加而增加，但并非与转速成比例地增加。因为伺服系统的响应对低频信号最有效，所以，换向纹波的影响在低速时尤为明显（此时噪声频率也最低）。

2）电枢偏心。电枢偏心是产生噪声的第二个重要因素，它产生周期性的有害信号，其基波频率等于测速发电机的角频率。由于这一信号频率相对比较低，所以对系统是有害的。但在数值上，与换向纹波相比，通常是较小的。

3）高频噪声。对噪声 $U_{n(rip)}$（t）影响的第三个因素是高频噪声或称"白噪声"。它是由许多因素引起的，最主要的是电磁感应。因为"白噪声"的信号频率较高，可以滤除掉，故对整个系统工作影响不大。

由上面分析可见，考虑噪声影响时测速发电机的传递函数可表示为

$$\frac{U_g(s)}{\omega(s)} = K_g + U_{n(rip)}(t) \tag{11-37}$$

然而，作为系统设计师，在设计并构造系统时是要选择适用的测速发电机，而并不是去制造测速发电机。为在实际中正确选择合适的测速发电机，必须了解影响其偏离理想状况的原因。测速发电机的偏差也可分为3种：纹波电压、线性度和温度稳定性。

纹波电压由测速发电机自身的设计特点所产生，它一般是转角的函数，但不一定成比例，在一般系统中纹波电压频率较高，采用简单的 RC 低通网络很容易将它滤掉。而对于要

求较高的系统，需要研究感兴趣的整个速度范围内的纹波电压。杂散磁场噪声可用屏蔽的方法使之减小。

直流测速发电机当工作在"额定"转速时，它的线性度特性一般是很好的（0.5%左右），但是，当工作在较高转速时，应考虑非线性问题。对于温度稳定性，它与磁铁的温度系数有关，在要求高的系统中，需采用温度补偿技术。目前，新型稀土材料（钐、钴合金），其温度系数小，适于制作高精度永磁式直流测速发电机。

2. 数字测速元件——光电脉冲测速机　数字测速元件由光电脉冲发生器及检测装置组成。它们具有低惯量、低噪声、高分辨力和高精度的优点，有利于控制直流伺服电动机。脉冲发生器连接在被测轴上，随着被测轴的转动产生一系列的脉冲，然后通过检测装置对脉冲进行比较，从而获得被测轴的速度。

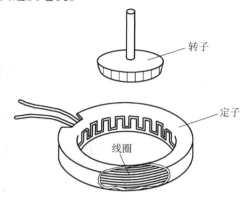

图 11-30　电磁式脉冲发生器

（1）数字测速元件的原理　光电脉冲发生器又称增量式光电编码器，目前广泛应用的有电磁式和光电式两种。图 11-30 是电磁式的一例。这是一种交流测速机，其转子是多极磁化的永磁体，一般和电动机的轴直接连接。转子若旋转，在定子端就产生接近于正弦波的交流电压，然后将其整形成为与转速成比例的理想脉冲波形。

另外，最近广泛使用的数字测速元件是光电式脉冲发生器，图 11-31 为其基本原理图。它由光源、光电转盘、光敏元件和光电整形放大电路组成。光电转盘与被测轴连接，光源通过光电转盘的透光孔射到光敏元件上，当转盘旋转时，光敏元件便发出与转速成正比的脉冲信号。为了适应可逆控制以及转向判别，光电脉冲发生器输出两路（A 相、B 相）相隔 π/2

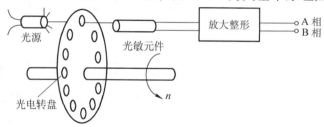

图 11-31　基本光电脉冲发生器的部件分解示意图

电脉冲角度的正交脉冲。在某些编码器中，常备有用作参考零位的标志脉冲或指示脉冲，用来指示机械位置或对累积误差清零，输出波形如图 11-32 所示。

（2）对数字测速元件的基本要求　在闭环控制的 PWM 伺服系统中，对测速装置的质量要求比较高，通常应满足：

1）高分辨力。分辨力表征测量装置对转速变化的敏感度，当测量数值改变时，对应转速由 n_1 变为 n_2，则分辨力 Q（单位为 r/min）定义为

$$Q = n_2 - n_1 \tag{11-38}$$

Q 值愈小，说明测量装置对转速变化愈敏感，亦即其分辨力愈高。为了扩大调速范围，使电动机能在尽可能低的速度下运行，必须有很高的分辨力。

2）高精度。精度表示偏离实际值的百分比，即当实际转速为 n、误差为 Δn 时的测速精度为

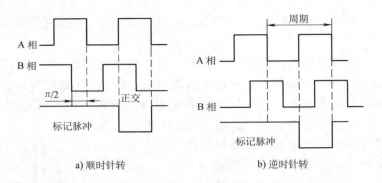

图 11-32　光电脉冲发生器的输出波形

$$\varepsilon\% = (\Delta n/n) \times 100\% \tag{11-39}$$

影响测速精度的因素有：光电测速器的制造误差（光电转盘安装的同心度）及对脉冲计数时总有的 ±1 个脉冲的误差。

3）短的检测时间。所谓检测时间，即两次速度连续采样的间隔时间 T。T 愈短，愈有利于实现快速响应。

3. 霍尔式测速传感器

（1）霍尔元件的基本工作原理　如图 11-33 所示的半导体薄片，若在它的两端通以控制电流 I，在薄片的垂直方向上施加磁感应强度为 B 的磁场，则在半导体薄片的两侧产生一电动势 E_H，称为霍尔电动势，这一现象称为霍尔效应。

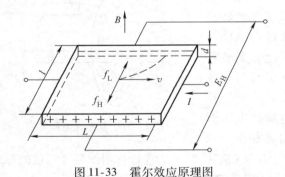

图 11-33　霍尔效应原理图

E_H（单位为 V）的大小可用下式表示：

$$E_H = \frac{R_H I B}{d} \cos\theta$$

式中，R_H 为霍尔系数，单位为 m^3/C，半导体材料（尤其是 N 型半导体）可以获得很大的霍尔系数；θ 为磁感应强度 B 与元件平面法线间的角度，当 $\theta \neq 0$ 时，有效磁场分量为 $B\cos\theta$；d 为霍尔元件厚度，单位为 m，霍尔元件一般都比较薄，以获得较高的灵敏度。

（2）霍尔元件测速原理　利用霍尔元件实现非接触转速测量的原理图如图 11-34 所示。通以恒定电流的霍尔元件，放在齿轮和永久磁铁中间。当机件转动时，带动齿轮转动，齿轮使作用在元件上的磁通量发生变化，即齿轮的齿对准磁极时磁阻减小，磁通量增大；而齿间隙对准磁极时，磁阻增大，磁通量减小。这样随着磁通量的变化，霍尔元件便输出一个个脉冲信号，旋转一周的脉冲数等于齿轮的齿数。因此，脉冲信号的频率大小反映了转速的高低。

（3）霍尔电动势的放大　霍尔电动势一般为毫伏级，所以实际使用时都采用运算放大器加以放大，再经计数器和显示电路，即可实时显示转速了。放大电路的原理电路如图 11-35 所示。

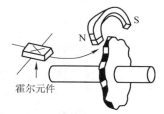

图 11-34　霍尔式转速测量示意图

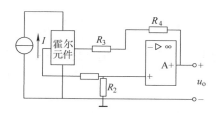

图 11-35　霍尔电动势的放大电路

11.3.3　压力的检测

测量压力的传感器很多，下面只介绍电阻应变式传感器。

将电阻应变片粘贴在弹性元件特定表面上，当力、扭矩、速度、加速度及流量等物理量作用于弹性元件时，会导致元件应力和应变的变化，进而引起电阻应变片电阻的变化。电阻的变化经电路处理后以电信号的方式输出，这就是电阻应变片式传感器的工作原理。

1. 电阻应变片的工作原理　电阻应变片简称应变片，是一种能将试件上的应变变化转换成电阻变化的传感元件，其转换原理是基于金属电阻丝的电阻应变效应。所谓电阻应变效应是指金属导体（电阻丝）的电阻值随变形（伸长或缩短）而发生改变的一种物理现象。设有一根圆截面的金属丝（见图 11-36），其原始电阻值为

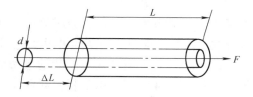

图 11-36　金属导线受拉变化图

$$R = \rho \frac{L}{A} \tag{11-40}$$

式中，R 为金属丝的原始电阻，单位为 Ω；ρ 为金属丝的电阻率，单位为 $\Omega \cdot m$；L 为金属丝的长度，单位为 m；A 为金属丝的横截面积，单位为 m^2，$A = \pi r^2$，r 为金属丝的半径。

当金属丝受轴向力 F 作用被拉伸时，式（11-40）中 ρ、L、A 都发生变化，从而引起电阻值 R 发生变化。设受力作用后，金属丝长度伸长 dL，截面积减小 dA，电阻率变化为 $d\rho$，引起电阻 R 变化为 dR。对式（11-40）全微分，得

$$dR = \frac{L}{A}d\rho + \frac{\rho}{A}dL \mp \frac{\rho L}{A^2}dA \tag{11-41}$$

$$\frac{dR}{R} = \frac{dl}{l} \pm \frac{dA}{A} + \frac{d\rho}{\rho} \tag{11-42}$$

根据材料力学的知识，杆件在轴向受拉或受压时，其纵向应变与横向应变的关系为

$$\frac{dL}{L} = \varepsilon \tag{11-43}$$

$$\frac{dr}{r} = \varepsilon\mu$$

金属丝电阻率的相对变化与其轴向所受应力 σ 有关，即

$$\frac{d\rho}{\rho} = \lambda\sigma = \lambda E\varepsilon \tag{11-44}$$

式中，ε 为金属丝材料的应变；E 为金属丝材料的弹性模量；λ 为压阻系数，与材料有关。将式（11-43）、式（11-44）代入式（11-42）整理后得

$$\frac{dR}{R} = (1 + 2\mu + \lambda E)\varepsilon \tag{11-45}$$

式中，dR/R 为电阻相对变化量；μ 为金属材料的泊松比；$d\rho/\rho$ 为金属丝电阻率的相对变化量。

由式（11-45）可知，电阻相对变化量是由两方面的因素决定的：一方面是由金属丝几何尺寸的改变而引起的，即（$1 + 2\mu$）项；另一方面是材料受力后，材料的电阻率 ρ 发生变化而引起的，即 λE 项。对于特定的材料，（$1 + 2\mu + \lambda E$）是一常数，因此，式（11-44）所表达的电阻丝电阻变化率与应变成线性关系，这就是电阻应变计测量应变的理论基础。

对式（11-45），令 $K_0 = (1 + 2\mu + \lambda E)$，则有

$$\frac{dR}{R} = K_0\varepsilon \tag{11-46}$$

K_0 为单根金属丝的灵敏系数，其物理意义为：当金属丝发生单位长度变化（应变）时，其大小为电阻变化率与其应变的比值，亦即单位应变的电阻变化率。

对于大多数金属丝而言，（$1 + 2\mu$）是金属丝式应变片的灵敏度系数 K_0，为常数。由实验得知，大多数金属材料的 K_0 在 $-12 \sim 4$ 之间。用于制造电阻应变片的金属丝材料的 K_0 多在 $1.7 \sim 3.6$ 之间。但在弹性变形范围内，$K_0 \approx 2$。

2. 电阻应变片的基本结构　电阻应变片主要由 4 部分组成。如图 11-37 所示，电阻丝是电阻应变片的敏感元件；基片、覆盖片起定位和保护电阻丝的作用，并使电阻丝和被测试件之间绝缘；引出线用以连接测量导线。

3. 测量电路　应变片可以将应变的变化转换为电阻的变化，这个电阻的变化量通常采用电桥作为测量电路来测量。最常用的测量电路是电桥电路（大多采用不平衡电桥），把电阻的相对变化转化为电压或电流的变化。典型的直流电桥结构如图 11-38 所示。

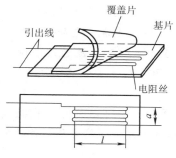
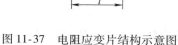

图 11-37　电阻应变片结构示意图

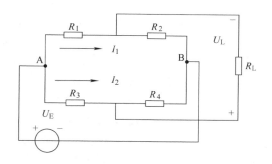

图 11-38　直流电桥基本形式

它有 4 个为纯电阻的桥臂，传感器电阻可以充任其中任意一个桥臂。U_E 为电源电压，U_L 为输出电压，R_L 为负载电阻，由此可得桥路输出电压的一般形式为

$$U_L = \frac{R_1}{R_1 + R_2} U_E - \frac{R_3}{R_3 + R_4} U_E = U_E \frac{R_1 R_4 - R_2 R_3}{(R_1 + R_2)(R_3 + R_4)} \qquad (11\text{-}47)$$

显然，当 $R_1 R_4 = R_2 R_3$ 时，电桥平衡，桥路输出电压 U_L 为零。

如电桥中 R_1 为应变片，它随被测参数变化而变化，R_2、R_3 与 R_4 为固定电阻。当被测参数的变化引起电阻变化 ΔR_1 时，即 $R_1 = R_1 + \Delta R_1$，则桥路平衡被破坏，产生电桥输出不平衡电压：

$$U_L = \frac{(R_1 + \Delta R_1)R_4 - R_2 R_3}{(R_1 + \Delta R_1 + R_2)(R_3 + R_4)} U_E = U_E \frac{R_1 R_4 - R_2 R_3 + R_4 \Delta R_1}{(R_1 + \Delta R_1 + R_2)(R_3 + R_4)} \qquad (11\text{-}48)$$

因为 $R_1 R_4 - R_2 R_3 = 0$，所以上式将变为

$$U_L = \frac{\Delta R_1 R_4}{(R_1 + \Delta R_1 + R_2)(R_3 + R_4)} U_E = U_E \frac{\dfrac{R_4 \Delta R}{R_3 R_1}}{\left(1 + \dfrac{R_2}{R_1} + \dfrac{\Delta R_1}{R_1}\right)\left(1 + \dfrac{R_4}{R_3}\right)} \qquad (11\text{-}49)$$

设桥臂比 $R_1/R_2 = R_3/R_4 = 1/n$，略去分母中 $\Delta R_1/R_1$，有

$$U_L \approx U_E \frac{n}{(1 + n)^2} \frac{\Delta R_1}{R_1} \qquad (11\text{-}50)$$

输出电压与电阻的相对变化成正比。

思　考　题

1. 试比较热电阻和半导体热敏电阻的异同。
2. 一个霍尔元件在一定的电流控制下，其霍尔电动势与哪些因素有关？
3. 金属电阻应变片测量外力的原理是什么？其灵敏系数及其物理意义是什么？受哪两个因素影响？

本　章　小　结

1. 磁电系仪表的驱动原理是利用了载流导体在磁场中受力作用，像直流电动机那样形

成电磁转矩而驱使指针偏转。因此，磁电系测量机构不论是用来测电压还是测电流，它所能直接接受的电磁量是电流。磁电系仪表主要用于直流电路中测量电流和电压。

2. 电磁系测量机构的驱动装置是利用了电流的磁效应。当被测电流通过线圈形成磁场时，利用磁极的吸引和排斥作用使指针偏转。电磁系仪表用于测量工频的交流电压、电流，也可以作为交直流两用的电压、电流表使用。

3. 电动系仪表机构的特点是利用了一个固定载流线圈和一个可以旋转的载流线圈之间的相互作用驱动可动线圈旋转，从而带动指针指示出被测量的大小。其主要用作功率表，也可制作高准确度的电压表、电流表。

4. 电磁系及电动系仪表在测量交流电流、电压时的读数均为有效值。

5. 绝缘电阻表（即兆欧表）是用来测量绝缘电阻的仪表。

6. 用电桥测量电阻、电感、电容等参数是一种比较测量的方法，它是将被测量与标准度量器相比较得出测量的结果。

7. 非电量的检测必须用相应的传感器将待测物理量转变为电信号。

第12章

安 全 用 电

知识单元目标

- 理解直接触电、间接触电、单相触电、两相触电及跨步电压触电的含义，掌握电器装置的安全要求。
- 熟悉电气接地的几种方式，理解保护接地、保护接零的意义。
- 学习安全用电知识，掌握对接地系统的一般要求及防止触电的保护措施。

讨论问题

- 区别工作接地、保护接地和保护接零。
- 很多家用电器由单相交流电源供电，为什么其电源插头是三线的？
- 为什么在中性点不接地的系统中采用保护接地？

12.1 触电及安全保障措施

《中华人民共和国电力法》规定："国家对电力与使用实行安全用电、节约用电和计划用电的管理原则。"把安全用电列为首位，这是所有供电企业和用电单位及一切电力用户的共同责任和法定义务。

当人体触及带电体或距高压带电体的距离小于放电距离时，以及因强力电弧等使人体受到危害时，这些统称为触电。人体受到电的危害分为电击和电伤。

12.1.1 电击

人体触及带电体有电流通过人体时将发生 3 种效应：一是热效应（人体有电阻而发热）；二是化学效应（电解）；三是机械力效应。因而人体会立即作出反应而出现肌肉收缩产生麻痛。在刚触电的瞬间，人体电阻比较高，电流较小。若不能立即离开电源则人体电阻会迅速下降电流猛增，会产生肌肉痉挛、烧伤、神经失去正常传导、呼吸困难、心率失常或停止跳动等严重后果甚至死亡。

人体受电流的危害程度与许多因素有关，诸如电压的高低、频率的高低、人体电阻的大小、触电部位、时间长短、体质的好坏、精神状态等。人体的电阻并不是常数，一般在40～100kΩ 之间，这个阻值主要集中在皮肤，去除皮肤则人体电阻只有 400～800Ω。当然人体皮肤电阻的大小还取决于许多因素，如皮肤的粗糙或细腻、干燥或湿润、清洁或污垢等。下面提供一些资料供参考，见表 12-1。另外应该知道 50Hz、60Hz 的交流电对人体的伤害最为严重，直流和高频电流对人体的伤害较轻。人的心脏、大脑等部位最怕电击。精神过分恐惧会带来更加不利的后果。

表 12-1　人体被伤害的程度与电流大小的关系

名　称	定　义	成年男性/mA		成年女性/mA	
感觉电流	引起感觉的最小电流	交流	1.1	交流	0.7
		直流	5.2	直流	3.5
摆脱电流	触电后能自主摆脱的最大电流	交流	16	交流	10.5
		直流	76	直流	51
致命电流	在较短时间内能危及生命的最小电流	交流 30～50 直流 1300（0.3s）；50（3s）			

12.1.2　电伤

电伤是指电流的热效应、化学效应、机械效应、电弧的烧伤及熔化的金属飞溅等造成对人体外部的伤害。电弧的烧伤是常见的一种伤害。

12.1.3　触电的形式

1. 直接触电　直接触电是指人在工作时误碰带电导体造成的电击伤害。防止直接触电的基本措施是保持人体与带电体之间的安全距离。安全距离是指在各种工作条件下带电体与人之间、带电体与地面或其他物体之间以及不同带电体之间必须保持的最小距离，以此保证工作人员在正常作业时不至于受到伤害。表 12-2 给出了安全距离的规范值。

表 12-2　人与带电设备的安全距离

电压等级/kV	安全距离/m		电压等级/kV	安全距离/m	
	有围栏	无围栏		有围栏	无围栏
10 以下	0.35	0.7	60	1.5	1.5
35	0.5	1.0	220	3.0	3.0

2. 间接触电　间接触电是指设备运行中因设备漏电，人体接触金属外皮造成的电击伤害。防止此种伤害的基本措施是合理提高电气设备的绝缘水平，避免设备过载运行发生过热而导致绝缘损坏，定期检修、保养、维护设备。对于携带式电器应采取工作绝缘和保护绝缘的双重绝缘措施，规范安装各种保护装置等。

3. 单相触电　单相触电是指人站立地面而触及输电线路的一根相线造成的电击伤害。这是在日常最常见的一种触电方式。380/220V 中性点接地系统，人将承受 220V 的电压。在中性电不接地系统，人体触接一根相线，电流将通过人体—线路与大地的电容形成通路，也能造成对人体的伤害。

4. 两相触电　两相触电是指人两手分别触及两根相线造成的电击伤害。此种情况下，人的两手之间承受着 380V 的线电压，这是很危险的。

5. 跨步电压触电　跨步电压触电是指高压线跌落，或是采用两相一地制的三相供电系统中，在相线的接地处有电流流入地下向四周流散，在 20m 内径向不同点间会出现电位差。人的两脚沿径向分开，可能发生跨步电压触电。

12.1.4 电气安全的基本要求

1. 安全电压的概念 安全电压是指为防止触电而采取的特定电源供电的电压系列。在任何情况下,两导线间及导线对地之间都不能超过交流有效值 50V。安全电压的额定值等级为 42V、36V、24V、12V、6V。在一般情况下采用 36V,移动电源(如行灯)多为 36V。在特别危险的场合采用 12V。当电压超过 24V 时,必须采取防止直接接触带电体的防护措施。

2. 严格执行各种安全规章制度 为了加强安全用电的管理,国家及各部门制定了许多法规、规程、标准和制度,使安全用电工作进一步走向科学化、标准化、规范化,对防止电气事故,保证人身及设备的安全具有重要意义。一切用电户、电气工作人员和一般的用电人员必须严格遵守相应的规章制度。对电气工作人员及相关的安全组织其规章制度包括工作许可制度、工作票制度、工作监护制度和工作间断、转移、交接制度。安全技术保障制度包括停电、验电、装设接地线和悬挂警示牌和围栏等制度。对非电气人员来讲,不能要求电气人员做任何违章作业。

3. 电器装置的安全要求

(1)正确选择线径和熔断器 根据负荷电流的大小合理选择导线的截面积和配置相应的熔断器是避免导线过热不至于发生火灾事故的基本要求。应该根据导线材料、绝缘材料布设条件、允许的升温和机械强度的要求查手册确定。一般塑料绝缘导线的温度不得超过 70℃,橡皮绝缘导线不得超过 65℃。

(2)保证导线的安全距离 导线与导线之间、导线与工程设备之间、导线与地面及树木之间应有足够的距离,要查手册确定。

(3)正确选择断路器、隔离开关和负荷开关 这些电器都是开关但是功能有所不同,要正确理解和选用。断路器是重要的开关电器,它能在事故状态下迅速断开短路电流以防止事故扩大。隔离开关有隔断电源的作用,触点暴露有明显的断开提示。它不能带负荷操作,应与断路器配合使用。负荷开关的开断能力介于断路器和隔离开关之间,一般只能切断和闭合正常电路,不能切断发生事故的电路。它应当与熔断器配合使用,用熔断器切断短路电流。

(4)要规范安装各种保护装置 诸如接地和接零保护、漏电保护、过电流保护、断相保护、欠电压保护和过电压保护,目前生产的断路器,其保护功能相当完善。

12.1.5 家庭安全用电

在现代社会,家庭用电愈来愈复杂,家庭触电是常有的事。家庭触电无非是人体站在地上接触了相线,或同时接触了零线与相线,就其原因分为以下几类:

1. 无意间的误触电

1)导线绝缘破损在无意间触电,所以平时的保养、维护是不可忽视的。

2)潮湿环境下触电,所以不可用湿手搬动开关或拔、插插头。

2. 不规范操作造成的触电 不停电修理、安装电器设施造成的触电,往往有这几种情况:带电操作但没有与地绝缘;或是虽然与地采取了绝缘但又用手托了墙;或是手接触了相线同时又碰上零线;或是使用了没有绝缘的工具,造成相线与零线的短路等。所以一定要切忌带电作业且在停电后要验电。

3. 电气设备的不正确安装造成的危害

1）电气设备外壳没有安装保护线，设备一旦漏电就能造成触电，所以一定要使用单相三线插头并接好接地或接零保护。

2）开关安装不正确而是安在零线上，这样在开关关断的情况下，相线仍然与设备连通造成误触电。

3）螺口灯泡把相线接在外皮的螺扣上造成触电。

4）禁止把接地保护接在自来水、暖气、煤气管道上，设备一旦出现短路会导致这些管道电位升高造成触电。

5）误用代用品如用铜丝、铝丝、铁丝等代替熔丝，实际上不保险造成火灾；用医用的伤湿止痛贴膏之类的物品代替专业用绝缘胶布造成触电等。

12.1.6　电气事故的紧急处置

1）对于电气事故引起的火灾，首先要就近切断电源而后救火。切忌在电源未切断之前用水扑火，因为水能导电反而能导致人员触电。在拉动开关有困难时，要用带绝缘的工具切断电源。

2）人员触电后最为重要的是迅速离开带电体，延续时间愈长造成的危害愈大。当触电不太严重的情况下靠人自卫反应能迅速离开。但在较严重的情况下自己已无能为力了，此时必须靠别人救护，迅速切断电源。由于切断电源一时有困难时，切记救护人不要直接用裸手接触触电人的肉体而必须有绝缘防护。由此可见，要切忌一人单独操作，以免发生事故而无人救护。

3）触电的后果如何，往往取决于救护行为的快慢和方法是否得当。救护方法是根据当时的具体情况而确定的，如果触电人还有呼吸，或一度昏厥，则应当静躺、宽衣、保温、全身按摩和给于安慰，并请医生诊治。如果触电人已经停止呼吸，甚至心跳停止，但没有明显的脑外伤和明显的全身烧伤，此种情况往往是假死。此时应当就地立刻进行人工呼吸及心脏按摩使心跳和呼吸恢复正常。实践证明，在 1min 内抢救，苏醒率可超过 95%，而在 6min 后抢救，其苏醒率不足 1%。此种情况下，救护人员一定要耐心坚持，不可半途而废，奇迹是可以发生的。只有医务人员断定确确实实已经无可挽救时才可停止急救措施。

12.2　电气接地和接零

电气接地是指电气设备的某一部位（不论带电与否）与具有零电位的大地相连通。电气接地有以下几种方式。

12.2.1　工作接地

工作接地是指电力系统中为了运行的需要而设置的接地。如图 12-1 画出应该推广的三相五线制低压供电系统，发电机、变压器的中性点接地。从中性点引出线 N 叫作工作零线。工作零线为单相用电提供回路。从中性点引出的 PE 线叫作保护零线。将工作零线和保护零线的一点或几点再次接地叫作重复接地。低压系统工作中应将工作零线与保护零线分开。保护零线不能接在负荷回路。

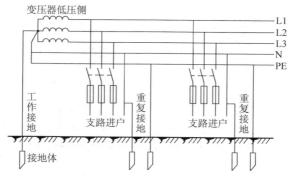

图 12-1　电力系统中的工作接地

12.2.2　保护接地

把电气设备不应该带电的金属构件、外壳与埋设在地下的接地体用接地线连接起来的设施称为保护接地。这样能保持设备的外壳与大地等电位以防止设备漏电对人员造成触电事故。

目前保护接地有下列几种形式：

1. TT 系统　TT 系统是指三相四线制供电系统中，将电气设备的金属外壳通过接地线接至与电力系统无关联的接地点。这就是所说的接地保护，如图 12-2 所示。

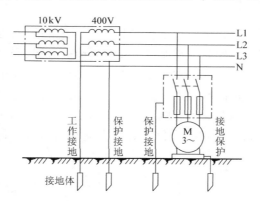

图 12-2　电力网中的 TT 接地系统

2. TN 系统　TN 系统是指三相四线制供电系统中，将电气设备的金属外壳通过保护线接至电网的接地点。这就是所说的接零保护。这是接地的一种特殊形式。根据保护零线与工作零线的组合情况又分为 3 种情况：

（1）TN-C 系统　TN-C 系统工作零线 N 与保护零线 PE 是合一的，如图 12-3 所示。这是目前最常见的一种形式。

（2）TN-S 系统　TN-S 系统工作零线 N 与保护零线 PE 是分别引出的，正像图 12-1 那样。接零保护只能接在保护零线上，正常情况下保护零线上是没有电流的。这是目前推广的一种形式。

（3）TN-C-S 系统　TN-C-S 系统是 TN-C 和 TN-S 系统的组合。在输电线路的前段工作零线 N 和保护零线 PE 是合一的，在后段是分开的。

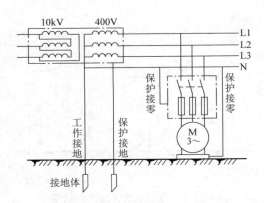

图 12-3　电力网中的 TN-C 接零保护系统

3. 其他的接地系统

（1）过电压保护接地　为了防止雷击或过电压的危险而设置的接地称为过电压保护接地。

（2）防静电接地　为了消除生产过程中产生的静电造成危害而设置的接地称为防静电接地。

（3）屏蔽接地　为了防止电磁感应的影响，把电气设备的金属外壳、屏蔽罩等接地称为屏蔽接地。

12.2.3　接地保护的原理

如图 12-4a 所示，设备没有采取接地保护措施，当电路某一相绝缘损坏而使机座带电时，当人触及了带电的机座，便有电流通过人体—大地—电网的工作接地点形成回路而造成对人体的伤害。即便是中性点不接地的系统也能通过大地对线路的电容形成回路。相反像图 12-4b 那样采取了接地保护措施，设备与大地仅有几欧姆的接地电阻。一旦设备漏电，电流经过接地线—接地体—线路与大地的电容以及电网工作接地点形成回路而流过人体的电流极小，免除了对人体的伤害。采用接零保护时漏电流是通过接零保护线形成回路而不经过人体。

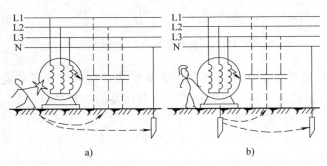

图 12-4　接地保护的原理

12.2.4　不重复接地的危险

图 12-5 所示为中性点接地电网，所有设备采用接零保护，但没有采取重复接地保护。

此时的危险是如果零线因事故断开，只要后面的设备有一台发生漏电，则会导致所有设备的外壳都带电而造成大面积触电事故。

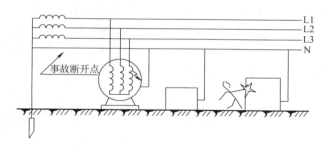

图 12-5 不重复接地的危险

12.2.5 对接地系统的一般要求

1）一般三相四线制供电系统，应采取接零保护、重复接地。但是由于三相负载不对称，零线上的电流会引起中性点位移，所以推荐采用三相五线制。保护零线 N 和工作零线 PE 都应当重复接地。

2）不同用途、不同电压的设备如没有特殊规定应采用同一接地体。

3）如接地有困难时应设置绝缘工作台，避免操作人员与外物接触。

4）低压电网的中性点可直接接地或不接地。380/220V 电网的中性点应直接接地。中性点接地的电网应安装能迅速自动切断接地短路电流的保护装置。

5）中性点不接地的电网中，电气设备的外壳也应采取保护接地并安装能迅速反应接地故障的装置，也可安装延时自动切除接地故障的装置。

6）由同一变压器、同一段母线供电的低压电网不应当同时采用接地保护和接零保护。但在低压电网中的设备同时采用接零保护有困难时，也可同时采用两种保护方式。

7）在中性点直接接地的电网中，除移动设备或另有规定外，零线应在电源进户处重复接地，或是接在户内配电柜的接地线上。架空线不论干线、分支线沿途每公里处及终端都应重复接地。

8）三线制直流电力回路的中性线也应直接接地。

思 考 题

1. 在同一供电系统中为什么不能同时采用保护接地和保护接零？
2. 为什么中性点不接地的系统中不采用保护接零？
3. 为什么在中性点接地系统中，除采用保护接零外，还要采用重复接地？

本 章 小 结

1. TT 系统是指三相四线制供电系统中，将电气设备的金属外壳通过接地线接至与电力系统无关联的接地点。

2. TN 系统是指三相四线制供电系统中，将电气设备的金属外壳通过保护线接至电网的接地点。这就是所说的接零保护。

3. 防止触电应采取有效地保护措施。在三相三线制中性点不接地低压系统中，采用保护接地；在三相四线制中性点接地的低压系统中，采用保护接零。

4. 触电对人体的危害程度主要由通过人体的电流强度和频率决定，我国规定的安全电压等级为 48V、36V、24V、12V 等几种。

5. 对高大建筑物和电气设备应安装有效的避雷器或消雷器。

第13章
电子电路仿真工具Multisim简介

知识单元目标

了解并熟悉 Multisim 软件的用户界面、常用菜单命令，以及应用 Multisim 进行电子电路仿真的流程。

结合各章节仿真实例熟练掌握不同类型电子电路的 Multisim 仿真分析方法。

NI Multisim 是美国国家仪器公司（National Instrument，NI）设计的一款以 Windows 为基础的电子设计自动化软件，广泛地应用于电路教学、电路图设计以及 SPICE 模拟。NI Multisim 具有高度集成的操作界面、丰富的元件和仪表库，以及类型齐全、功能强大的仿真功能，用户无须深入了解 SPICE 技术便可对电路进行分析和设计。

NI Multisim 的前身 EWB（Electronics Workbench）由加拿大 Interactive Image Technologies（IIT）公司于 1995 年推出，2005 年该公司被美国 NI 公司收购。本章以 Multisim14.0 版本为例，介绍其基本功能和使用方法。

13.1 Multisim14.0 用户界面

当前主流的计算机都可以满足 Multisim14.0 安装的软硬件要求，安装过程简单。安装后运行 Multisim14.0，其用户界面如图 13-1 所示。用户界面包括标题栏、菜单栏、标准工具

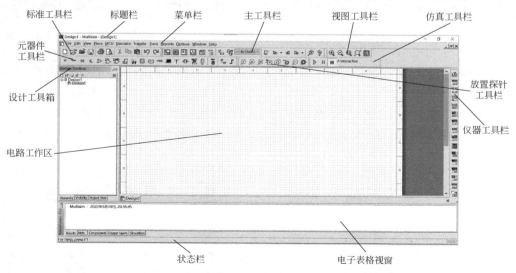

图 13-1 Multisim14.0 用户界面

栏、主工具栏、视图工具栏、元器件工具栏、仿真工具栏、放置探针工具栏、仪器工具栏、设计工具箱、电子表格视窗、状态栏和电路工作区等。

1. 菜单栏 Multisim14.0 菜单栏如图 13-2 所示，和所有 Windows 应用程序一样，菜单栏包含了所有功能的命令，包括 File（文件）、Edit（编辑）、View（视图）、Place（放置）、MCU（微控制器）、Simulate（仿真）、Transfer（转移）、Tools（工具）、Reports（报告）、Options（选项）、Window（窗口）和 Help（帮助）。每个菜单又包括一系列下拉菜单项，涵盖了该菜单的相应操作。

图 13-2　菜单栏

2. 标准工具栏 标准工具栏如图 13-3 所示，包括新建、打开文件、打开示例、保存、打印、打印预览、剪切、复制、粘贴、撤销、恢复等按钮。

图 13-3　标准工具栏

3. 主工具栏 主工具栏如图 13-4 所示，包括显示/隐藏设计工具箱、显示/隐藏电子表格视窗、显示/隐藏 SPICE 网络表、打开/关闭图示仪、打开/关闭后处理器、切换到母电路、元器件向导、数据库管理、在用元器件列表、电气规则检查（ERC）、转换为 Ultiboard 格式、将 Ultiboard 修改反向标注到 Multisim 文件中、将 Multisim 修改标注到 Ultiboard 文件中、NI 示例检索、帮助等按钮。其中，Ultiboard 为用于 PCB 设计的后端模块。

4. 视图工具栏 视图工具栏如图 13-5 所示，包括放大、缩小、缩放区域、缩放页面、全屏等操作按钮。

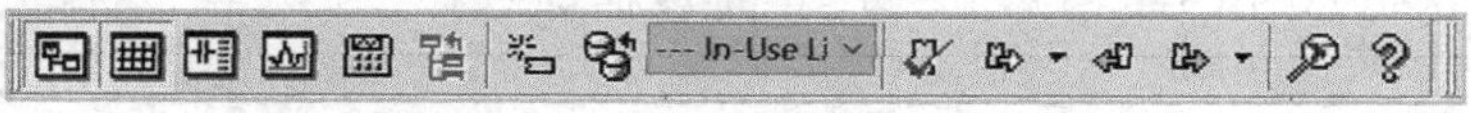

图 13-4　主工具栏 　　　　　　　　　　　　　　图 13-5　视图工具栏

5. 元器件工具栏 元器件工具栏如图 13-6 所示，Multisim14.0 将元器件分门别类归为元器件库，依次为电源库、基本元件库、二极管库、晶体管库、模拟器件库、TTL 器件库、CMOS 器件库、混合数字元件库、数模混合元件库、指示器件库、功率元件库、杂项元件库、外围元件库、RF 射频元件库、机电类器件库、NI 专用器件库、连接器件库和 MCU 器件库。

图 13-6　元器件工具栏

6. 放置探针工具栏 探针是 Multisim 提供的非常便捷的虚拟工具，只需将其拖放至被测支路便可以实时测量各种电信息。放置探针工具栏如图 13-7 所示，分别为电压探针、电

流探针、功率探针、差分电压探针、电压和电流探针、电压参考探针、数字状态探针和探针设置按钮。

7. 仿真工具栏　仿真工具栏如图 13-8 所示，分别为启动、暂停、停止和打开分析与仿真编辑器按钮。

图 13-7　放置探针工具栏

图 13-8　仿真工具栏

8. 仪器工具栏　仪器工具栏默认在主界面最右侧垂直排列（见图 13-1），通常又称为侧边工具栏。将仪器工具栏拖动为水平后如图 13-9 所示，依次为万用表、函数发生器、瓦特计、示波器、四通道示波器、波特图示仪、频率计、字信号发生器、逻辑转换仪、逻辑分析仪、IV 分析仪、失真分析仪、频谱分析仪、网络分析仪、安捷伦函数发生器、安捷伦万用表、安捷伦示波器、泰克示波器、LabVIEW 仪器、NI ELVISmx 仪器和电流钳按钮。

图 13-9　仪器工具栏

9. 设计工具箱　设计工具箱用来管理原理图中的各种元素。设计工具箱由 Hierarchy（层次化）、Visibility（可视化）和 Project View（工程视图）3 个选项卡构成，如图 13-10 所示。

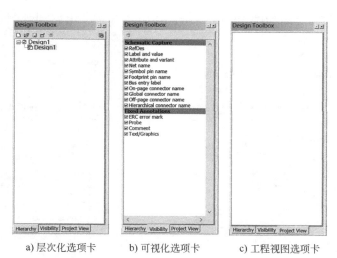

a) 层次化选项卡　　　b) 可视化选项卡　　　c) 工程视图选项卡

图 13-10　设计工具箱

10. 电路工作区　电路工作区用于搭建电路、仿真分析以及波形数据显示等操作。

11. 电子表格视窗　电子表格视窗如图 13-11 所示，使用电子表格视窗可以快速查看和编辑参数，包括元件详细信息，如封装、属性和设计约束等。电子表格视窗包括 Results（结果）、Nets（网络）、Components（元器件）、Copper layers（敷铜层）和 Simulation（仿真）选项卡。

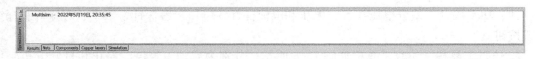

图 13-11　电子表格视窗

Results（结果）选项卡：大多数操作的结果显示在该选项卡中。比如在电气规则检查（ERC）对话框的 ERC options 选项卡中选择输出为 Result pane，则 Results 选项卡将显示 ERC 检查结果。

Nets（网络）选项卡：用以显示当前电路中网络节点的相关信息。

Components（元器件）选项卡：用以显示当前电路中所有元器件的相关信息。

Copper layers（敷铜层）选项卡：该选项卡将在进行 PCB 设计时被用到。

Simulation（仿真）选项卡：显示当前仿真的文件名称、仿真时间以及网络表检测结果。

12. 状态栏　状态栏处于用户界面的最下方，用于显示当前操作及光标所指条目的相关信息。

13.2　Multisim14.0 菜单栏

菜单栏位于用户界面上端标题栏之下，设计过程中的各种操作都可以通过菜单栏相应命令完成。

1. 文件菜单　文件菜单如图 13-12 所示，该菜单提供了文件新建、打开、关闭、保存等常用操作命令。

2. 编辑菜单　编辑菜单如图 13-13 所示，该菜单提供了电路图绘制过程中，对电路和元器件进行操作的各种命令。

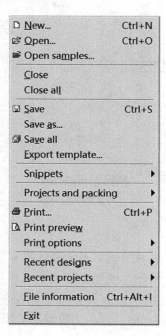

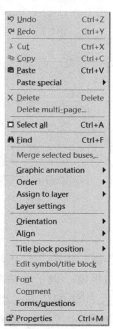

图 13-12　文件菜单　　　　　　　　　图 13-13　编辑菜单

3. 视图菜单　视图菜单如图 13-14 所示，该菜单提供了对仿真界面显示内容进行操作的若干命令。

4. 绘制菜单　绘制菜单如图 13-15 所示，该菜单提供了在工作窗口放置元器件、导线、总线等命令。

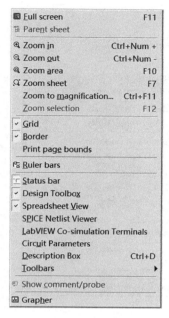

图 13-14　视图菜单

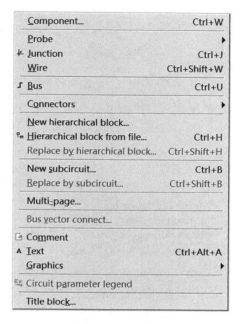

图 13-15　绘制菜单

5. MCU（微控制器）菜单　MCU 菜单如图 13-16 所示，该菜单提供了 MCU 的调试操作命令。

6. 仿真菜单　仿真菜单如图 13-17 所示，该菜单提供了电路仿真设置和操作命令。

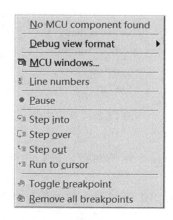

图 13-16　MCU 菜单

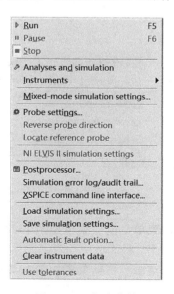

图 13-17　仿真菜单

7. 转移菜单　转移菜单如图 13-18 所示，该菜单提供了 6 个传输命令。

8. 工具菜单　工具菜单如图 13-19 所示，该菜单提供了对元器件和电路编辑和管理的相关命令。

图 13-19　工具菜单

图 13-18　转移菜单

9. 报告菜单　报告菜单如图 13-20 所示，该菜单提供了材料清单、元件详情报告等命令。

10. 选项菜单　选项菜单如图 13-21 所示，该菜单提供了电路图属性、自定义界面等设置操作命令。

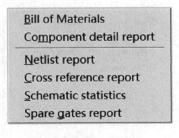

图 13-20　报告菜单

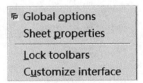

图 13-21　选项菜单

11. 窗口菜单　窗口菜单如图 13-22 所示，该菜单命令用于对窗口进行排列、打开、层叠、关闭等操作。

12. 帮助菜单　帮助菜单如图 13-23 所示，该菜单用于打开各种帮助信息。

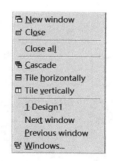

图 13-22　窗口菜单

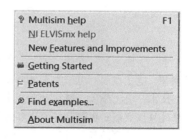

图 13-23　帮助菜单

13.3　Multisim14.0 电子电路仿真的基本流程

应用 Multisim14.0 进行电子电路仿真的基本流程如下：

1）运行 Multisim14.0，自动创建一个文件名为 Design1 的电路文件。

2）放置元器件。Multisim14.0 提供丰富的电路元件模型，分门别类存放在不同的元件库中。用户只需要从元件库中找到相应的元件放置在电路工作区，合理安排元件位置，修改参数即可。

3）连接线路。采用绘制导线命令连接元件端子便可构成完整的原理图。

4）连接仪表。根据需要从仪表库中选用并放置仪表，接入电路。

5）运行仿真并分析。设置仿真参数后运行相应命令即可观察和分析仿真结果。

6）保存电路文件。命名并保存原理图文件以及各种辅助文件。

由于本教材第 1~4 章和第 6、7 章的最后一节均提供有相应的 Multisim 仿真实例，此处不再赘述其具体使用方法。

参 考 文 献

[1] 秦曾煌. 电工学：上册 [M]. 6 版. 北京：高等教育出版社，1999.

[2] 姚海彬，贾贵玺. 电工技术：电工学Ⅰ [M]. 3 版. 北京：高等教育出版社，2008.

[3] 高福华. 电工技术：电工学Ⅰ [M]. 北京：机械工业出版社，1993.

[4] 邱关源. 电路 [M]. 5 版. 北京：高等教育出版社，2006.

[5] 刘朝阳，张丽红. 电路原理导论 [M]. 北京：电子工业出版社，2008.

[6] 李瀚荪. 电路分析基础 [M]. 北京：高等教育出版社，1993.

[7] 周克定，张文灿. 电工基本理论 [M]. 北京：高等教育出版社，1994.

[8] 张晓辉. 电工技术：非电类 [M]. 2 版. 北京：机械工业出版社，2009.

[9] 唐介. 电工学 [M]. 北京：高等教育出版社，1999.

[10] 麦崇. 电机学与拖动基础 [M]. 广州：华南理工大学出版社，2001.

[11] 陈立，秦清俊. 电路与电机技术 [M]. 北京：机械工业出版社，1994.

[12] 常斗南. 可编程序控制器原理·应用·实验 [M]. 北京：机械工业出版社，1998.

[13] 巨辉，周蓉. 电路分析基础 [M]. 北京：高等教育出版社，2012.

[14] 罗飞. 通用电路的计算机分析与设计：PSpice 应用教程 [M]. 北京：中国水利水电出版社，2004.

[15] 李永平. PSpice 电路设计实用教程 [M]. 北京：国防工业出版社，2004.

[16] 刘卫国. MATLAB 程序设计与应用 [M]. 2 版. 北京：高等教育出版社，2006.

[17] 黄忠霖. 电工学的 MATLAB 实践 [M]. 北京：国防工业出版社，2009.